Apprendre à observer
et reconnaître
les avions du monde

Editions FAVRE SA
www.editionsfavre.com

Siège social :
29, rue de Bourg • CH-1002 Lausanne
Tél. +41 21 312 17 17 • Fax +41 21 320 50 59

Bureau de Paris :
12, rue Duguay-Trouin • F-75006 Paris
Tél. & fax +33 1 42 22 01 90

Dépôt légal en Suisse en avril 2004.

ISBN : 2-8289-0780-5

Claudio Muller

Apprendre à observer et reconnaître

Les avions du monde

Adaptation française de
Jean-Bernard Desfayes

FAVRE

AVANT-PROPOS

Cette première édition, en français, des « Avions du Monde » présente les appareils actuellement en production ou des modèles plus anciens sur qui on a entrepris des travaux de modernisation importants. Le plus intéressant, ce sont, encore et toujours, les avions qui vont probablement effectuer leur premier vol dans l'année en cours. Ils sont un indicateur valable de l'état de santé du secteur aérospatial.

En 2003, on a donc fêté le 100e anniversaire de l'aviation. Ce qui a commencé en 1903 comme l'aventure de quelques casse-cou est devenu un des secteurs industriels de toute première importance. Le fait de pouvoir voler est devenu une évidence; il va de soi. L'évolution technique depuis les objets volants faits de bois, de tissu et de câbles, tout droit sortis d'une menuiserie, et les machines actuelles est colossale. A l'époque, le développement se faisait par bonds successifs. Le plus souvent, ce sont les guerres, et avant tout la seconde Guerre mondiale, qui sont à l'origine des percées technologiques majeures dans le domaine de l'aviation. En revanche, les dernières années ont été marquées par une évolution plutôt que par des révolutions. Où en est l'aviation aujourd'hui ? Et où va-t-elle ?

Les années difficiles de la branche aérospatiale n'appartiennent pas encore au passé, au contraire. L'année 2003 a été marquée par de nombreux événements négatifs. En plus de la guerre en Irak, il faut aussi mentionner la crise due au syndrome SARS, la grippe asiatique. Ces deux événements ont tout particulièrement frappé le transport aérien. Dans le monde entier, la production de nouveaux types d'avions a reculé et le nombre des appareils envoyés à la casse ou mis de côté en attendant des jours meilleurs a atteint des sommets.

Des signes réconfortants sont pourtant perceptibles à l'horizon. Si les carnets de commandes ne vont pas brusquement grossir en 2004, il est probable que la tendance inverse va au moins être ralentie, voire stoppée. Les constructeurs hésitent à lancer de nouveaux projets. Une exception toutefois avec le Boeing 7E7. Un avion sur lequel Boeing place de grands espoirs et qui volera pour la première fois en 2007 ou 2008. Le 7E7 doit avant tout remplacer les B757 et B767 qui ont fait leurs preuves et qui ont été construits en grand nombre mais qui arrivent à la fin de leur carrière. La Chine et la Russie s'essaient pour la première fois au développement d'avions régionaux. Airbus fera un véritable saut quantique en 2005, avec le premier vol de l'A380, le plus grand avion du monde pour le transport de passagers.

La situation de l'aviation militaire s'est quelque peu améliorée. Il est bien connu que les guerres sont le catalyseur du développement et des commandes de nouveaux systèmes. Le dernier conflit en Irak a mis en lumière avec une netteté terrifiante ce que peut apporter la supériorité technologique et l'abondance de moyens.

Il y a encore dix ans, les avions de combat chargés de toute sorte d'armes devaient être pilotés jusqu'à proximité de l'objectif pour pouvoir l'attaquer; la tactique a complètement changé. De nouvelles générations de missiles air-sol, de bombes larguées à distance de sécurité et de moyens de combats et de communications électroniques font que les avions de combat n'ont plus à pénétrer dans la zone dangereuse mais peuvent faire usage de leurs armes à bonne distance de la cible et de ses défenses. Ces armes touchent leur cible avec une incroyable précision. La guerre aérienne a atteint une dimension quasi virtuelle. Mais les avions de combat ne sont plus, dans ce contexte, que des éléments d'un système très complexe. Celui-ci comprend aussi des stations terrestres mobiles à côté d'avions radars d'alerte avancée, d'avions de reconnaissance, de satellites, de drones et de contre-mesures électroniques. Le commandement au sol est en mesure de déterminer des objectifs en temps réel, de les attaquer par la voie des airs, d'observer immédiatement les résultats et, le cas échéant, de répéter l'opération.

Dans cette perspective, les engins pilotés à distance (Unmaned Air Vehicles, ou UAV) jouent un rôle de plus en plus important. Ils commencent lentement à se faire leur place dans l'aviation militaire. Projets, prototypes et modèles de série confondus, on atteint bientôt le nombre de cinquante programmes. Le modèle le plus léger pèse tout juste 80 grammes, le plus lourd dépasse les 11 000 kg ! Si les domaines de choix de ces engins ont été jusqu'ici principalement les missions de reconnaissance et de surveillance, les drones deviennent petit à petit des systèmes d'armes de plus en plus sophistiqués et destinés à remplir les missions les plus périlleuses.

Si les guerres sont des catalyseurs, les embargos économiques le sont aussi. L'Iran en est un exemple typique. J'ai choisi ce pays comme thème principal pour ce premier livre en français des « Avions du Monde ». Beaucoup d'activités et des projets intéressants montrent comment l'inventivité peut se développer dans une situation de pénurie et comment on parvient en quelques années, grâce à un engagement énorme et beaucoup d'improvisation, à mettre sur pied une industrie aéronautique tout à fait performante. Au début, l'effort a porté sur la fabrication de pièces de rechange pour les forces aériennes iraniennes. Avant de commencer à modifier et améliorer l'arsenal aérien. Tant et si bien qu'il est possible maintenant de développer des fabrications indigènes. Dans cette perspective, on peut mentionner l'excellent exemple fourni par l'Iran Research Tazarve. Malheureusement, les informations sur les avions iraniens sont encore très maigres.

Cent ans d'aviation. Et après ? Les dernières années, on l'a dit, ont été marquées par des progrès relativement modestes, de caractère plutôt évolutif. Bien que la pression de l'aviation sur l'environnement soit assez réduite par comparaison avec d'autres activités humaines, on réclame un élan nouveau pour des projets révolutionnaires qui porteraient notamment sur la consommation d'énergie ou sur les nuisances sonores. Deux axes de recherche intéressants sont au stade des travaux exploratoires ou des recherches expérimentales. L'un porte sur les cellules solaires comme source d'énergie. L'aile volante sans pilote AeroVironment Helios, démonstrateur technologique propulsé à l'énergie solaire, a obtenu des premiers résultats encourageants avant d'être détruite dans un accident qui ne remet sans doute pas en cause la formule. L'autre direction est celle suivie pour les modèles télécommandés par laser ; leur source d'énergie reste au sol et celle-ci leur est transmise via un rayon laser dirigé sur l'engin volant. En ce qui concerne le problème de plus en plus envahissant du bruit, de notables améliorations sont possibles dans les années à venir grâce à de toutes nouvelles technologies.

Cela démontre que le potentiel de développement n'est de loin pas épuisé et que l'aviation est encore assurée d'un grand avenir.

Claudio Muller

LES AVIONS DE DEMAIN

EADS A400M

Origine: Consortium européen.
Constructeurs: EADS, (European Aeronautic Defence and Space Company), Airbus Military, usine de San Pablo (montage final), Séville, Espagne.
Catégorie: Avion de transport militaire tactique (et stratégique).
Moteurs: Quatre turbopropulseurs EuroProp International (EPI) PT400-D6 d'une puissance de 11 000 ch (8200 kW) chacun.
Performances: Vitesse de croisière max. entre Mach 0,68 et 0,72 ; à basse altitude 555 km/h ; plafond pratique 11 300 m ; distance franchissable avec une charge utile de 20 t 6575 km, avec 30 t 4540 km ; distance franchissable en convoyage 9075 km.
Masses: A vide 66 500 kg ; max. au décollage 126 500 kg.
Equipage, passagers et charge utile: Deux pilotes et, par exemple, deux hélicoptères de combat Tiger et un système de missiles sol-air (SAM) Roland ou un conteneur standard de 12 m, charge utile max. 31 500 kg, en surcharge jusqu'à 37 000 kg.
Etat du développement: Des informations récentes laissent entendre que le premier exemplaire de l'A400M prendra l'air pour la première fois en 2007. Les livraisons devraient commencer à fin 2009. Des engagements portant provisoirement sur 180 exemplaires ont été pris par les armées de l'air d'Allemagne (60), de Belgique (7), d'Espagne (27), de France (50), de Grande-Bretagne (25), du Luxembourg (1) et de Turquie (10).

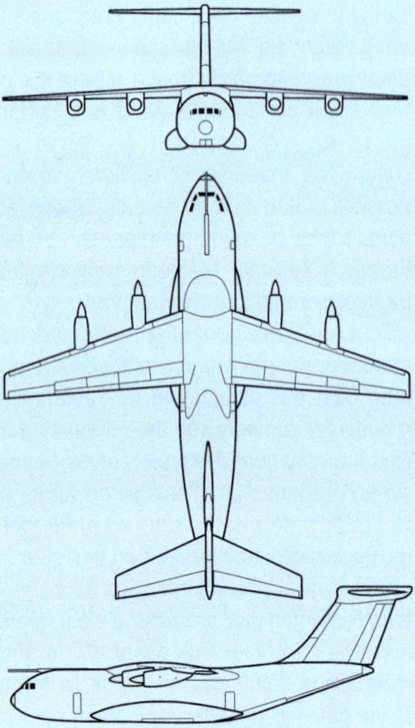

Dimensions
Envergure: 42,36 m
Longueur: 42,20 m
Hauteur: 14,73 m
Surface alaire: 221,50 m^2

L'histoire du développement de l'avion militaire de transport A400M remonte déjà à plusieurs années. Après une longue période d'incertitude, la décision définitive d'aller de l'avant est enfin tombée en 2003.

Pour la première fois, s'agissant d'un avion militaire de transport, des critères commerciaux seront appliqués, tant dans la phase de développement que dans celle de la production. De nombreux éléments proviennent de modèles civils, par exemple le cockpit, qui correspond à ceux des avions de ligne de la famille Airbus actuelle. L'A400M doit remplacer le C-160 Transall et le C-130 Hercules. Par rapport aux avions qu'il remplace, l'A400M affichera des coûts d'exploitation tout à fait comparables tandis que la charge utile et le volume seront doublés. La soute mesure 17,71 m de long (rampe incluse 23,11 m), 4,00 m de large et 3,85 m de haut.

Outre la version de transport, une variante pour le ravitaillement en vol est à l'étude. En outre, grâce à des équipements modulaires adaptés à la soute, l'A400M est à même de servir de plate-forme pour d'innombrables autres missions.

Et aussi:

- l'Airbus A380-800, page 316;
- le Boeing 7E7 Dreamliner, page 317.

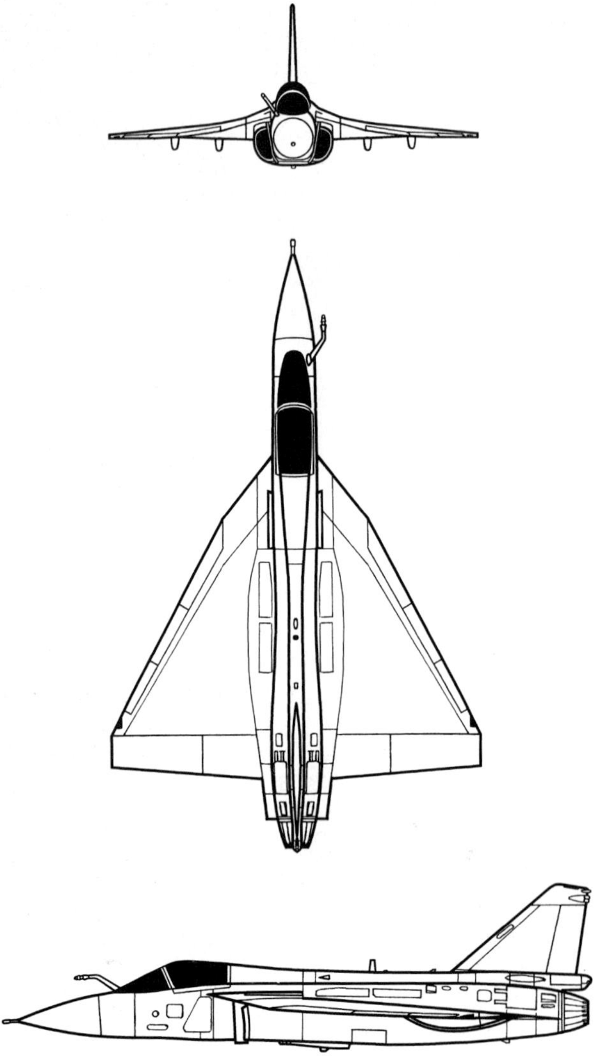

Dimensions
Envergure: 8,20 m
Longueur: 13,20 m
Hauteur: 4,40 m
Surface alaire: env. 38,40 m^2

ADA LCAADA (HAL) LCA TEJAS

Origine: Inde.
Constructeur: ADA (Aeronautical Development Agency) de Hindustan Aeronautics Ltd., Bangalore, Inde.
Catégorie: Chasseur léger polyvalent, mono- et biplace.
Moteur (démonstrateur TD-1/2 + 13 premiers exemplaires): Un réacteur à double flux General Electric F404-F2J3 d'une poussée de 8210 kp (80,50 kN) avec réchauffe; (à partir de la 14ᵉ machine) un réacteur à double flux Kaveri GTX-35VS d'une poussée de 5270 kp (52,44 kN) sans réchauffe et 8170 kp (80,68 kN) avec réchauffe.
Performances (estimations): Vitesse max. à haute altitude Mach 1,8+; plafond pratique au-dessus de 15 000 m.
Masses: A vide env. 5500 kg; au décollage sans charges extérieures 8500 kg, avec charges extérieures 13 000 kg.
Armement: Un canon à deux tubes de 23 mm GSh-23 avec 200 coups et jusqu'à 4000 kg d'armement suspendu à sept points d'ancrage.
Etat du développement: Le premier de deux démonstrateurs technologiques, le TD-1, a entamé son programme d'essai le 6 janvier 2001, suivi du TD-2 le 6 juin 2002. Actuellement, cinq prototypes, proprement dits, sont en construction, trois monoplaces, un biplace ainsi qu'une variante destinée à la Marine indienne (premier vol en 2007). Les forces armées indiennes veulent en acquérir 200 exemplaires pour remplacer les MiG-21; les livraisons ne devraient toutefois commencer qu'en 2007 au plus tôt. Entre-temps, 16 exemplaires ont été commandés ferme.
Remarques: Cet appareil, qui vient d'être baptisé Tejas (Eclair) est un avion de combat polyvalent de petite taille, manœuvrable et économique. L'emploi de matériaux composites ultra-modernes et d'alliages aluminium/lithium garantit aussi sa grande légèreté relative. Une grande partie de l'électronique a été développée en coopération avec des sociétés occidentales. Ces dernières se sont toutefois retirées de l'opération pour des raisons politiques, de telle manière que l'Inde s'est retrouvée forcée de les remplacer par des systèmes de provenance nationale. C'est ainsi que le radar Doppler multifonctions est de provenance indienne. Le projet souffre toujours et encore d'importants retards dus aux performances insuffisantes du moteur indien Kaveri et aux problèmes rencontrés avec les commandes de vol électriques (Fly-by-Wire); la date de mise en service opérationnel est ainsi régulièrement repoussée. La version destinée à la Marine indienne doit être déployée sur porte-avions.

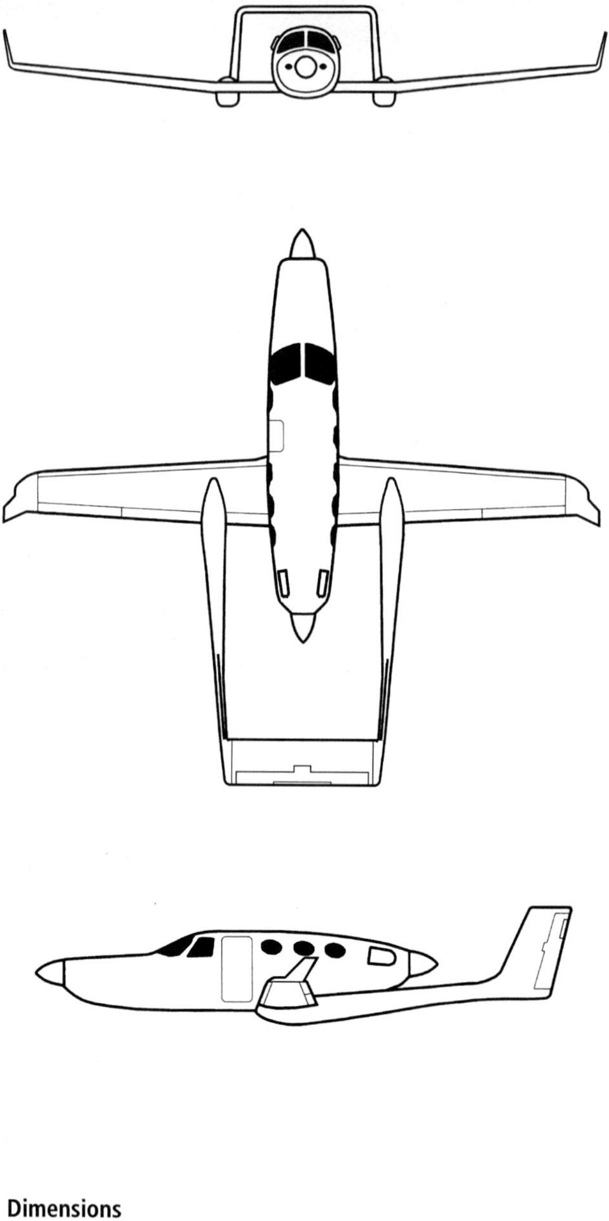

Dimensions
Envergure: 13,40 m
Longueur: 11,15 m
Hauteur: 2,86 m

ADAM A500

Origine: USA.
Constructeur: Adam Aircraft Industries, Denver, usine de Centennial Airport Englewood, Colorado, USA.
Catégorie: Avion d'affaires léger.
Moteurs: Deux moteurs à piston six-cylindres boxer refroidis par air Teledyne Continental TSIO-550E d'une puissance de 350 ch (260 kW) chacun.
Performances: (données du constructeur): Vitesse de croisière max. à 75 % de la puissance 463 km/h; vitesse de croisière économique à 60 % de la puissance 410 km/h; vitesse ascensionnelle initiale 9 m/sec; plafond 7620 m; distance franchissable max. avec les réserves IFR 2130 km.
Masse: Au décollage 2858 kg.
Equipage, passagers et charge utile: Un pilote et cinq passagers dans la configuration normale; charge utile max. 950 kg.
Etat du développement: Un démonstrateur portant la désignation M-309 a volé pour la première fois le 21 mars 2000. Le premier de trois prototypes dérivés du M-309 a entamé le programme d'essai le 11 juillet 2002. Une centaine d'exemplaires ont été jusqu'ici vendus ou retenus en options. Les livraisons commencent vers le milieu de l'année 2004.
Remarques: Par rapport au démonstrateur M-309, l'A500 se distingue par quelques changements. Le fuselage a été légèrement allongé pour permettre d'installer un escalier intégré. L'envergure de l'aile, construite en une pièce, a aussi été quelque peu allongée. La disposition des moteurs «push-pull» à l'avant et à l'arrière du fuselage donne à ce bimoteur les caractéristiques de vol d'un avion monomoteur. La disposition de l'aile, entièrement en carbone, sort de l'ordinaire; placée en position basse, elle est reliée aux empennages par deux poutres. Le poste de pilotage est garni d'écrans plats, comme c'est devenu courant. La cabine offre un bon volume comparé à celui d'autres avions de la même classe (longueur interne 4,11 m, largeur 1,33 m, hauteur 1,29 m). Le prix de l'A500 (US$ 935 000.–) est tout à fait attractif. L'US Airborne Surveillance (service américain de surveillance aérienne) a commandé 32 exemplaires d'une version qui dispose de détecteurs infrarouges et TV sous les ailes.

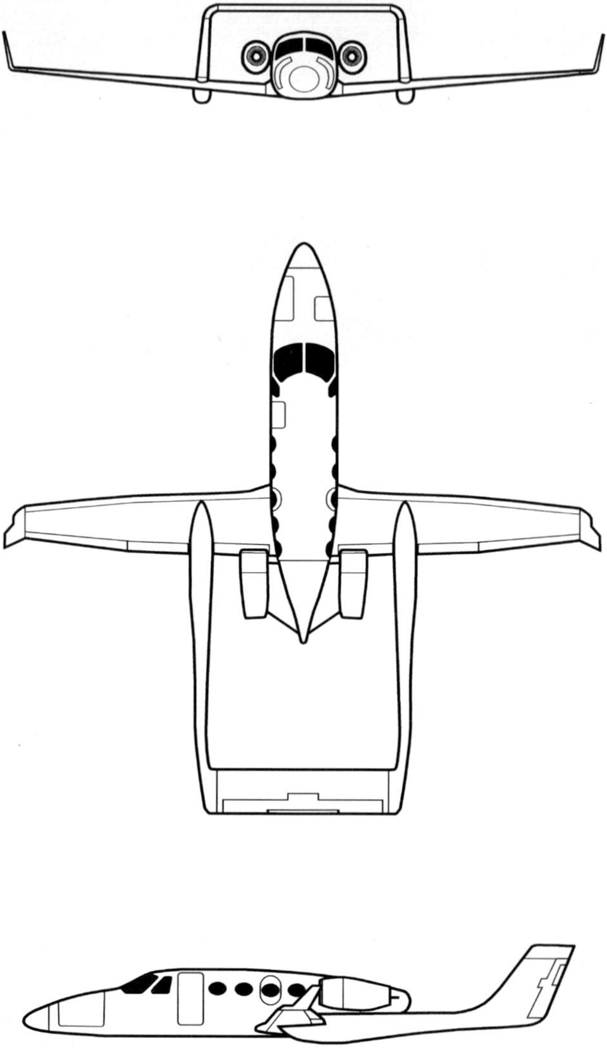

Dimensions

Envergure: 13,41 m

Longueur: 12,38 m

Hauteur: 2,89 m

ADAM A700

Origine: USA.
Constructeur: Adam Aircraft Industries, Denver, usine de Centennial Airport, Englewood, Colorado, USA.
Catégorie: Avion d'affaires léger.
Moteurs: Deux réacteurs à double flux Williams FJ33-4A d'une poussée de 545 kp (5,33 kN) chacun.
Performances (données constructeur): Vitesse max. 630 km/h à 11 580 m d'altitude; plafond pratique 12 500 m; distance franchissable max. avec les réserves IFR 2037 km, avec les réserves VFR 2590 km.
Masses: (aucune donnée disponible pour l'instant).
Equipage, passagers et charge utile: De six à huit personnes, y compris deux pilotes; en configuration normale, quatre passagers dans un aménagement « Club » et comprenant une toilette; charge utile avec les réservoirs pleins 328 kg.
Etat du développement: Le prototype a effectué son premier vol le 27 juillet 2003. Les livraisons doivent commencer fin 2004. L'état actuel du carnet de commandes n'est pas connu.
Remarques: Dérivé de l'A500 propulsé et tracté par deux moteurs à piston (voir pages 10/11), l'A700 veut répondre à la demande croissante pour de petits avions d'affaires à réaction. Il est sensiblement plus grand que l'avion dont il est dérivé. Cela provient des dimensions internes de la cabine (longueur 4,87 m, largeur 1,37 m, hauteur 1,31 m). Pour maintenir les coûts d'achat et d'exploitation le plus bas possible, un mode de construction très simple a été privilégié. La cellule est pour l'essentiel en carbone. L'avionique et le tableau de bord correspondent aux standards actuels. Adam indique un prix d'achat juste en dessous de US$ 2 Mio.

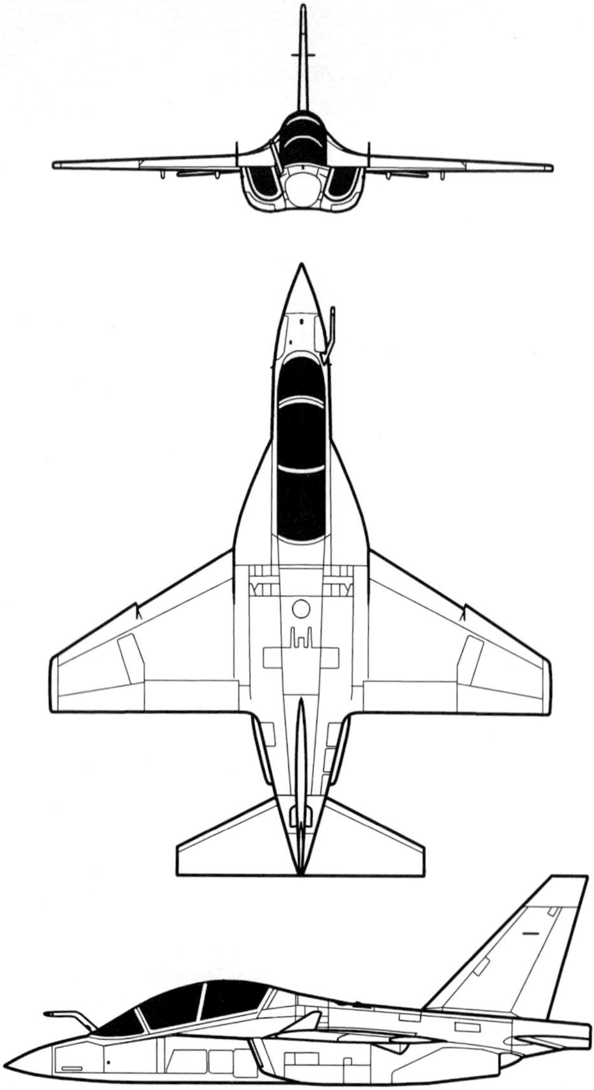

Dimensions
Envergure: 9,72 m
Longueur: 11,49 m
Hauteur: 4,76 m
Surface alaire: 23,52 m^2

AERMACCHI M-346

Origine: Italie.
Constructeur: Aermacchi SpA, Varese-Venegono, Italie.
Catégorie: Avion biplace d'entraînement avancé.
Moteurs: Deux réacteurs à double flux Honeywell F124-GA-200 d'une poussée de 2830 kp (27,80 kN) chacun.
Performances: (données constructeur): Vitesse max. 1083 km/h à 1520 m d'altitude; vitesse ascensionnelle initiale 102 m/sec; plafond pratique 13 700 m; distance franchissable avec les réservoirs internes pleins 1890 km, avec deux réservoirs supplémentaires externes et 10 % de réserves 2540 km.
Masses: A vide 4625 kg; au décollage en configuration entraînement 6700 kg, avec l'armement complet 9500 kg.
Armement: Selon le constructeur, le M-346 peut emporter jusqu'à 3000 kg d'armements divers.
Etat du développement: Le premier de trois démonstrateurs volera pour la première fois au printemps 2004. Pour autant que des commandes suivent rapidement, le premier exemplaire pourrait être livré en 2007.
Remarques: Le M-346 est un dérivé du projet commun italo-russe Yak/AEM-130 (pages 312/313). Quoique très ressemblant de l'extérieur au -130, le M-346 est un avion nouveau et ses dimensions sont un peu plus petites. La cellule est presque entièrement faite en alliages d'aluminium léger. Les empennages, de même qu'une partie des ailes, sont en matériaux composites. Les commandes de vol, programmables en fonction de la mission, fournies par Teleavio/Marconi, représentent une innovation importante; elles peuvent être réglées selon différents modes, de « manuel » à « fly-by-wire », ce qui permet de moduler l'entraînement de manière optimale. L'avionique, doublement redondante, est fondée sur un ordinateur MIL-STD-1553B qui inclut notamment TACAN, IFF, IN/GPS etc. Toutes ces caractéristiques font du M-346 un des systèmes d'entraînement les plus modernes du moment pour les futurs pilotes de combat. Yakovlev poursuit seul le développement du Yak/AEM-130 dont le M-346 est dérivé.

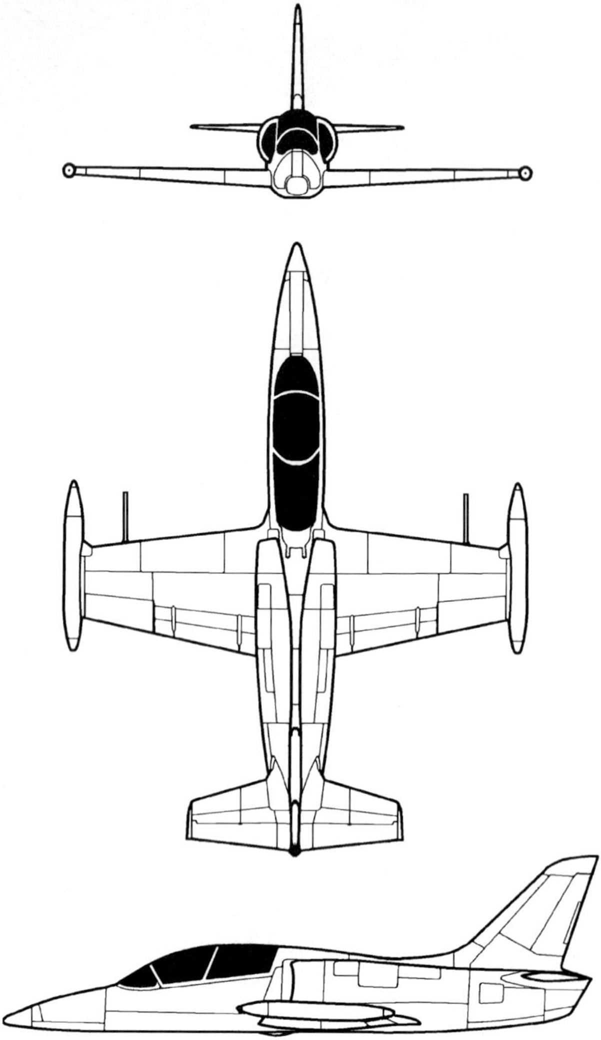

Dimensions

Envergure y compris les réservoirs de bout d'aile: 9,54 m
Longueur: 12,73 m
Hauteur: 4,78 m
Surface alaire: 18,80 m^2

AERO L 159 ALBATROS

Origine: Tchéquie.
Constructeur: Aero Vodochody a.s., Odolena Voda, Prague, Tchéquie.
Catégorie: Avion léger d'appui tactique et d'entraînement avancé, monoplace (L 159A) et biplace (L 159B).
Moteurs: Un réacteur à double flux AlliedSignal/ITEC F124-GA-100 d'une poussée de 2850 kp (28 kN).
Performances: Vitesse max. 936 km/h ou Mach 0,82 au niveau de la mer, 912 km/h à 5000 m; vitesse ascensionnelle initiale 47 m/sec; plafond 13 200 m; distance franchissable avec le max. de carburant interne et 10 % de réserves 1570 km, avec des réservoirs supplémentaires 2530 km.
Masses: Equipé 4160 kg; max. au décollage 8000 kg.
Armement: Une grande variété d'armes (missiles air-air, missiles air-sol, bombes, conteneurs pour systèmes électroniques) d'un poids max. de 2340 kg peut être répartie sous sept points d'ancrage, un sous le fuselage et six sous les ailes.
Etat du développement: Le premier prototype du L 159, un biplace, a entamé son programme d'essai le 2 août 1997, suivi par la variante monoplace le 18 août 1998. La version entraînement avancé L-159B vole depuis le 23 juillet 2002. Contrairement à de précédentes informations, les 72 exemplaires (dont une soixantaine a été livrée) commandés par l'Armée de l'air tchèque sont de la version L-159A. Deux avions d'entraînement L-159B ont en outre été commandés récemment.
Remarques: Bien qu'il soit dérivé des modèles bien connus L 39/L 59, le L 159 est à bien des égards un nouveau développement. Le fuselage allongé a été complètement retravaillé dans sa partie frontale pour pouvoir accueillir une avionique moderne de Rockwell-Collins, en particulier un radar Doppler polyvalent FIAR Grifo-L, un ordinateur MIL-STD-1553B, un système de navigation H-764G avec GPS, un écran tête-haute (Head-Up Display) etc. Le réacteur, de provenance occidentale, fournit une poussée de 30 % supérieure à celle du réacteur monté sur le L 59; les performances de vol s'en trouvent améliorées d'autant. Le cockpit, doté d'un tableau de bord avec instruments à cristaux liquides, est protégé par un blindage. Deux versions sont en production: le biplace L 159B et le monoplace L 159A qui comprend un réservoir additionnel à la place du second siège.

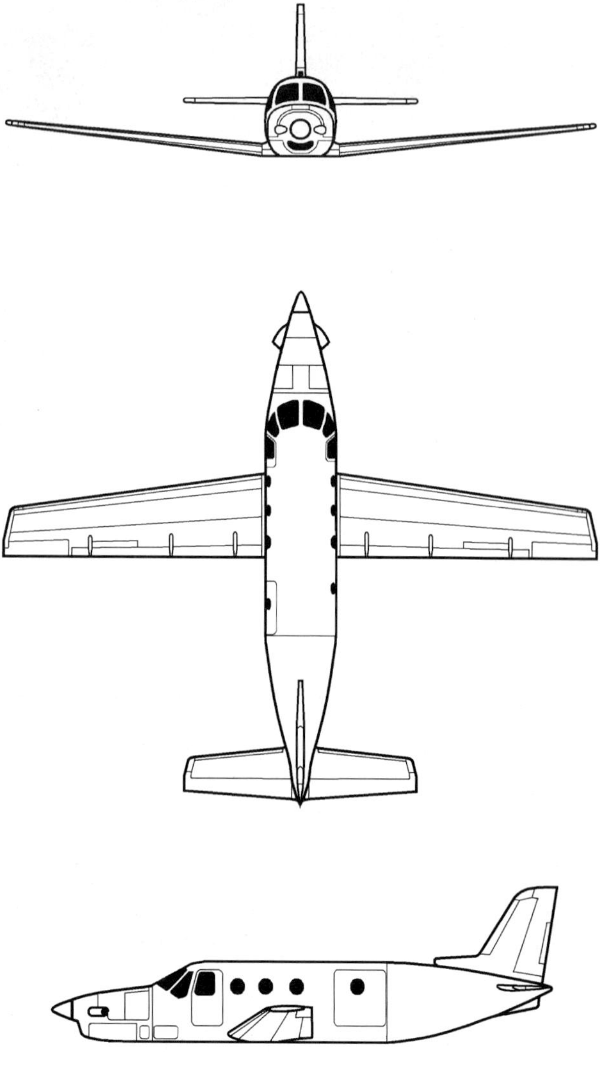

Dimensions
Envergure: 13,82 m
Longueur: 12,23 m
Hauteur: 4,78 m
Surface alaire: 21 m^2

AERO AE 270 SPIRIT

Origine: Tchéquie.
Constructeur: Aero Vodochody a.s., Odolena Voda, Prague, Tchéquie.
Catégorie: Avion de transport léger polyvalent.
Moteurs: (Ae270P): Un turbopropulseur Pratt & Whitney Canada PT6A-66 de 850 ch (634 kW) ou (Ae270W) un turbopropulseur Walter M-601F d'une puissance de 777 ch (580 kW).
Performances: (Ae270P): Vitesse de croisière max. à 4000 m d'altitude 407 km/h; vitesse de croisière normale 390 km/h; vitesse ascensionnelle initiale 8,2 m/sec; plafond pratique 7620 m; distance franchissable à charge utile max. 470 km; distance franchissable max. 2370 km.
Masses: (Ae270P): Equipé 2280 kg; max. au décollage 4000 kg.
Equipage, passagers et charge utile: Un ou deux pilotes et jusqu'à huit passagers ou jusqu'à 1200 kg de fret.
Etat du développement: Après plusieurs années d'interruption dans le développement, le premier des trois prototypes Ae270P a entamé les essais en vol le 25 juillet 2000. La première machine de série a volé pour la première fois le 25 février 2003. Les livraisons doivent commencer au début de 2004. Jusqu'ici, 76 exemplaires (+ 6 options) ont été commandés dont 90 % de la version Ae270P.
Remarques: L'Ae270 est un programme commun à parts égales entre les sociétés Aero et AIDS, à Taïwan. Deux versions sont prévues: l'Ae270W, équipé d'une turbine tchèque Walter, d'une électronique conçue dans le pays et d'un train d'atterrissage fixe, et l'Ae270P doté d'une turbine sensiblement plus puissante de Pratt & Whitney Canada, d'une avionique signée AlliedSignal Bendix/King, d'un train escamotable et d'une cabine pressurisée. AIDS fabrique les ailes et le train d'atterrissage, Aero fabrique le reste de la cellule et assure le montage final. L'Ae270 justifie sa polyvalence: il est utilisable aussi bien pour le transport de passagers ou de fret que pour les vols d'affaires. Dans cette dernière activité, une variante est proposée sous la désignation Ae270HP, équipée d'une turbine Pratt & Whitney plus puissante. Plus tard, une version équipée de flotteurs pourrait voir le jour. Prix de la version de base Ae270P environ 1,9 Mio d'US$.

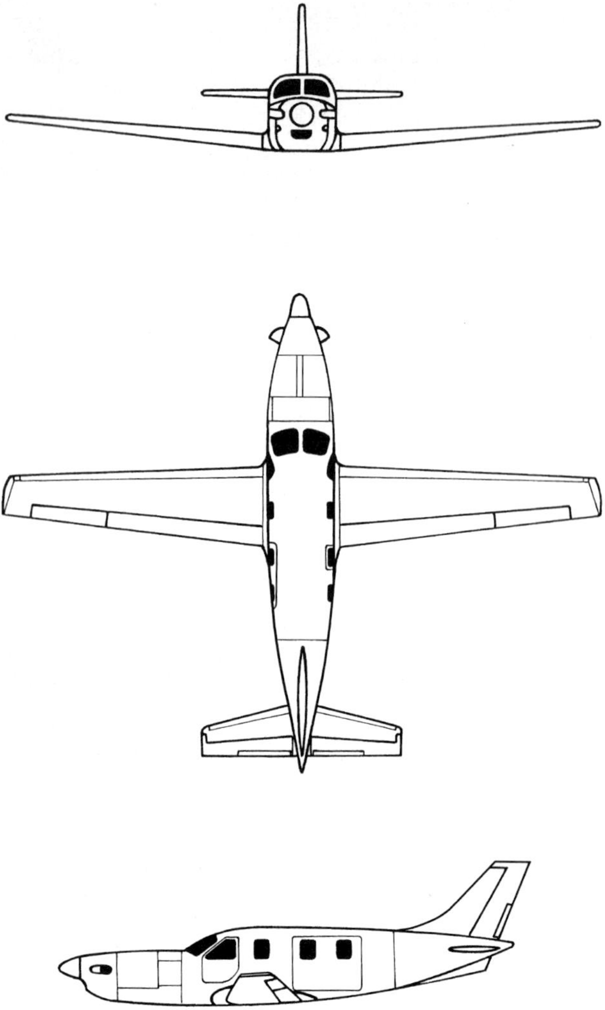

Dimensions
Envergure: 13,00 m
Longueur: 9,98 m
Hauteur: 3,72 m
Surface alaire: 25,70 m^2

AEROPROGRESS/MYASISHCHEV M 106T GZHEL

Origine: Russie.
Constructeur: Myasishchev Design Bureau, Zukovski, Moscou, usine de Nijni Novgorod, Russie.
Catégorie: Avion de transport léger polyvalent.
Moteur: Un turbopropulseur Walter M-601F-22 d'une puissance de 751 ch (559 kW).
Performances: Vitesse de croisière max. 430 km/h; plafond pratique 7600 m; distance franchissable à pleine charge 800 km, avec les réservoirs pleins, y compris 45 minutes de réserve, 1400 km.
Masses: A vide 2270 kg; normale au décollage 2900 kg; max. 3270 kg.
Equipage, passagers et charge utile: Equipage d'un ou deux pilotes et normalement quatre, max. six ou sept passagers; charge utile max. 630 kg.
Etat du développement: Les essais en vol ont déjà commencé le 31 mars 1995. Mais cet avion n'a obtenu sa certification qu'au début 2003. Depuis lors, dix exemplaires ont été construits. L'état actuel du carnet de commandes n'est pas connu.
Remarques: Le Gzhel appartient à la catégorie en forte progression des avions monomoteurs à turbine polyvalents, très économiques en exploitation. Il convient au transport de passagers, ou mixte passagers/fret ou exclusivement fret; il peut être transformé en avion-ambulance. Une grande porte sur le côté gauche du fuselage facilite le chargement et le déchargement de fret encombrant. Dans toute la construction, un effort particulier a été mls sur la simplicité et la robustesse. La cabine est pressurisée. Le M-101T peut opérer à partir de pistes courtes et peu aménagées. Le prix de vente se situe autour de 1,3 Mio d'US$. Une variante destinée à l'aviation d'affaires et dotée d'un rayon d'action de 2000 km est prévue. La commercialisation du Gzhel doit être assurée par Aeroprogress.

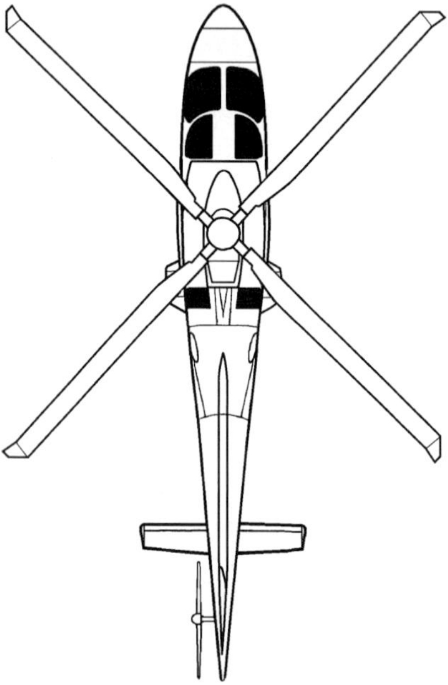

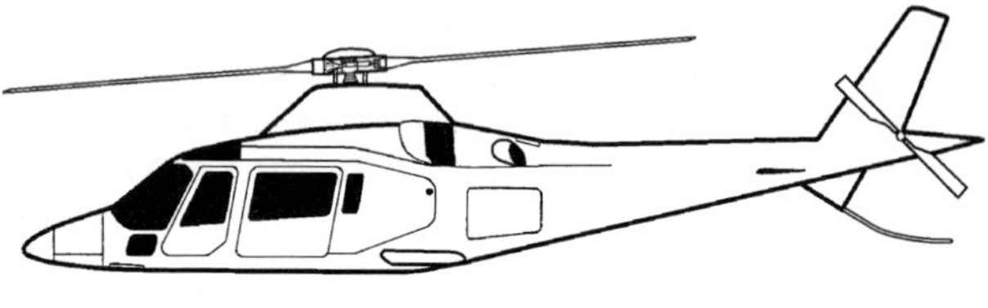

Dimensions
Diamètre du rotor 11,00 m
Longueur du fuselage: 11,44 m
Hauteur: 3,50 m

AGUSTA WESTLAND A109 POWER

Origine: Italie.
Constructeur: AgustaWestland Ltd, usine de Vergiate, Italie.
Catégorie: Hélicoptère léger polyvalent.
Moteurs: Deux turbines Pratt & Whitney Canada PW206C d'une puissance de 640 ch (477 kW) chacune.
Performances: Vitesse max. 311 km/h; vitesse de croisière max. 300 km/h à 1520 m d'altitude; vitesse ascensionnelle max. 10,5 m/sec; plafond en vol stationnaire avec effet de sol 5790 m, sans effet de sol 4054 m; distance franchissable 830 km; autonomie max. 4 h 20 min.
Masses: A vide 1555 kg; masse max. au décollage 2850 kg avec une charge utile interne; jusqu'à 3000 kg avec une charge utile externe.
Equipage, passagers et charge utile: Un pilote et sept passagers. En tant qu'hélicoptère-ambulance, deux patients couchés et deux secouristes trouvent place dans la cabine. Charge utile max. 1130 kg.
Armement: (A109KM): Au max. huit missiles filoguidés TOW, une mitrailleuse de 7,62 mm montée sous le fuselage ou un canon de 12,7 mm fixé à la porte.
Etat du développement: Cette version vole depuis le 8 février 1995. Les livraisons ont commencé au milieu de 1996, après l'obtention de la certification. Agusta a annoncé jusqu'ici 300 commandes fermes, dont par exemple 30 A109 LUH (+ 10 options) pour l'Armée de l'air sud-africaine (construction sous licence par Denel), 11 A109LOH pour la Malaisie, 20 HPK15 pour l'Armée de l'air suédoise, 3 pour la Marine du Nigeria et 8 MH-68A Sting Ray pour l'US Coast Guard.
Remarques: La version Power actuelle dispose d'une nouvelle tête de rotor en titane et d'articulations en élastomères, comprenant moins de pièces, ce qui rend l'entretien nettement plus simple. Les moteurs plus puissants sont équipés du système de gestion électronique FADEC. Le train d'atterrissage escamotable a été retravaillé. La cabine est un peu plus spacieuse. Grâce à un ordinateur 1553 MIL-STD, toute une palette de systèmes (complémentaires) sont maintenant compatibles. Le Power peut aussi être équipé de propulseurs français Turboméca Arrius 2K1 de 670 ch (500 kW) de puissance chacun. Une version de l'A109, plus longue de 20 cm, est équipée de moteurs PW207; elle reçoit un rotor de queue en matériaux composites et son poids au décollage est légèrement plus élevé.

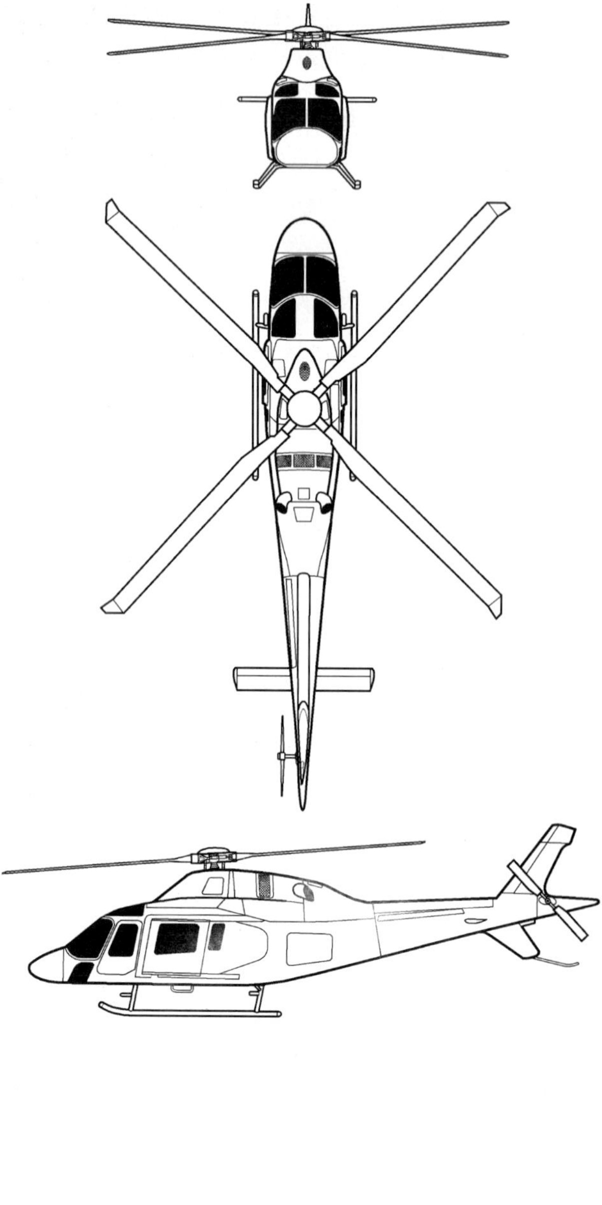

Dimensions
Diamètre du rotor: 11,00 m
Longueur du fuselage: 11,07 m
Hauteur: 3,30 m

AGUSTA WESTLAND A119 KOALA

Origine: Italie.
Constructeur: AgustaWestland Ltd, usine de Vergiate, Italie.
Catégorie: Hélicoptère léger polyvalent.
Moteur: Une turbine (prototype) Turboméca Arriel 1K1 de 800 ch (596 kW) resp. (série) Pratt & Whitney Canada PT6B-37A de 1000 ch (747 kW) de puissance continue.
Performances (avec le moteur PT6B-37): vitesse max. 278 km/h; vitesse de croisière max. 260 km/h; plafond en vol stationnaire avec effet de sol 3320 m, sans effet de sol 2450 m; plafond max. 5460 m; autonomie max. 3 h 48 min ou distance franchissable max. 620 km.
Masses: Equipé 1550 kg; max. au décollage 2720 kg, prochainement jusqu'à 3000 kg.
Equipage, passagers et charge utile: Un pilote et jusqu'à sept passagers. Charge utile max. 1155 kg.
Etat du développement: Le premier de deux prototypes a volé dès avril 1995. La certification retardée a été obtenue à mi-1999; les premières livraisons ont suivi à la fin de cette même année. Jusqu'ici, 35 exemplaires ont été commandés, dont quatre par la police de la ville de New York. Des options ont été retenues pour 30 autres exemplaires. Les compagnies italiennes de carabiniers devraient en recevoir jusqu'à 50 exemplaires; mais la commande n'est pas encore définitive. Une seconde chaîne de montage est en préparation chez Denel en Afrique du Sud.
Remarques: L'A119 Koala est la version d'entrée de gamme de l'A109. Son prix de base est de 1,78 Mio d'US$. La cellule de même que le rotor de l'A109 ont été en grande partie repris. En ce qui concerne le volume de la cabine, l'A119 est actuellement le plus gros hélicoptère monomoteur. Il accepte jusqu'à huit occupants et, dans la version ambulance, deux brancards trouvent place. A cela s'ajoute un coffre à bagages volumineux de 0,95 m^3. L'ensemble du concept repose sur la robustesse et l'économie.

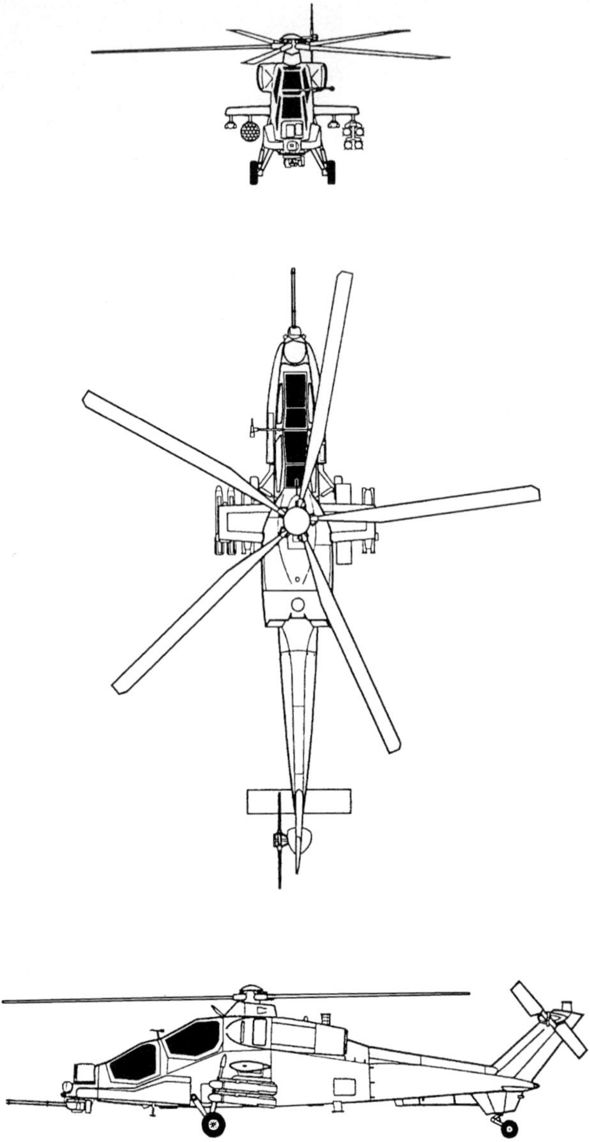

Dimensions
Diamètre du rotor: 11,90 m
Longueur du fuselage: 12,27 m
Hauteur y compris la tête de rotor: 3,35 m

AGUSTA WESTLAND A129 CBT

Origine: Italie.
Constructeur: AgustaWestland Ltd, usine de Vergiate, Cascina Costa, Gallarate, Italie.
Catégorie: Hélicoptère biplace de combat et d'observation.
Moteurs: Deux turbines Rolls-Royce Gem de 825 ch (615 kW) chacune.
Performances: Vitesse max. 294 km/h, en vol horizontal 250 km/h; plafond max. 4725 m; plafond en vol stationnaire avec effet de sol 3140 m, sans effet de sol 1890 m; rayon d'action avec huit missiles TOW et un temps d'attente de 90 min. à proximité de l'objectif 100 km; autonomie 3,5 h.
Masses: A vide 2529 kg; max. au décollage 4600 kg.
Armement: Un canon de 20-mm et 300 obus dans une tourelle orientable située sous la pointe avant du fuselage ainsi que huit missiles antichars TOW ou Hellfire plus un lanceur de roquettes de 70 mm non guidées; des missiles DCA Stinger et d'autres armes peuvent être répartis sous quatre points d'ancrage d'une capacité de 300 kg chacun.
Etat du développement: La version A129 CBT, la plus récente, vole depuis 2002. Quinze exemplaires ont commencé à être livrés depuis octobre 2003 à l'Armée de l'air italienne. Quelque 45 exemplaires de la version d'origine de l'A129 (premier vol le 11 septembre 1983) doivent être modifiés aux standards de la nouvelle variante d'ici 2006.
Remarques: La caractéristique la plus marquante de l'A129 CBT est son rotor à cinq pales, dont la tête a été profondément remaniée et sa transmission renforcée, de même que le rotor de queue bipale, tous deux en matériaux composites. Le fuselage a aussi été renforcé par endroits. L'avionique a été complétée par un GPS, par des appareils de communications plus modernes ainsi que par un nouveau système de contre-mesures. Une version dotée de turbines LHTEC T800-2 ou -5 fournissant une puissance de 1300 ch (970 kW) chacune est offerte en option. Cette version disposerait de nouveaux écrans multifonctions dans le cockpit, dont les principaux paramètres seraient projetés sur un écran fixé au casque du pilote.

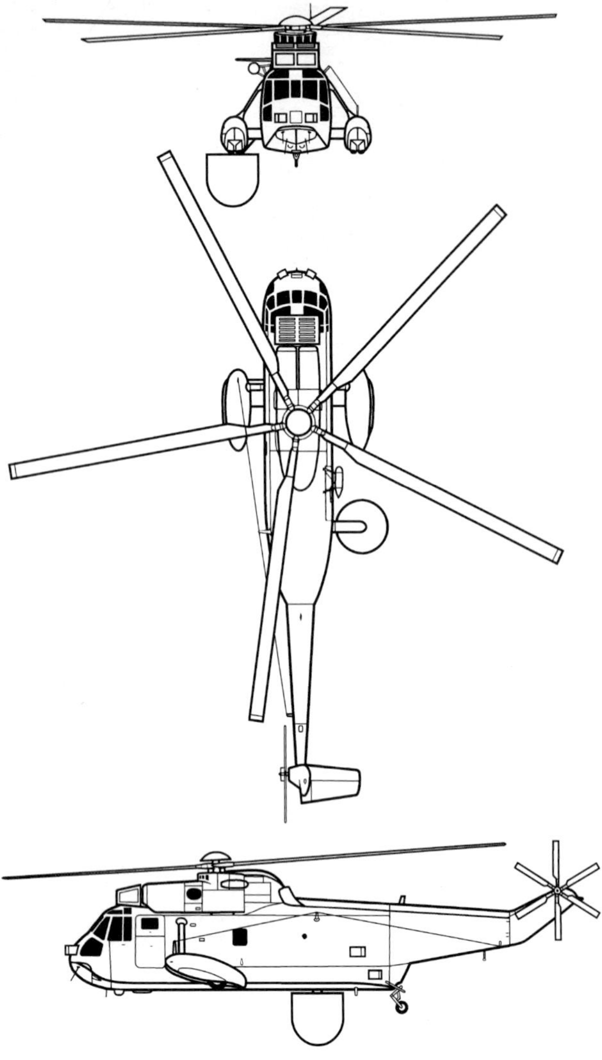

Dimensions
Diamètre du rotor: 18,90 m
Longueur du fuselage: 17,42 m
Hauteur au sommet du rotor: 4,85 m

AGUSTA WESTLAND SEA KING ASAC.7

Origine: Grande-Bretagne.
Constructeur: AgustaWestland (ex. Westland), usine de Yeovil, Somerset, Grande-Bretagne.
Catégorie: Hélicoptère maritime d'observation.
Moteurs: Deux turbines Rolls-Royce Gnome H.1400-1T d'une puissance de 1660 ch (1238 kW) chacune.
Performances: Vitesse max. 226 km/h; vitesse de croisière normale 204 km/h; vitesse ascensionnelle max. en montée oblique 10,3 m/sec; plafond en vol stationnaire avec effet de sol 1982 m, sans effet de sol 1220 m; distance franchissable réservoirs internes pleins 1482 km; rayon d'action avec temps d'attente de 2,5 h. dans la zone d'engagement env. 180 km.
Masses: A vide 7770 kg; max. au décollage 9772 kg.
Equipage: Deux pilotes et deux opérateurs systèmes.
Etat du développement: Le premier exemplaire de l'ASaC.7 (= **A**irborne **S**urveillance and **C**ontrol) a été livré en mars 2002; treize exemplaires de la version précédente AEW2 seront modifiés au nouveau standard. A partir du modèle d'origine, quelque 326 hélicoptères ont été construits entre 1969 et 1997 dans les différentes versions.
Remarques: A partir d'un hélicoptère ancien, la Royal Navy a développé une nouvelle version dont la mission prioritaire est d'assurer la sécurité de l'espace aérien autour des formations de porte-avions mais aussi de pouvoir être engagé dans la surveillance de la zone des combats. Pour ce faire, le Sea King ASaC.7 est équipé d'un radar Searchwater 2000AEW de Thales; cet équipement est fixé à un bras mobile situé sur le côté droit et à l'arrière du fuselage. Par rapport au modèle installé sur la version AEW2 précédente, ce radar offre des performances supérieures d'environ 40 %, en particulier dans la reconnaissance des objets terrestres et dans les zones habitées. Grâce au système de transmission de données Link 16, les résultats des observations peuvent être communiqués online à grande vitesse vers d'autres postes.

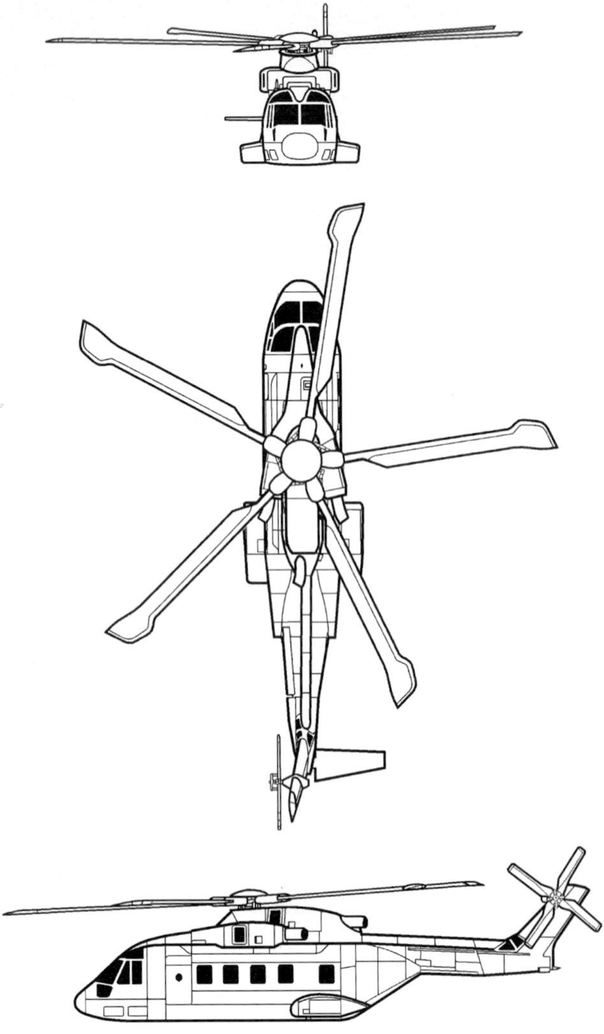

Dimensions
Diamètre du rotor: 18,59 m
Longueur du fuselage: 19,51 m
Hauteur au sommet de la tête du rotor: 5,21 m

AGUSTA WESTLAND EH 101

Origine: Grande-Bretagne et Italie.
Constructeur: AgustaWestland (ex. EH Industries Ltd), Londres, Grande-Bretagne.
Catégorie: Hélicoptère de transport polyvalent militaire et civil.
Moteurs: Trois turbines (RN) Rolls-Royce-Turboméca RTM 322 d'une puissance de 2241 ch (1671 kW) chacune ou (Marine italienne) General Electric CT7-6A1 de 2040 ch (1521 kW) chacune.
Performances: (CT7-6): Vitesse max. 308 km/h; vitesse de croisière écon. 267 km/h; plafond en vol stationnaire avec effet de sol 2745 m, sans effet de sol 1675 m; plafond max. 4600 m; distance franchissable avec 30 passagers 926 km; distance franchissable max. (convoyage) avec réservoirs supplémentaires 1760 km.
Masses: équipé (ASW) 9275 kg, version polyvalente 9000 kg, version civile 8993 kg; max. au décollage (ASW) 13 530 kg, autres versions 14 288 kg.
Equipage, passagers et charge utile: Deux pilotes et 30 passagers; charge utile max. 6700 kg.
Armement (HM Mk.1): Quatre torpilles légères Stingray ou des missiles air-mer de la catégorie Exocet-Harpoon.
Etat du développement: La première des neuf machines utilisées pour le développement a volé le 9 octobre 1987. A ce jour, 144 commandes fermes ont été passées pour les diverses variantes: Danemark 14, Grande-Bretagne 66, Italie 20, Canada 15, Portugal 14 (+ 2 options), police de Tokyo 1 et, dernière cliente, la Marine japonaise 14 exemplaires.
Remarques: L'EH 101 est produit en différentes versions: ASW (chasseur de sous-marins), chasseur de mines, SAR/missions de sauvetage, transport tactique, AEW ainsi qu'en version civile. La variante la plus récente, l'EH 101 AEW, a été mise en service en 2003 par la Marine italienne; elle dispose d'un radar de surveillance Doppler à impulsions APS-784. Agusta Westland teste le développement de l'AEW, dans une variante optimisée pour les engagements amphibies qui doit opérer à partir de porte-hélicoptères. Cette version devrait avoir une masse au décollage d'environ 16 000 kg grâce à des turbines RTM322-04 plus performantes. Elle serait aussi dotée d'un rotor nouveau, légèrement agrandi. Une version américaine, désignée US 101, devrait voir le jour si la collaboration avec Lockheed Martin se concrétise.

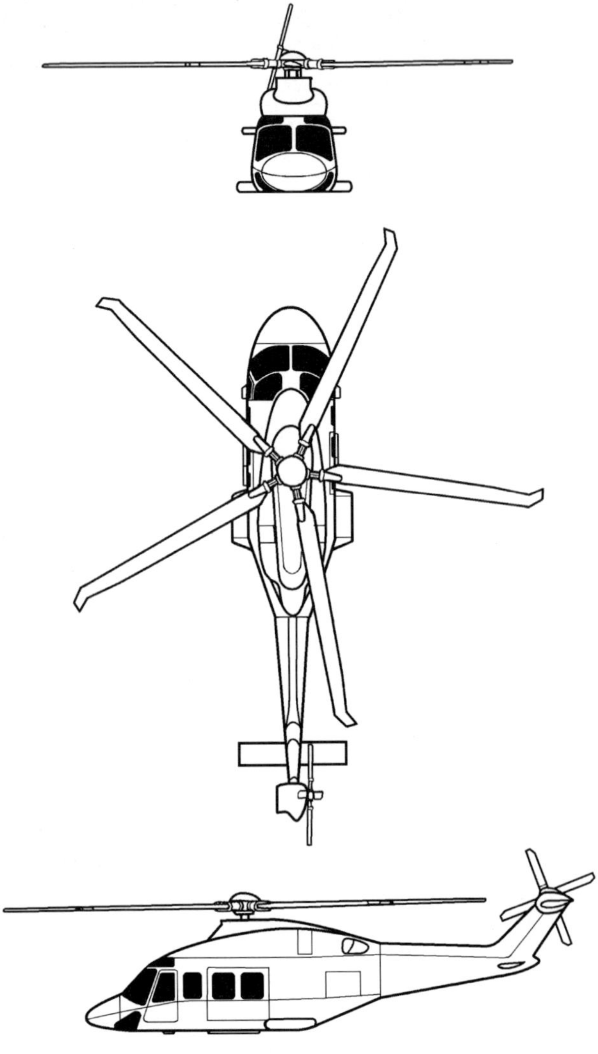

Dimensions
Diamètre du rotor: 13,80 m
Longueur hors tout: (rotor tournant) 16,65 m
Hauteur au sommet de la dérive: 4,95 m

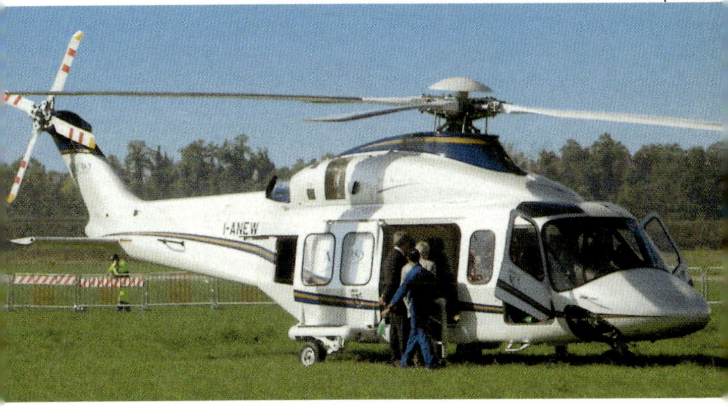

AGUSTA WESTLAND BELL AB139

Origine: Italie et USA.
Constructeurs: AgustaWestland Ltd, usine de Vergiate, Italie, et Bell Helicopter Textron, USA.
Catégorie: Hélicoptère moyen polyvalent.
Moteurs: Deux turbines Pratt & Whitney Canada PT6C-67C d'une puissance de 1679 ch (1250 kW) chacune.
Performances: Vitesse max. 310 km/h; vitesse de croisière max. 290 km/h; vitesse ascensionnelle en vol oblique 10 m/sec; plafond en vol stationnaire avec effet de sol 3600 m, sans effet de sol 2920 m; plafond pratique 5914 m; autonomie max. 3,9 h.; distance franchissable avec 10 passagers 650 km, max. 750 km.
Masse: Max. au décollage 6000 kg.
Equipage, passagers et charge utile: Deux pilotes et de 12 à 15 passagers; en mission de sauvetage, six blessés couchés et quatre personnes soignantes; charge utile interne max. 2500 kg, externe 2700 kg.
Etat du développement: Le prototype a entamé les essais en vol le 3 février 2001 suivi par le premier exemplaire de série le 24 juin 2002. Après obtention de la certification à mi-2003, les livraisons ont commencé à la fin de cette même année. A l'heure actuelle, une cinquantaine d'exemplaires ont été commandés. L'US Coast Guard devrait commander 34 AB139 pour des missions de recherches et de sauvetage.
Remarques: L'AB139 est un projet commun d'Agusta (75 %) et de Bell (25 %), la première nommée en assurant la maîtrise d'œuvre. GKN Westland (queue), PZL Swidnik (composants du fuselage), Honeywell (avionique Primus Epic) sont aussi parties prenantes à la construction de cet appareil. L'AB 139 doit assurer la relève de la famille des Bell 205 et 412 bien connue; le nouvel hélicoptère sera donc construit en parallèle des deux côtés de l'Atlantique. Les principaux domaines d'engagement prévus sont: le transport d'affaires et de VIP, les missions de surveillance, les transports EMS et le ravitaillement des plates-formes pétrolières. Des versions armées en vue d'engagements militaires sont aussi à l'étude. L'AB139 se distingue par une cabine très volumineuse pour sa catégorie. L'équipement électronique correspond aux standards modernes.

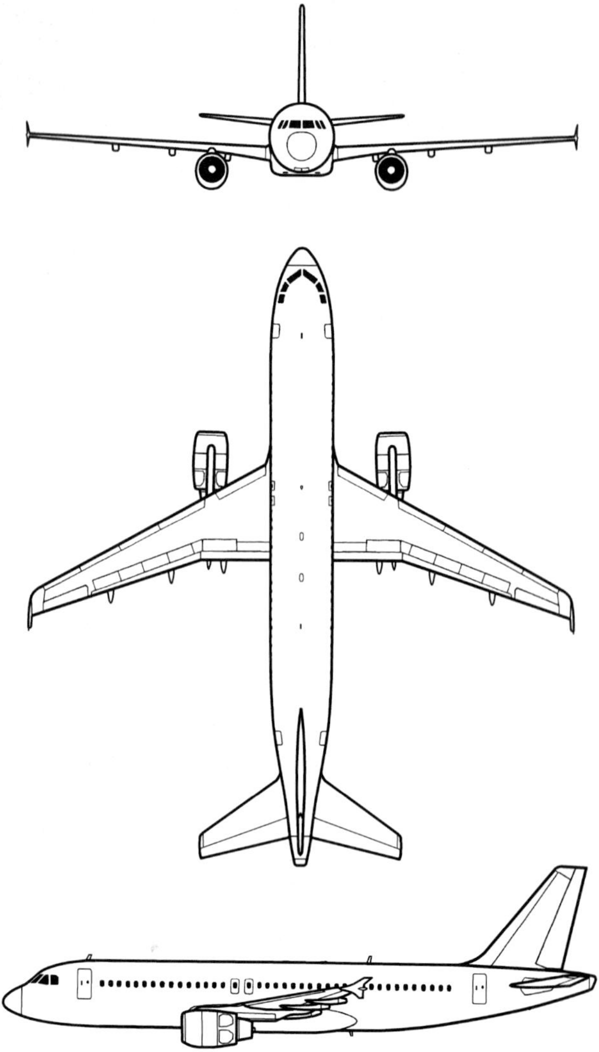

Dimensions

Envergure: 34,09 m

Longueur: (A320) 37,57 m, (A321) 44,50 m

Hauteur: 11,80 m

Surface alaire: 122,40 m^2

AIRBUS A320-200

Origine: Consortium européen.
Constructeur: Airbus Industrie, Blagnac, France, usines de (A320) Toulouse-Blagnac, (A321) Hamburg-Finkenwerder, Allemagne, filiale du groupe EADS (European Aeronautic Defence and Space Company).
Catégorie: Avion de transport court à moyen courrier.
Moteurs: Deux réacteurs à double flux CFM International CFM56-5B4 d'une poussée de 12 020 kp (117,9 kN) chacun ou des IAE V2500-A1 de 12 020 kp (117,9 kN) chacun également.
Performances: Vitesse de croisière max. Mach 0,82, vitesse de croisière écon. 845 km/h; plafond pratique 11 890 m; distance franchissable avec le maximum de passagers y compris les réserves 5030 km.
Masses: Equipé 41 800 kg; max. au décollage 77 020 kg.
Equipage, passagers et charge utile: Deux pilotes et normalement 150 passagers en aménagement multi-classes; 179 passagers en classe unique; charge utile max. 21 600 kg.
Etat du développement: Le prototype de l'A320 a volé pour la première fois le 22 février 1987; premières livraisons en mars 1988. En décembre 2003, pas moins de 3092 exemplaires des modèles A318/319/320/321 avaient été commandés, dont 1679 A320, 409 A321 et 925 A319. De ce total, 2110 appareils (A320: 1247 app.) ont été livrés.
Remarques: L'A320 est le modèle initial de la famille à fuselage étroit d'Airbus. Il continue d'être produit et, pour ce qui est des chiffres de production actuels, il est de loin le plus grand succès commercial du constructeur européen. l'A318 est décrit aux pages 34/35. EADS/Alenia propose sous la désignation « Maritime Multirole Aircraft (MMA) » une version de l'A320 destinée à la surveillance maritime. Les Marines italienne et allemande ont exprimé un besoin pour resp. 14 et 10 avions répondant à ces caractéristiques. La société américaine L-3 Communications fournirait les systèmes, en particulier un radar de surveillance maritime et différents capteurs. Le fuselage serait modifié pour intégrer une soute à armements. Deux points d'ancrage destinés à des missiles sont prévus sous les ailes. La décision d'aller de l'avant pourrait intervenir au début 2004.

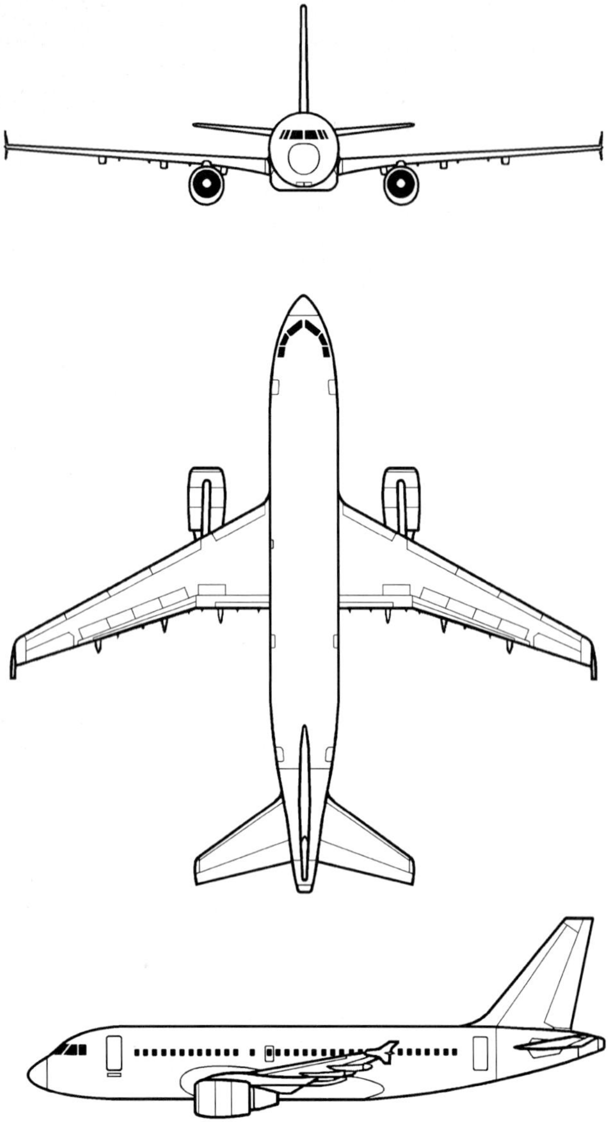

Dimensions
Envergure: 34,10 m
Longueur: 31,44 m
Hauteur: 12,56 m
Surface alaire: 122,40 m^2

AIRBUS A318

Origine: Consortium européen.
Constructeur: Airbus Industrie, Blagnac, France, usine de Hamburg-Finkenwerder, Allemagne, filiale du groupe EADS (European Aeronautic Defence and Space Company).
Catégorie: Avion de transport court à moyen courrier.
Moteurs: Deux réacteurs à double flux CFM International CFM56-5B ou Pratt & Whitney PW6000 d'une poussée unitaire entre 9070 et 10 886 kp (89,0 et 106,0 kN).
Performances: Vitesse de croisière max. Mach 0,82; distance franchissable à charge utile max. 2800 km, distance franchissable max. en option 5300 km.
Masses: Equipé 38 400 kg; au décollage 59 000 kg, max. au décollage (option) 66 000 kg.
Equipage, passagers et charge utile: Deux pilotes et, selon l'aménagement intérieur, 107 passagers en deux classes ou 117 passagers en classe unique; charge utile max. 14 000 kg.
Etat du développement: L'A318 a effectué son premier vol le 15 janvier 2002 avec des moteurs PW6000; le premier avion équipé de moteurs CFM-5 a suivi le 29 août 2002. Cette dernière version a obtenu la certification à mi-2003; les livraisons ont commencé peu après. En raison de difficultés apparues dans la mise au point des PW6000, les livraisons de cette version ont été retardées jusqu'en 2005. En décembre 2003, le carnet de commandes s'établissait à 79 exemplaires au total, dont 9 avaient déjà été livrés.
Remarques: L'A318 a été développé essentiellement pour concurrencer le Boeing 717 (voir les pages 88/89). Ce modèle, le plus récent et le plus petit de la famille A320, est destiné avant tout au court courrier. Comparé à l'A319, il présente un fuselage raccourci encore une fois de 2,40 m, des moteurs à la puissance réduite et une masse plus faible; mais à part cela, il s'intègre parfaitement dans le concept modulaire des A319, A320 et A321. Pour des raisons de stabilité, l'empennage de direction a été quelque peu agrandi. Actuellement, deux versions sont offertes avec des masses au décollage et des distances franchissables différentes.

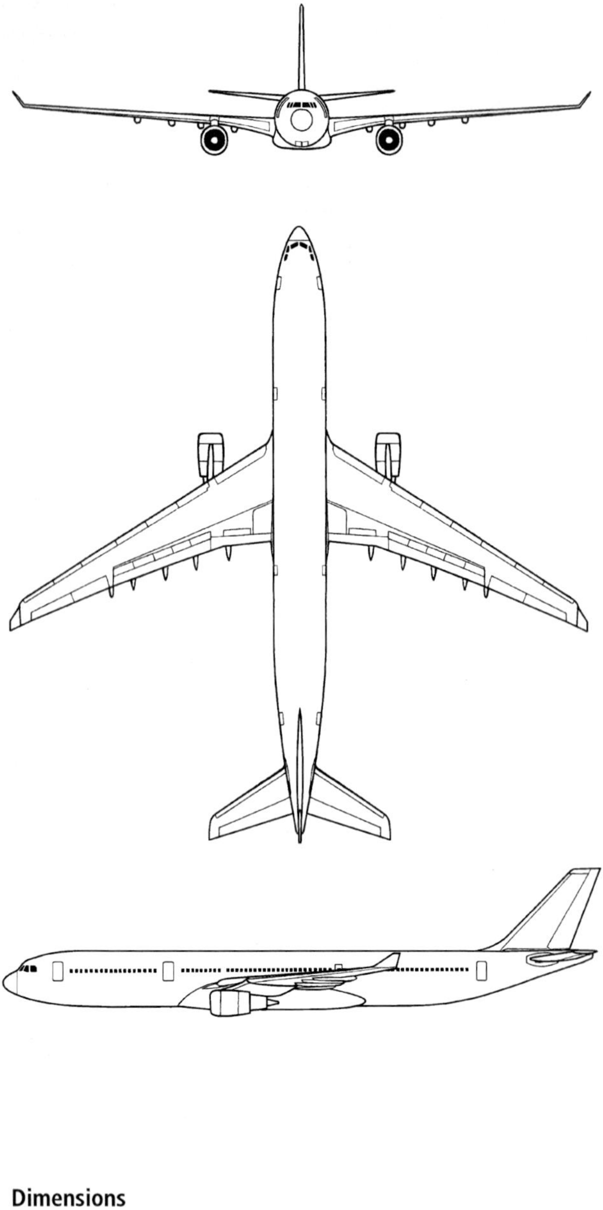

Dimensions
Envergure y compris les winglets: 60,30 m
Longueur: 58,98 m
Hauteur: 17,89 m
Surface alaire: 363,10 m^2

AIRBUS A330-200

Origine: Consortium européen.
Constructeur: Airbus Industrie, Blagnac, France, usine de Toulouse, filiale du groupe EADS (European Aeronautic Defence and Space Company).
Catégorie: Avion de transport long courrier.
Moteurs: Deux réacteurs à double flux Rolls-Royce Trent 772, General Electric CF6-80E1 ou Pratt & Whitney PW4168 d'une poussée unitaire allant de 29600 à 31000 kp (302 et 316 kN).
Performances: Vitesse de croisière max. 900 km/h; vitesse de croisière écon. 880 km/h; plafond pratique 12000 m; distance franchissable avec 293 passagers 12000 km, avec 380 passagers 9900 km.
Masses: Equipé 120000 kg; max. au décollage 230000 kg.
Equipage, passagers et charge utile: Deux pilotes et, en aménagement habituel de trois classes, 257 passagers, dont 16 en première, 36 en business et 205 en économique; les rangées de 6, resp. 8 sièges sont séparées par deux couloirs. En classe unique, au max. 380 passagers par rangées de 9; ou une charge marchande de 36400 kg.
Etat du développement: Le premier vol du prototype du 330-200 a eu lieu le 13 août 1997. Les livraisons ont commencé en avril 1998. Y compris le modèle de base A330-300, le carnet de commandes se montait à 469 exemplaires en décembre 2003; 280 exemplaires des deux versions ont été livrés jusqu'ici.
Remarques: L'A330-200 est la version long courrier de la famille A330. Par rapport à l'A330-300, le fuselage a été raccourci de 5,33 m et la capacité des réservoirs a été poussée jusqu'à 139000 litres. La dérive a aussi subi une légère modification. Pour le reste, cette version est presque identique à l'A330-300. L'A330-200 partage avec l'A340-300 la voilure, la dérive, la configuration du cockpit ainsi que tous les autres systèmes. Une version fret A330-200F est en préparation de même qu'une version militaire MRTT comme ravitailleur en vol, qui pourrait emporter jusqu'à 140000 l de carburant.

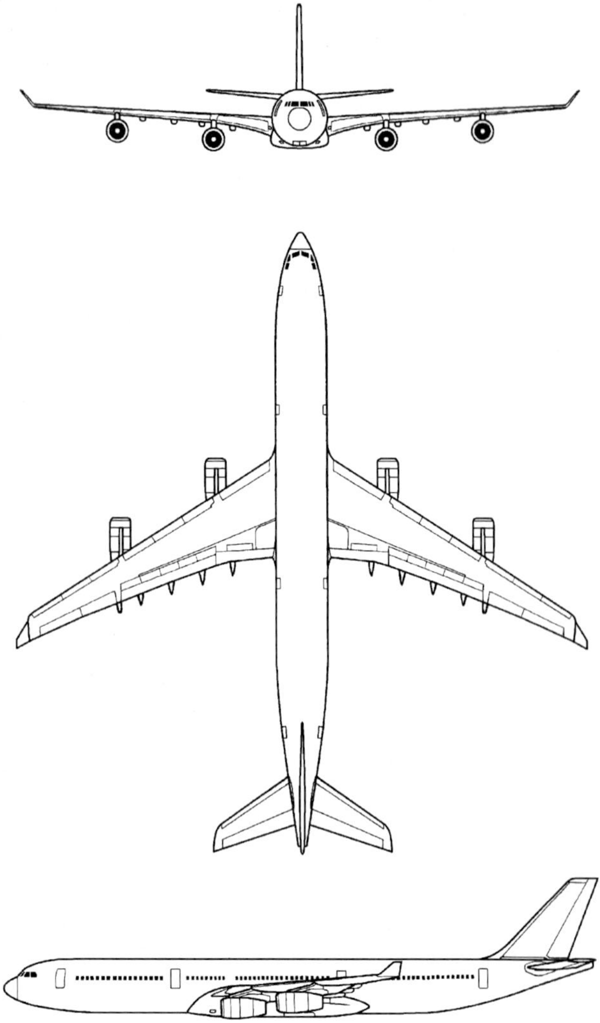

Dimensions

Envergure y compris les winglets: 60,30 m
Longueur: 63,66 m
Hauteur: 16,74 m
Surface alaire: 363,10 m^2

AIRBUS A340-300E

Origine: Consortium européen.
Constructeur: Airbus Industrie, Blagnac, France, usine de Toulouse, filiale du groupe EADS (European Aeronautic Defence and Space Company).
Catégorie: Avion de transport long courrier.
Moteurs: Quatre réacteurs à double flux CFM International CFM56-5C4/P d'une poussée de 15400 kp (151,0 kN) chacun.
Performances: Vitesse de croisière max. 914 km/h à 10060 m; vitesse de croisière écon. 880 km/h à 11890 m; plafond pratique 12500 m; distance franchissable avec 295 passagers 13900 km, avec charge utile max. 10500 km.
Masses: Equipé 130900 kg; max. au décollage 276500 kg.
Equipage, passagers et charge utile: Deux pilotes et, en aménagement trois classes, 295 passagers, dont 18 en première classe (rangées de 7 sièges), 81 en business (rangées de 8 sièges) et 196 en économique (rangées de 9 sièges). En classe unique, max. 440 passagers par rangées de 9 sièges. Charge utile max. 47127 kg.
Etat du développement: Les livraisons aux compagnies de lancement South African Airways et Swiss ont commencé à l'automne 2003. Le prototype du modèle de base A340-200 a pris l'air pour la première fois le 25 octobre 1991. A fin 2003, 265 exemplaires de l'A340-200/-300 avaient été commandés et livrés pour la plupart.
Remarques: La version A340-300E (= Enhanced, améliorée), la plus récente, du quadriréacteur A340 se distingue par différentes améliorations. Les réacteurs offrent une consommation réduite et une durée plus grande entre révisions. Ils sont en outre interchangeables avec ceux de la plupart des modèles A320. Le cockpit a été mis au standard des A340-500/-600 (voir pages 40/41). Une amélioration structurelle moins déterminante a été appliquée à l'empennage de direction. Enfin, la cabine passagers a été retravaillée de manière à offrir un aménagement plus généreux. Une cabine de repos pour l'équipage est disponible en option sur l'A340-300E. Les versions précédentes de l'A340 ne sont plus commercialisées.

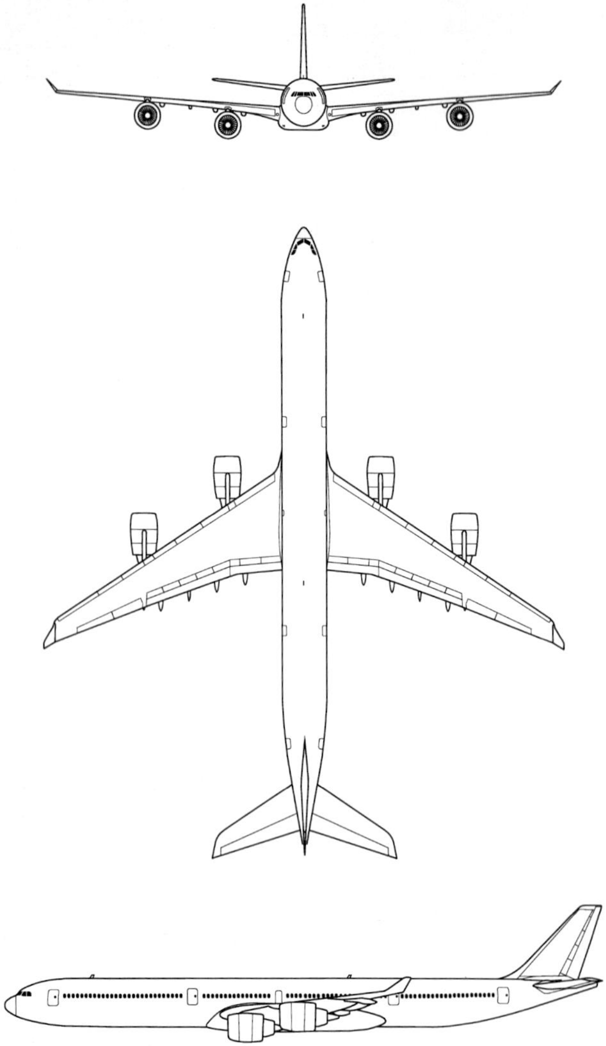

Dimensions
Envergure y compris les winglets: 63,45 m
Longueur: (-600) 75,30 m, (-500) 67,90 m
Hauteur: 17,29 m
Surface alaire: 439,40 m^2

AIRBUS A340-600/-500

Origine: Consortium européen.
Constructeur: Airbus Industrie, Blagnac, France, usine de Toulouse, filiale du groupe EADS (European Aeronautic Defence and Space Company).
Catégorie: Avion de transport long courrier.
Moteurs: Quatre réacteurs à double flux Rolls-Royce (-600) Trent 556 d'une poussée de 25400 kp (249 kN) ou (-500) Trent 553 de 24050 kp (236 kN) chacun.
Performances: Vitesse de croisière max. 910 km/h (Mach 0,86); vitesse de croisière écon. 890 km/h (Mach 0,83); plafond pratique 12500 m; distance franchissable (-600/-500) avec le nombre normal de passagers 14800/16450 km.
Masses: (-600/-500): à vide 177000/170400 kg; max. au décollage 368000 kg, en option 372000 kg.
Equipage, passagers et charge utile: Deux pilotes et, en aménagement trois classes (-600/-500) 380/313 passagers en tout, dont 12 en première, 54/42 en business et 314/259 en économique (en rangées de resp. 7, 8 et 9 sièges). En configuration classe unique par rangées de 9 sièges 485/440 passagers; charge utile max. (-600) 67200 kg, (-500) 54100 kg.
Etat du développement: La version A340-600, la plus actuelle, a commencé les essais en vol le 23 avril 2001, suivie du premier A300-500 le 11 février 2002. Les livraisons du -600 ont débuté à mi-2002, celles du -500 commençant début 2003. A la fin 2003, 85 exemplaires des deux modèles avaient été commandés et 20 livrés.
Remarques: Avec la version A340-600 (voir le plan trois-vues) resp. -500 (voir photo) la famille de l'A340 s'est considérablement agrandie. La variante -600 est provisoirement le plus long avion de ligne du monde. La variante -500, dont le fuselage est à peine plus long que celui de l'A340-300, est optimisée pour les très longs rayons d'action. Les deux modèles disposent d'une aile nouvelle et de moteurs sensiblement plus puissants. L'empennage de profondeur est nouveau et tout en fibres de carbone. En outre, de nombreux éléments structuraux et des systèmes sont identiques à ceux de l'A330. Une variante du -600 avec une masse max. au décollage de 376000 kg sera disponible dès 2006. Ce modèle disposera de réacteurs plus puissants, le train d'atterrissage sera renforcé tout comme diverses parties du fuselage.

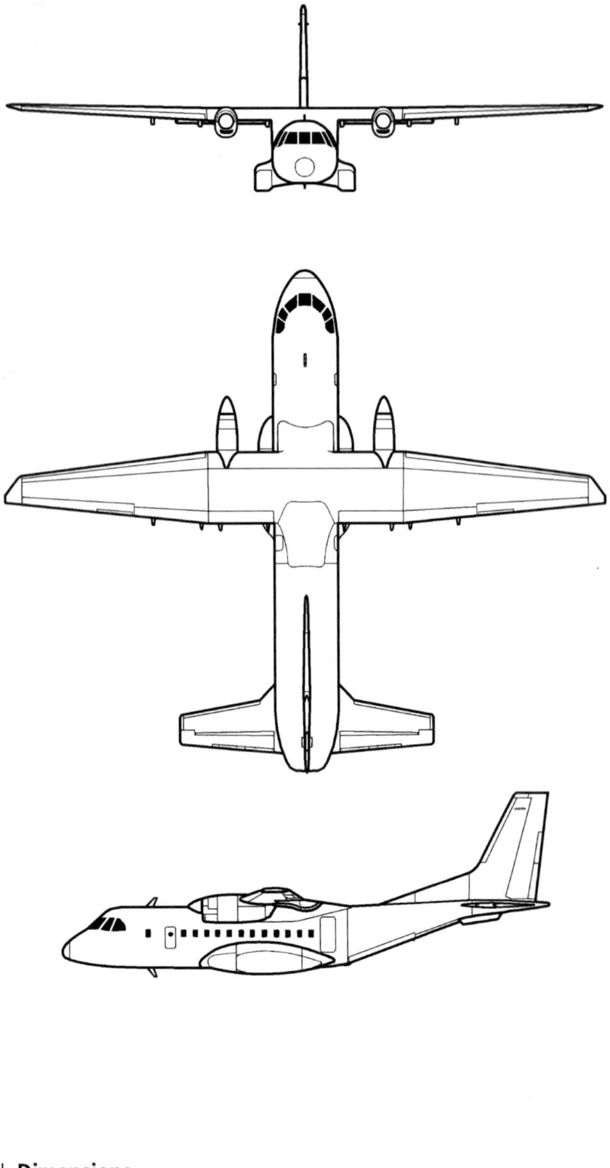

Dimensions
Envergure: 25,81 m
Longueur: 21,35 m
Hauteur: 8,18 m
Surface alaire: 59,10 m^2

AIRTECH (CASA/IPTN) CN-235-200

Origine: Espagne et Indonésie.
Constructeurs: Airtech, Aircraft Technology Industries, Madrid, Espagne, usines de Séville, Espagne, et Bandung, Indonésie.
Catégorie: Avion de transport régional, polyvalent, avion cargo militaire (CN-235M) et patrouilleur maritime (CN-235MPA).
Moteurs: Deux turbopropulseurs General Electric CT7-9C d'une puissance de 1750 ch (1305 kW) chacune.
Performances: Vitesse de croisière max. 460 km/h à 4575 m ; vitesse ascensionnelle initiale max. 7,75 m/sec; plafond pratique 7620 m ; distance franchissable avec charge utile max. et 45 minutes de réserve 1773 km, avec une charge de 2400 kg et le max. de carburant 3658 km.
Masses: Poids normal équipé 9800 kg (CN-235M: 8600 kg); max. au décollage 15 800 kg (CN-235M: 16 500 kg).
Equipage, passagers et charge utile: Deux pilotes et, en aménagement standard, de 40 à 44 passagers par rangées de quatre ou une charge utile de 4300 kg ; dans la version combi CN-235QC 18 passagers et deux conteneurs LD-3. Dans la version transport militaire (CN-235M) 53 soldats ou jusqu'à 6000 kg de fret.
Etat du développement: Le premier prototype a fait son vol inaugural le 11 novembre 1983. Début des livraisons le 15 décembre 1986. A fin décembre 2003, 257 exemplaires des versions civiles et militaires avaient été commandés et 215 livrés. La Turquie est le client le plus important avec 61 CN-235M (construction sous licence). La France vient d'en commander 3 exemplaires, portant le total de ses CN-235-200 à 20 unités. L'US Coast Guard s'est procuré 35 CN-235ER dans le cadre de son programme « Deepwater ».
Remarques: Le CN-235 est le fruit d'une collaboration entre la société espagnole CASA et le constructeur indonésien IPTN. Une variante de patrouille maritime/ASW CN-235MPA dotée d'un radar de recherche à 360° vole depuis 1991 ; ce modèle a été commandé par le Bruneï, l'Indonésie, l'Irlande l'Espagne et la Turquie. Il peut emporter jusqu'à deux missiles air-mer Exocet ou deux torpilles Mk. 46. La version la plus récente est le CN235-300 équipé de moteurs plus puissants, des turbines CT7-9C3 développant 1900 ch (1400 kW) ; il dispose également d'une avionique Honeywell et de contre-mesures électroniques ARL-2002 EW.

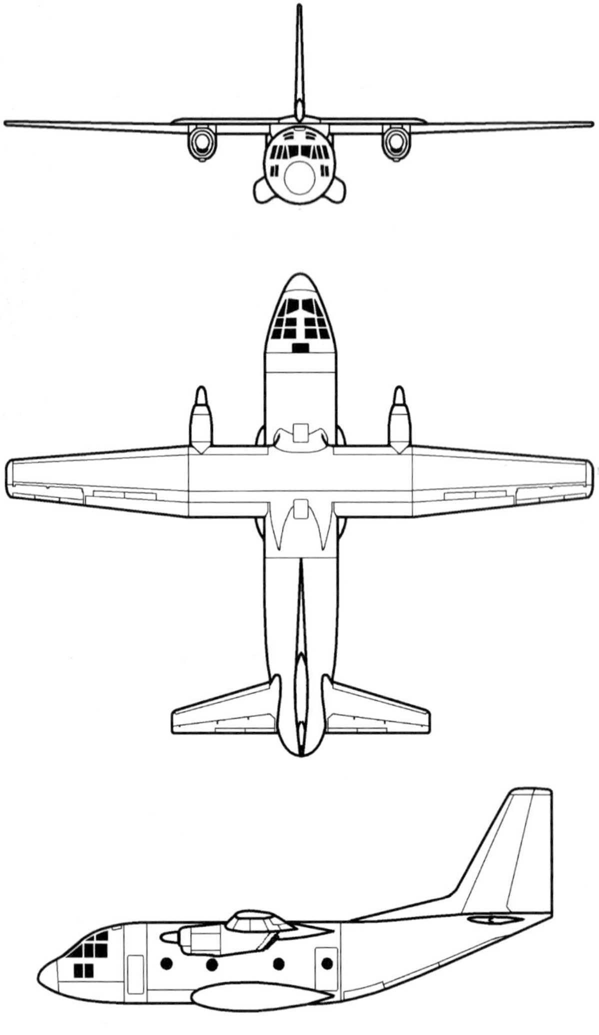

Dimensions
Envergure: 28,70 m
Longueur: 22,70 m
Hauteur: 9,70 m
Surface alaire: 82,00 m²

ALENIA C-27J SPARTAN

Origine: Italie et USA.
Constructeurs: Alenia, Rome, Italie et Lockheed Martin Marietta Corp., Marietta, Georgie, USA.
Catégorie: Avion de transport militaire STOL et polyvalent.
Moteurs: Deux turbopropulseurs Allison AE2100-D2 d'une puissance de 4640 ch (3460 kW) chacune.
Performances: Vitesse de croisière max. 602 km/h, vitesse de croisière longue distance 500 km/h à 6000 m d'altitude; vitesse ascensionnelle initiale 10+ m/sec; plafond pratique 9150 m; distance franchissable avec une charge utile de 10000 kg 1770 km, avec 6000 kg 3850 km; distance franchissable en convoyage 5150 km.
Masses: A vide 16500 kg; max. au décollage 31800 kg.
Equipage, passagers et charge utile: Deux pilotes et, comme transport militaire, 53 soldats équipés, 46 parachutistes ou 36 blessés ou encore jusqu'à 11500 kg de fret.
Etat du développement: Le prototype du C-27J a pris l'air le 25 septembre 1999, suivi du premier exemplaire de série le 12 mai 2000. L'Armée de l'air italienne en a commandé jusqu'ici 5 exemplaires (+ 7 options) tandis que la Grèce vient de s'en procurer 12 exemplaires. Quelque 111 exemplaires de la version d'origine C-27A/G.222 sont en service dans une dizaine d'armées de l'air.
Remarques: Le C-27J est une variante sensiblement améliorée du G.222 d'origine. Développé en collaboration à parts égales avec Lockheed Martin, il présente de nombreuses similitudes avec l'avion de transport à capacité moyenne C-130J Hercules II (voir pages 230/231). Ainsi, les moteurs, les hélices sextupales et l'avionique sont pratiquement identiques. Aussi l'achat groupé des deux modèles garantit-il une exploitation sensiblement plus économique. Le C-27J a été certifié en juin 2001 selon des critères civils. Les premières livraisons ont été réalisées en 2003. Une version AEW, dotée d'un radar APS-145 est actuellement en développement.

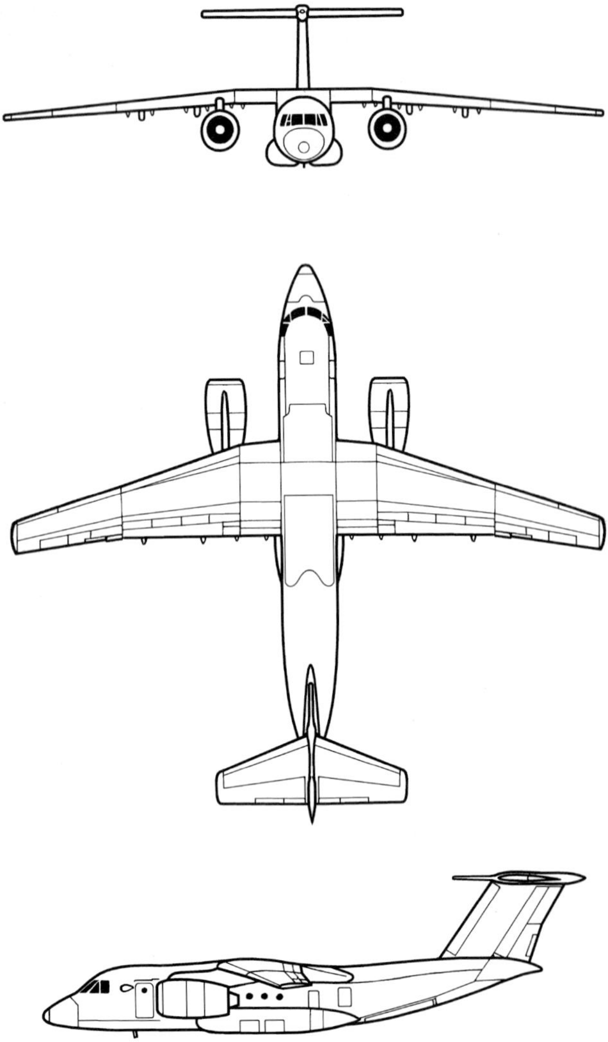

Dimensions
Envergure: 31,89 m
Longueur: 28,07 m
Hauteur: 8,65 m
Surface alaire: 98,62 m^2

ANTONOV AN-74TK-300

Origine: Ukraine.
Constructeur: Antonov Aeronautical Scientific Complex, Kiev, usine Arsenyev, Omsk, Ukraine.
Catégorie: Avion de transport STOL, civil et militaire, pour distances courtes à moyennes.
Moteurs: Deux réacteurs à double flux ZMKB Progess/Ivchenko D-36A-4A d'une poussée de 6500 kp (63,7 kN) chacun.
Performances: Vitesse de croisière max. 725 km/h; plafond pratique 10 100 m; distance franchissable avec 52 passagers et les réserves habituelles 3700 km, distance franchissable max. 5250 km.
Masse: Max. au décollage 37 500 kg.
Equipage, passagers et charge utile: Deux pilotes et, suivant la mission et l'aménagement intérieur, jusqu'à 68 occupants assis sur des sièges rabattables le long des parois de la cabine ou 57 parachutistes. Pour le transport sanitaire, il peut emporter 24 brancards, 12 blessés assis et un infirmier. Charge utile max. 10 000 kg.
Etat du développement: Le prototype de la version An-74TK-300 a volé le 20 avril 2001. Il a obtenu la certification le 9 septembre 2002. Deux machines ont été commandées par l'Aeroflot qui a signé une intention d'achat pour 25 autres exemplaires. Les premières livraisons ont eu lieu en 2003. Plus de 170 exemplaires de la version d'origine An-72/74, qui continue à être fabriquée, sont sortis d'usine.
Remarques: Sous sa désignation An-74TK-300, cette version évoluée de l'An-74 présente comme principale innovation ses deux moteurs suspendus de manière classique sous les ailes. Elle devrait être sensiblement plus économique en exploitation. Selon les données du constructeur, la consommation de carburant devrait être réduite de 29 %. Bien que ne disposant pas des caractéristiques de décollage extrêmement court de l'An-72/74, la version -300 peut décoller et atterrir sur des pistes de longueur réduite. Une variante désignée An-74-400, avec un fuselage rallongé d'environ 3,00 m et équipée de moteurs Progress D-436T1 pourrait aussi voir le jour.

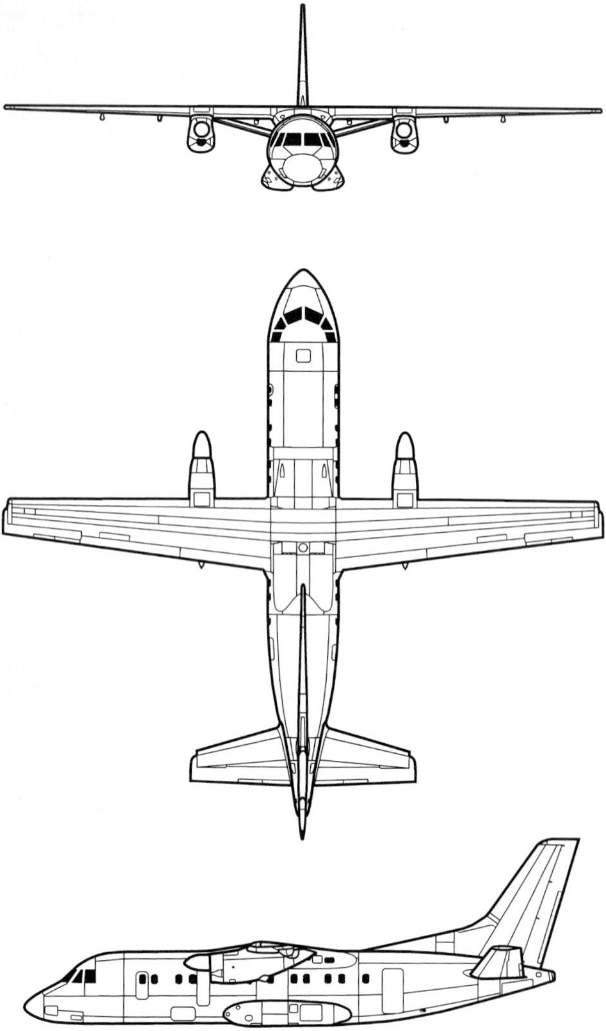

Dimensions

Envergure: (An-140) 24,50 m, (An-140-100) 25,50 m
Longueur: 22,46 m
Hauteur: 8,03 m

ANTONOV AN-140

Origine: Ukraine (et Iran).
Constructeurs: Antonov ASTC, Kiev, Ukraine; usines d'Isfahan, Iran et Kharkow State Aircraft Production Company, Ukraine ainsi que chez Aviakor, à Samara, Russie.
Catégorie: Avion de transport civil et militaire courtes distances (passagers/fret).
Moteurs: Deux turbopropulseurs Klimow NPP TV3-117VMA-SBM1 d'une puissance de 2600 ch (1838 kW) chacune.
Performances: Vitesse de croisière max. 533 km/h à 3960 m d'altitude; plafond pratique 7200 m; distance franchissable avec 52 passagers et 45 minutes de réserves 2100 km; distance franchissable en convoyage 3900 km.
Masses: Equipé 11 800 kg; max. au décollage 19 150 kg, ultérieurement jusqu'à 21 500 kg.
Equipage, passagers et charge utile: Deux pilotes et (An-140) suivant l'aménagement intérieur jusqu'à 52 passagers par rangées de quatre avec un couloir central ou (An-140TK) 20 passagers et 3650 kg de fret. En version cargo militaire (An-140T) charge utile max. 6000 kg.
Etat du développement: Le premier prototype a entamé les essais en vol le 17 septembre 1997, suivi par le premier exemplaire de série, au début 2000. Les premières livraisons ont commencé en été 2002. A fin 2003, quelque 10 machines avaient été construites. Le carnet de commandes actuel n'est pas connu. Le gouvernement iranien a commandé pour sa part 80 An-140 (construction sous licence), dont le premier exemplaire a volé le 7 février 2001.
Remarques: L'An-140 est un avion robuste pour le transport de passagers et de fret; il dispose de bonnes caractéristiques STOL et peut décoller et atterrir sur des pistes non aménagées. Malgré cela, il offre un niveau de confort relativement élevé. L'accent a été mis sur la simplicité de l'entretien et sur une exploitation économique. La production en série a commencé en Iran. La variante An-140-100 doit voler en 2004. Elle devrait présenter des caractéristiques améliorées de décollage et d'atterrissage sur des aérodromes en altitude par fortes chaleurs. L'envergure est augmentée de 1,00 m. Le poids au décollage passe à 21 500 kg et le rayon d'action est accru de 300 km à charge utile max. Une version allongée de 3,80 m pour le transport de 68 passagers ainsi qu'une version militaire An-140T, dotée d'une rampe de chargement à l'arrière, sont à l'étude.

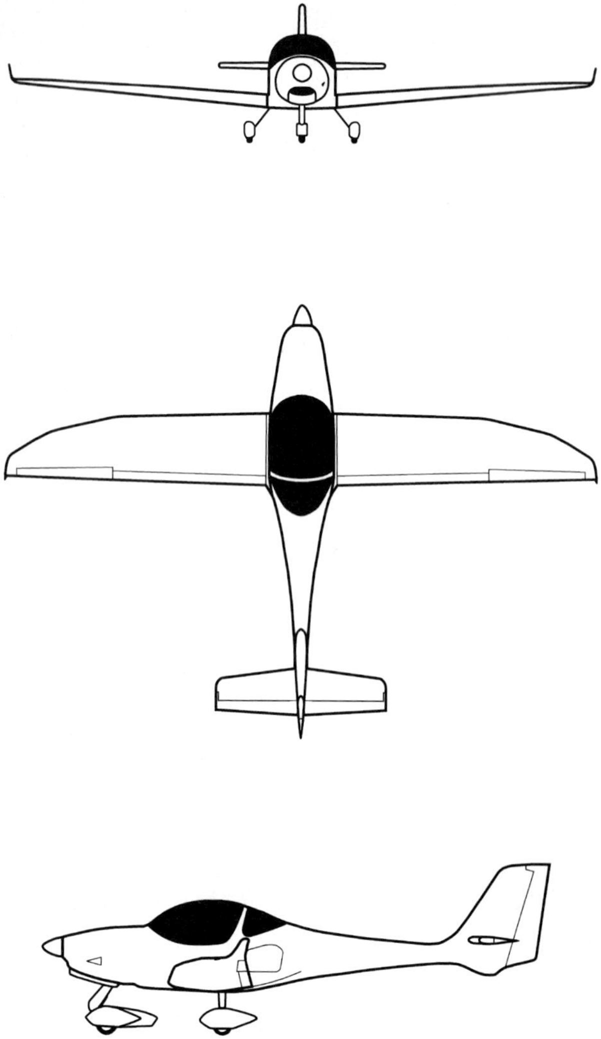

Dimensions
Envergure: 10,30 m
Longueur: 7,30 m
Hauteur: 2,30 m
Surface alaire: 10,50 m^2

AQUILA A210

Origine: Allemagne.
Constructeur: Aquila Technische Entwicklungen, GmbH, Schönhagen, Allemagne.
Catégorie: Avion de tourisme et de loisirs.
Moteur: Un moteur 4-cylindres opposés (boxer) à refroidissement par air Bombardier Rotax 912S d'une puissance de 100 ch (73,5 kW).
Performances: Vitesse max. 305 km/h; vitesse de croisière max. 240 km/h; vitesse de croisière à 75 % de la puissance 224 km/h; vitesse ascensionnelle initiale 3,8 m/sec; plafond pratique 4450 m; distance franchissable max. avec 45 minutes de réserves 990 km.
Masses: A vide 490 kg; max. au décollage 750 kg.
Occupants et charge utile: Deux personnes côte à côte; charge utile max. 260 kg.
Etat du développement: Le prototype a pris l'air pour la première fois le 5 mars 2000. Les premiers exemplaires de série devraient être livrés mi-2004. L'état actuel des commandes n'est pas connu.
Remarques: L'Aquila A210 est un avion destiné au tourisme, à l'entraînement et au remorquage des planeurs; il est fabriqué entièrement en matériaux composites. L'aile dispose d'un profil laminaire de très faible traînée; elle est équipée de volets Fowler électriques. Le robuste train tricycle fixe avec roue de proue orientable est en acier, ce qui autorise l'exploitation de l'avion à partir de pistes en herbe peu préparées. Les passagers de grande taille ont suffisamment de place dans la cabine. Ils jouissent aussi d'une excellente vue circulaire grâce à une verrière intégrale. L'A210 coûte tout juste 140000 euros dans son exécution standard.

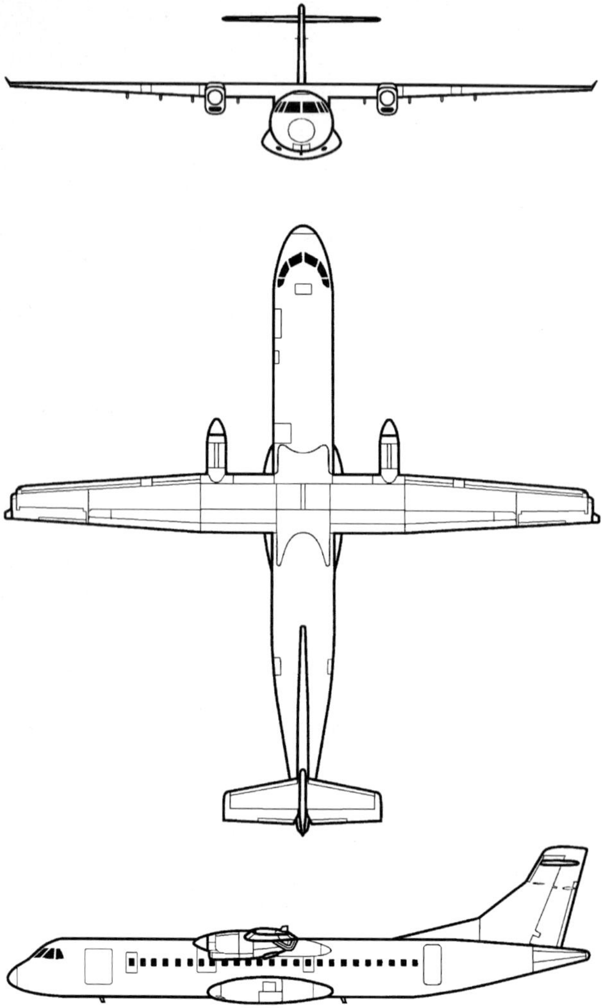

Dimensions (ATR 42-500 / ATR 72-500)
Envergure: 24,57 / 27,05 m
Longueur: 22,67 / 27,17 m
Hauteur: 7,59 / 7,65 m
Surface alaire: 54,50 / 61,00 m^2

ATR 42-500/ATR 72-500

Origine: France et Italie.
Constructeur (Avions de Transport Régional [ATR]): Aérospatiale Matra, Toulouse-Blagnac (France) et Alenia, Naples (Italie).
Catégorie: Avion de transport régional.
Moteurs (ATR 42-500/ATR 72-500): Deux turbopropulseurs Pratt & Whitney Canada PW127E d'une puissance de 2400 ch (1790 kW) resp. PW127F de 2750 ch (2050 kW) chacun.
Performances (ATR 42-500/ATR 72-500): vitesse de croisière max. 555/511 km/h à 7620 m d'altitude; vitesse de croisière écon. 450 km/h à 7620 m; distance franchissable avec 48/68 passagers et le max. de bagages 1550/1650 km. Vols de convoyage sans charge utile plus de 4000 km.
Masses (ATR 42-500/ATR 72-500): Equipé 11 250/12 950 kg; max. au décollage 18 600/22 500 kg.
Equipage, passagers et charge utile: Deux pilotes et différents aménagements intérieurs pour le transport de (ATR 42-500, voir photo) max. 48 passagers resp. (ATR 72-500, voir le plan trois-vues) de 64 à 74 passagers par rangées de quatre avec un couloir central; charge utile (ATR 42-500) 5450 kg, comme avion cargo 5800 kg resp. (ATR 72-500) 7350 kg.
Etat du développement: Premier vol de la version la plus récente ATR 42-500 le 16 septembre 1994; l'autre modèle a suivi peu de temps après. A fin 2003, 680 exemplaires de toutes les variantes (379 ATR-42, 301 ATR-72) avaient été commandés et 660 livrés.
Remarques: La famille ATR, déjà nombreuse, s'est enrichie de la double version ATR 42/72-500. Tout en conservant les mêmes dimensions que la précédente version de l'ATR-42, le nouveau modèle dispose de moteurs plus puissants équipés d'hélices à six pales. Pour limiter davantage encore les nuisances sonores, l'intérieur de la cabine a été retravaillé et équipé d'un « système de contrôle actif du bruit ». A part les dimensions extérieures (envergure, longueur, hauteur), l'ATR 72-500 est identique à l'ATR 42-500. Une version de surveillance maritime, désignée ATR 42-400MP existe et dispose d'un radar Raytheon SV2022 sous le fuselage, ainsi que d'un équipement FLIR et ESM. La Guardia di Finanza italienne en a reçu deux exemplaires et les garde-côtes deux aussi. Une version de l'ATR-42/-72 est proposée en avion cargo avec une grande porte de chargement latérale et un plancher de cabine renforcé. Le premier exemplaire modifié de la sorte, un ATR-72-201F a été réceptionné par Farnair en juillet 2002.

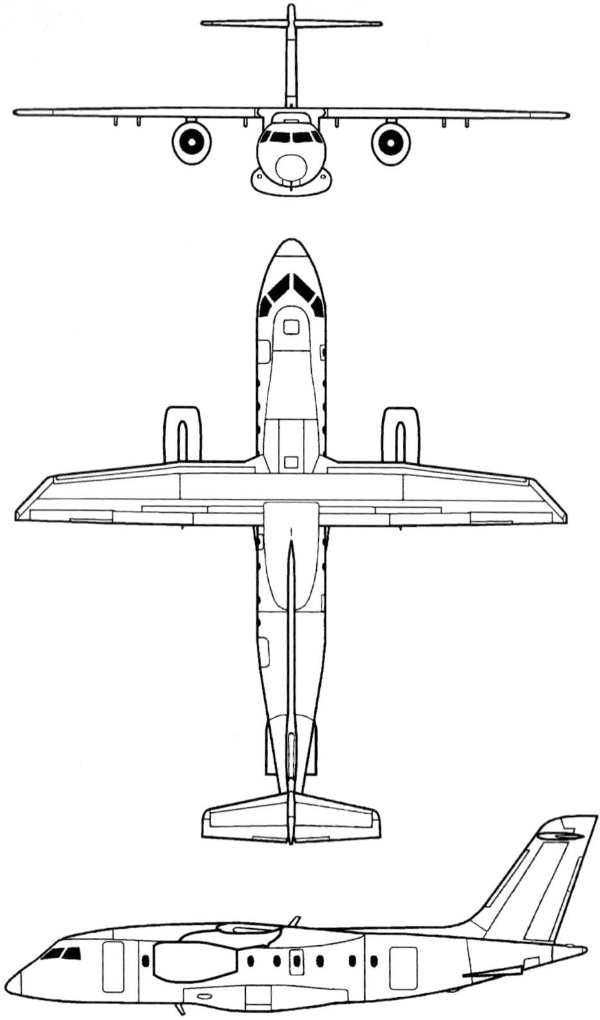

Dimensions
Envergure: 20,98 m
Longueur: 21,28 m
Hauteur: 7,24 m
Surface alaire: 40,00 m^2

AVCRAFT AEROSPACE (Fairchild Dornier) 328JET

Origine: Allemagne/USA.
Constructeur: AvCraft Aerospace, Wesseling, usine d'Oberpfaffenhofen, Allemagne.
Catégorie: Avion de transport régional.
Moteurs: Deux réacteurs à double flux Pratt & Whitney Canada PW306B d'une poussée de 2742 kp (26,9 kN) chacun.
Performances: Vitesse de croisière max. 756 km/h; temps de montée à 9450 m 14,2 min; plafond 10 670 m; distance franchissable avec 34 passagers jusqu'à 1480 km, en option 1650 km. En convoyage avec le max. de carburant 3700 km.
Masse: Equipé 9345 kg; max. au décollage 15 200 kg, en option 15 700 kg.
Equipage, passagers et charge utile: Deux pilotes et de 32 à 34 passagers par rangées de 3; charge utile max. 3260 kg.
Etat du développement: Les essais en vol ont commencé le 20 janvier 1998. Les livraisons ont débuté après l'obtention de la certification en juillet 1999. Jusqu'à la fin 2001, près d'une centaine de 328JET ont été construits. La production a été interrompue par la faillite de Fairchild/Dornier et doit être reprise dans le courant 2004 par AvCraft, acquéreur de la société en liquidation.
Remarques: Avec le 328JET c'est une version nouvelle et plus rapide du 328 à turbopropulseurs qui est proposée afin de pouvoir rester concurrentielle dans le secteur âprement disputé des avions régionaux. Mais la structure de base de l'avion reste essentiellement la même. Seuls les systèmes en rapport avec la propulsion par réaction (pylônes réacteurs et logiciels) ont été adaptés. Le train d'atterrissage a été renforcé. Une version avion d'affaires Envoy 3 est proposée avec un rayon d'action de 4400 km. La cabine est proposée normalement pour 12 à 14 passagers. Avant l'interruption de la production, une version de surveillance maritime était à l'étude, optimisée pour les garde-côtes.

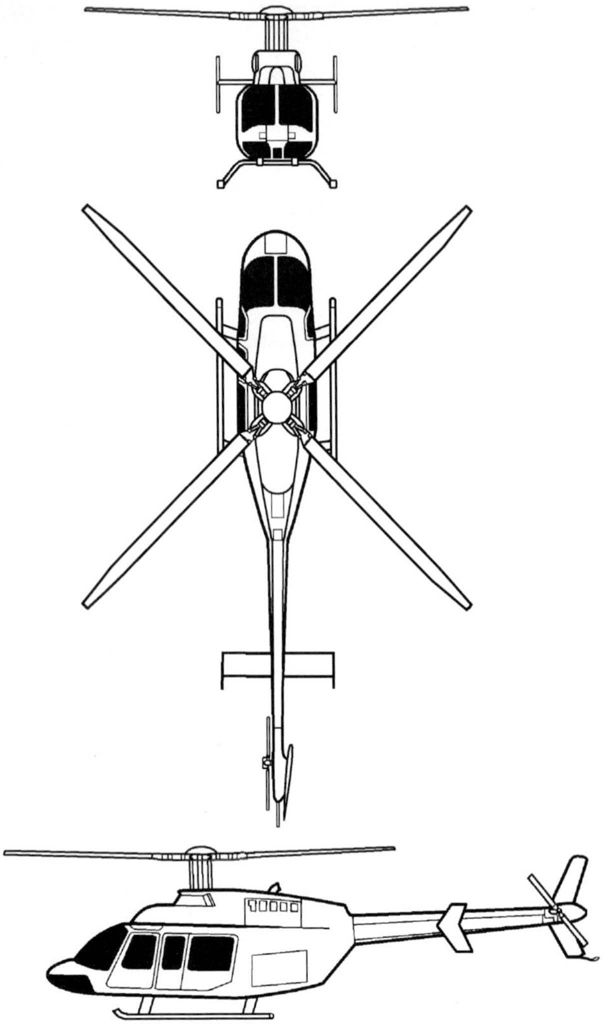

Dimensions
Diamètre du rotor: 10,66 m
Longueur: du fuselage 10,42 m
Hauteur y compris la tête de rotor: 3,10 m

BELL 407

Origine: USA (Canada).
Constructeur: Bell Helicopter Textron Inc., Canadian Division, Mirabel, Montréal, Canada.
Catégorie: Hélicoptère léger polyvalent.
Moteur: Une turbine Allison 250-C47 d'une puissance de 674 ch (503 kW).
Performances: Vitesse max. 260 km/h, vitesse à charge utile max. 240 km/h; vitesse ascensionnelle max. en vol oblique 6,4 m/sec; plafond pratique 4115 m; plafond en vol stationnaire avec effet de sol 3900 m, sans effet de sol 3200 m; distance franchissable sans réserves 580 km.
Masses: A vide (standard) 1178 kg; max. au décollage 2381 kg, avec une charge extérieure 2722 kg.
Equipage, passagers et charge utile: Un pilote et six passagers; charge utile externe max. 1200 kg.
Etat du développement: Un modèle de démonstration technologique du 407 vole depuis le 21 avril 1994. Le premier de deux prototypes, proprement dit, a entamé les essais en vol en juin 1995. Bell a commencé les livraisons la même année. Plus de 600 machines ont été commandées jusqu'ici par environ 80 opérateurs. Client le plus récent: l'Armée pakistanaise (40 exemplaires). Le 500e exemplaire a été livré fin 2001.
Remarques: Le monomoteur Bell 407 a remplacé le modèle à succès Bell 206 JetRanger et TwinRanger. En plus d'un moteur nettement plus puissant, le 407 dispose d'un rotor quadripale en matériaux composites dérivé de celui de l'OH-58D. Tout le système dynamique est du reste repris de ce modèle. En outre, un système FADEC, entièrement numérique, de gestion du moteur a été adopté. Grâce à ces dispositions, le 407 vole de manière plus économique et les vibrations ont été sensiblement réduites. Comparée à celle du 206, la cabine est 18 cm plus large et dispose de fenêtres et de portes plus grandes. Les modèles actuellement livrés présentent quelques améliorations qui concernent en particulier la fiabilité et le confort, comme par exemple un nouvel empennage, un système de refroidissement retravaillé, une génératrice de mise en marche, des pales repliables, de nouveaux sièges, etc.

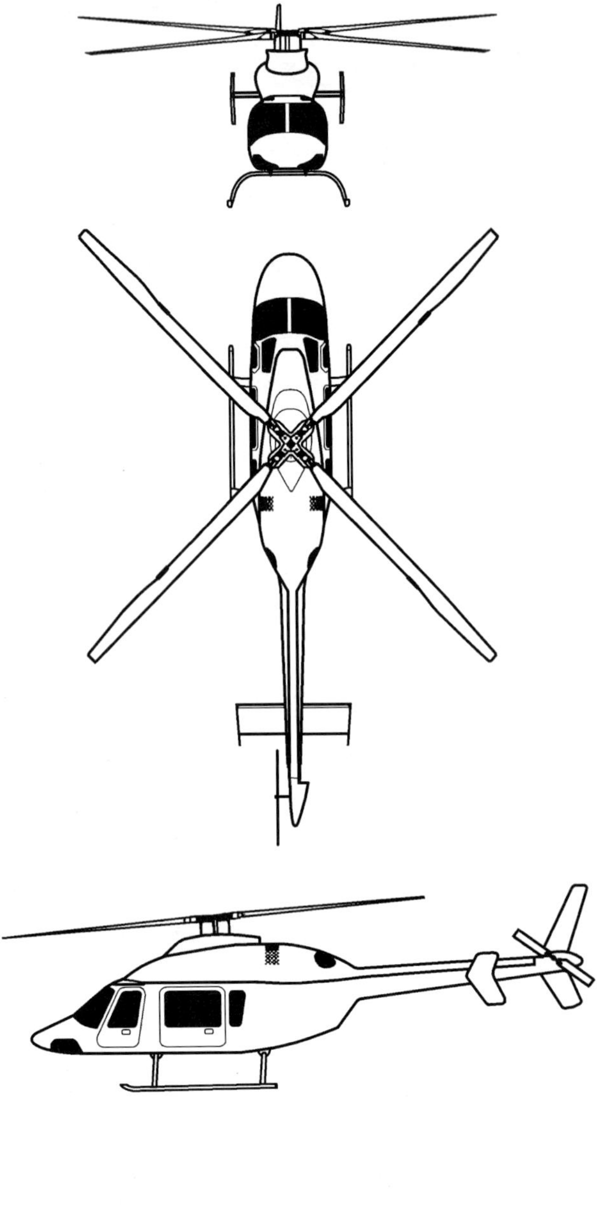

Dimensions
Diamètre du rotor: 11,28 m
Longueur du fuselage: 10,75 m
Hauteur: 3,49 m

BELL 427VFR

Origine: USA (Canada, Corée du Sud).
Constructeur: Bell Helicopter Textron Inc., Canadian Division, Mirabel, Montréal, Canada.
Catégorie: Hélicoptère léger polyvalent.
Moteurs: Deux turbines Pratt & Whitney PW207D d'une puissance de 625 ch (466 kW) chacune.
Performances: Vitesse max. 256 km/h; vitesse de croisière normale 248 km/h; plafond pratique 5760 m; plafond en vol stationnaire avec effet de sol 4930 m, sans effet de sol 4230 m; distance franchissable 722 km.
Masses: A vide 1670 kg; max. au décollage avec charge interne 2880 kg, avec une charge extérieure 2948 kg.
Equipage, passagers et charge utile: Un pilote et jusqu'à sept passagers ou 1020 kg de fret. Dans la version ambulance, place pour deux blessés couchés.
Etat du développement: Le premier des deux prototypes vole depuis décembre 1997. Bell a commencé les livraisons fin 1999. Fin 2003, une septantaine de commandes avaient été enregistrées et 40 livrées.
Remarques: Le Bell 427VFR est basé sur le 407 (voir pages 58/59); il a été développé en commun avec la société coréenne Samsung Aerospace Industries Ltd. L'ensemble dynamique (rotor, tête de rotor et entraînement) est repris du 407; les pales de rotor sont cependant 40 cm plus longues et 2,5 cm plus larges. Le fuselage en matériaux composites est nouveau; il est quelque 33 cm plus long que celui du 407. La cabine est transformable pour différentes missions. Les portes de grandes dimensions (coulissantes en option) facilitent le chargement et le déchargement du fret. L'ensemble des sièges est à l'épreuve des atterrissages en catastrophe («crash-resistant»); l'instrumentation est entièrement numérique. Le prix de vente se situe autour de US$ 2,7 Mio. Samsung produit la cabine et la queue de tous les 427, tandis que tout l'ensemble rotor est assuré par Bell, Fort Worth, USA. Le montage final s'effectue dans les usines canadiennes de Bell, à Mirabel, ainsi que chez Samsung, à Sachon, pour les exemplaires vendus en Corée et en Chine. Les constructeurs veulent proposer pour le 427 un complément d'avionique qui permettrait d'effectuer des missions dans des conditions de vol aux instruments.

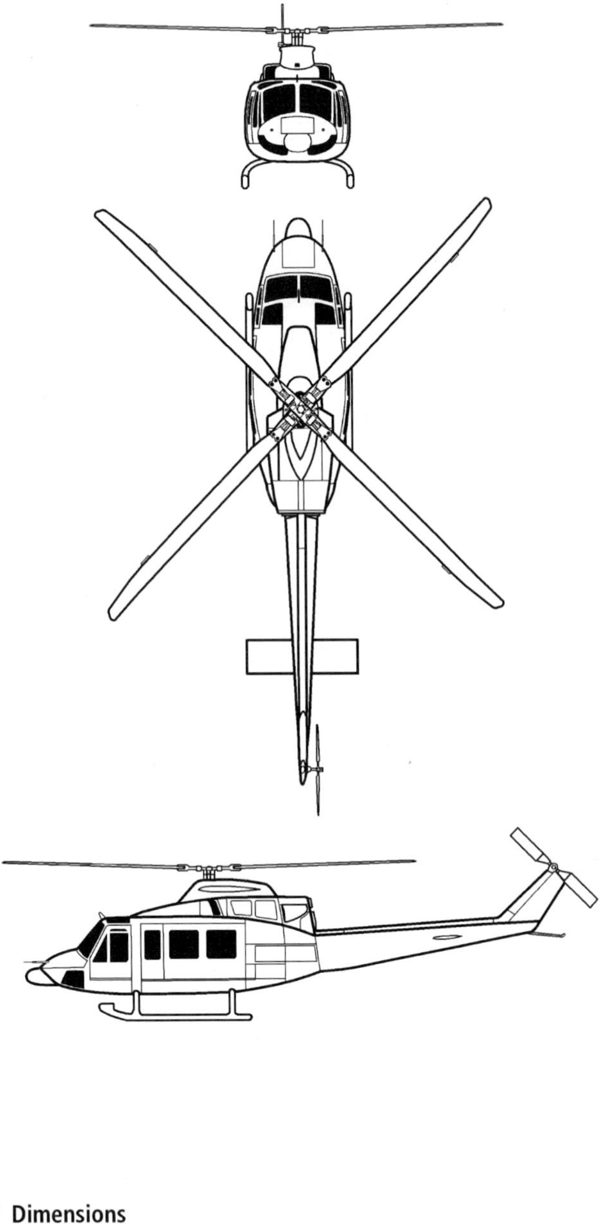

Dimensions
Diamètre du rotor: 14,02 m
Longueur du fuselage: 12,92 m
Hauteur y compris la tête de rotor: 3,48 m

BELL 412EP/UH-1Y

Origine: USA (Canada).
Constructeur: Bell Helicopter Textron Inc., Canadian Division, Mirabel, Montréal, Canada.
Catégorie: Hélicoptère de transport polyvalent.
Moteur: Une turbine Pratt & Whitney Canada PT6T-3D-Turbo Twin Pac d'une puissance de 1800 ch (1342 kW).
Performances: Vitesse max. 259 km/h au niveau de la mer; vitesse de croisière 230 km/h; vitesse ascensionnelle max. en vol oblique 6,86 m/sec; plafond pratique 5030 m; plafond en vol stationnaire avec effet de sol 3110 m à 4762 kg, sans effet de sol 1585 m; distance franchissable max. 745 km à 1525 m d'altitude sans réservoirs supplémentaires.
Masses: A vide 3079 kg; max. au décollage 5397 kg.
Equipage, passagers et charge utile: Un ou deux pilotes et de 13 à 14 passagers; charge utile max. 2041 kg.
Etat du développement: La version -EP, la plus récente, a obtenu sa certification en février 1991. Les versions militaires de Bell, resp. d'Agusta, sont en service dans 24 pays. Les versions civiles du 412 ont été produites à quelque 470 exemplaires. Le rythme de production annuel s'élève à 24 exemplaires. Le premier UH-1Y a entamé les essais en vol le 20 décembre 2001.
Remarques: Le Bell 412EP est la variante actuellement en production du modèle 412. Il dispose d'un moteur plus puissant qui a exigé une transmission adaptée; la masse au décollage est aussi plus élevée. Il est fabriqué non seulement chez Bell à Mirabel (Canada) mais encore chez AgustaWestland, en Italie. La version (ASW) 412EP Sentinel est proposée depuis peu; elle est dotée d'un radar Telephonic RDR1500 360° ainsi que d'un détecteur infrarouge dans le nez du fuselage. Elle peut en outre être armée, notamment avec des torpilles et des missiles air-mer. Une centaine d'UH-1N de l'USMC verront leurs performances sensiblement augmentées ces prochaines années dans le cadre d'une mise à niveau, sous la désignation UH-1Y: deux moteurs GE T700-GE-401, nouvelle tête de rotor Flexbeam dotée de paliers sans roulement et quatre pales en matériaux composites, un fuselage rallongé d'environ 50 cm, un empennage plus grand équipé d'un nouveau rotor de queue quadripale, etc.

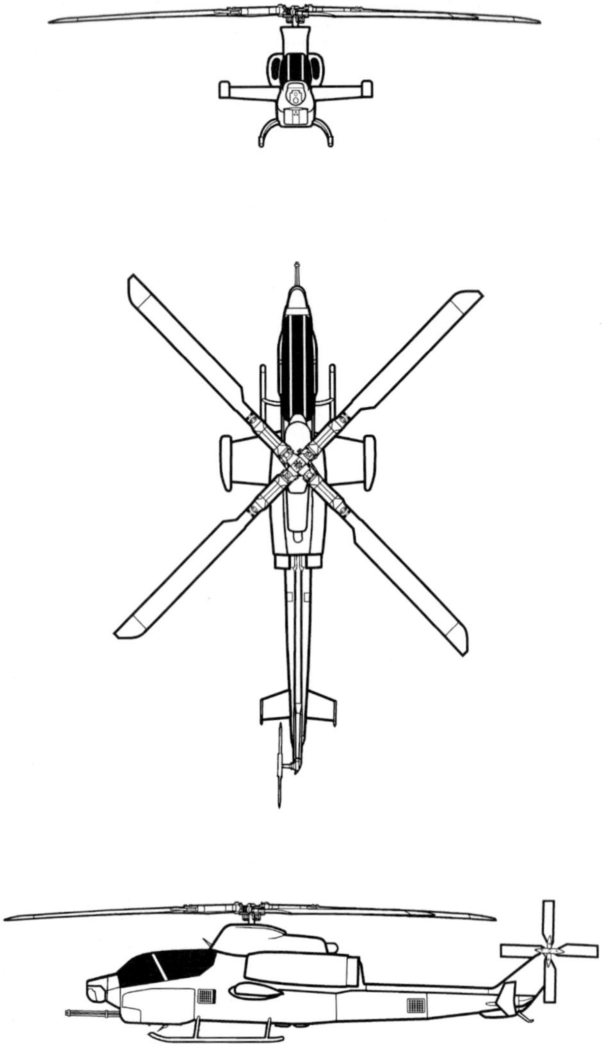

Dimensions

Diamètre du rotor: 17,73 m
Longueur du fuselage: 13,87 mm
Hauteur sur le rotor de queue: 3,78 m

BELL AH-1Z

Origine: USA.
Constructeur: Bell Helicopter Textron Inc., Fort Worth, Texas, USA.
Catégorie: Hélicoptère de combat biplace.
Moteurs: Deux turbines General Electric T700-401 d'une puissance de 1773 ch (1285 kW) chacune.
Performances: Vitesse max. 298 km/h ; vitesse typique d'engagement environ 265 km/h ; rayon d'action avec un armement de 1134 kg 234 km ; distance franchissable avec le max. de carburant interne et armement 705 km, autonomie max. 3,7 h.
Masses: A vide 5580 kg ; max. au décollage 8391 kg.
Armement: Un canon rotatif à trois tubes de 20 mm General Electric M197 et, sous les moignons d'ailes, par ex. quatre paniers à roquettes non guidées, de huit à seize missiles antichars AGM-114 Hellfire ou deux missiles air-air AIM-9L Sidewinder.
Etat du développement: Premier vol du prototype (un AH-1W modifié) le 7 décembre 2000. Entre-temps, trois autres appareils poursuivent les essais. L'USMC doit recevoir en tout 180 exemplaires par tranches de 12 à 36 machines. Des difficultés techniques importantes sont apparues au cours des essais, si bien que la mise en service opérationnelle ne devrait pas intervenir avant 2007.
Remarques: L'AH-1Z, comparé à l'AH-1W, est à bien des égards un hélicoptère nouveau et nettement plus performant. Il possède par exemple une tête de rotor sans articulation et quatre pales en matériaux composites. Outre son poste de pilotage à écrans multifonctions (Glas-Cockpit), il dispose d'un système de navigation intégré tout à fait nouveau de Northrop Grumman/Litton. Il est équipé de surcroît d'un système d'acquisition d'objectifs multifonctionnel Hawkeye à l'avant du fuselage, comprenant notamment un FLIR et des fonctions de désignation de cibles par TV et par laser. L'AH-1Z emporte un armement beaucoup plus important que l'AH-1W.

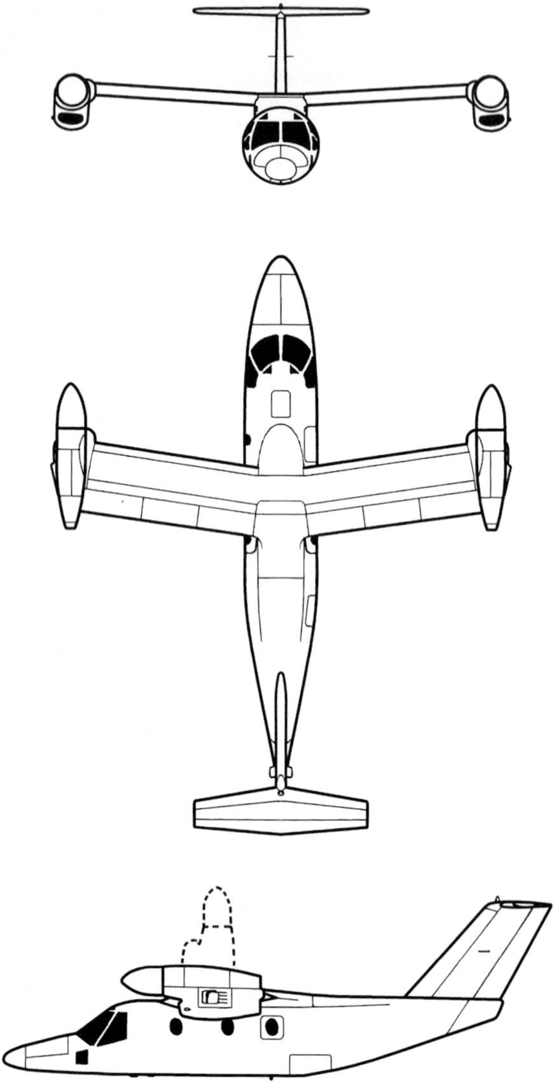

Dimensions
Envergure y compris les rotors tournants: 18,29 m
Envergure de l'aile seule: 10,00 m
Diamètre des rotors: 7,93 m
Longueur: 13,31 m
Hauteur au sommet de la dérive: 4,50 m

BELL/AGUSTA WESTLAND BA 609

Origine: USA et Italie.
Constructeur: Bell Helicopter Textron Inc., Fort Worth, Texas, usine d'Amarillo, USA et AgustaWestland, Cascina Costa, Gallarate, Italie.
Catégorie: Avion civil VTOL polyvalent à rotors basculants.
Moteurs: Deux turbines Pratt & Whitney Canada PT6C-67A d'une puissance unitaire de 1940 ch (1447 kW).
Performances: Vitesse de croisière max. 510 km/h; vitesse de croisière sur de longues distances 465 km/h; vitesse ascensionnelle max. 7,6 m/sec; plafond pratique 7625 m; plafond en vol stationnaire sans effet de sol 1525 m; distance franchissable 1390 km, avec des réservoirs supplémentaires 1880 km.
Masses: Equipé 4770 kg; max. au décollage 7260 kg.
Equipage, passagers et charge utile: Un ou deux pilotes et, dans la version « Executive » six passagers, jusqu'à neuf passagers avec des sièges plus étroits, deux blessés couchés et trois personnes soignantes dans les missions SAR (recherche et secours); charge utile max. 2500 kg.
Etat du développement: Le premier de quatre prototypes a entamé ses essais en vol le 7 mars 2003, après une série de retards dus à des difficultés techniques. Le deuxième exemplaire doit voler fin 2004. Les livraisons des premiers avions de série devraient commencer vers 2007. Le carnet de commandes porte sur 70 BA 609 destinés à 42 clients. Ils doivent être produits chez Bell pour commencer et, plus tard, chez Agusta également.
Remarques: Le BA 609 devrait être le premier avion civil à ailes basculantes exploité commercialement. La technologie appliquée est celle du V-22 Osprey (voir pages 70/71). En revanche les rotors à pales repliables n'ont pas été repris. A côté des utilisations civiles, tel que le transport de liaison et celui de VIP, il est prévu de l'engager pour le ravitaillement des plates-formes pétrolières, les missions de surveillance et de secours des garde-côtes. La répartition du travail entre Bell et Agusta se fait à raison d'une proportion de 75 à 25. Le BA 609 possède une structure en aluminium recouverte de matériaux composites, tandis que l'aile est tout entière en fibres plastiques. L'instrumentation ProLine 21 et le système de gestion du vol (Flight Management System) est fourni par Rockwell Collins.

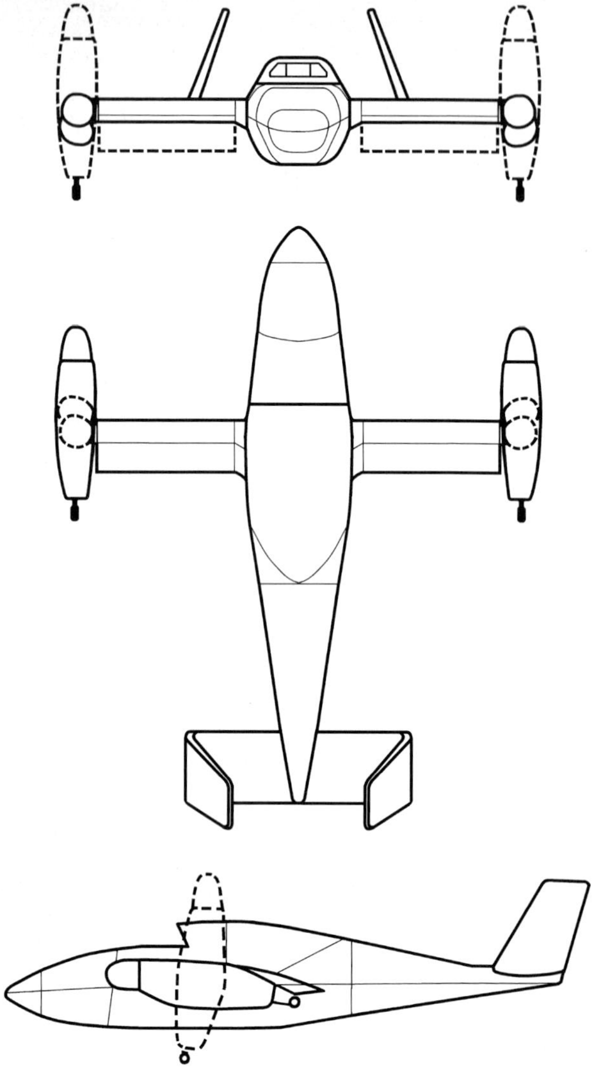

Dimensions
Envergure: 4,63 m
Longueur: 5,46 m
Hauteur: 1,73 m
Diamètre de chacun des rotors: 2,90 m

BELL HV-911 EAGLE EYE

Origine: USA.
Constructeur: Bell Helicopter Textron, Fort Worth, Texas, USA.
Catégorie: Démonstrateur technologique téléguidé à rotors basculants.
Moteurs: Deux turbines d'une puissance unitaire de 425 ch (315 kW).
Performances: Vitesse max. en vol horizontal 410 km/h; plafond 6100 m; autonomie max. 8 h; rayon d'action 200 km; distance franchissable 515 km.
Masses: A vide 590 kg; max. au décollage 1020 kg.
Charge utile: 90 kg, pour l'essentiel des instruments destinés aux systèmes de reconnaissance.
Etat du développement: Un modèle de développement technologique vole déjà depuis 1992. Après plusieurs années d'interruption, le projet repart de l'avant. L'USCG prévoit de se procurer, à partir de 2007, 69 exemplaires d'une version de série conçue comme drone de reconnaissance basé sur navire. Un prototype correspondant à la version USCG doit voler fin 2004.
Remarques: Le seul avion téléguidé actuel équipé de rotors basculants (VTUAV = VTOL unmanned air vehicle) est destiné avant tout à l'engagement à partir de navires. Il doit être équipé pour cela d'un nouveau système d'approche automatique pour l'atterrissage sur bâtiments de guerre. L'Eagle Eye est équipé d'un train rentrant. Il peut décoller aussi bien en mode STOL qu'en mode VTOL. Il est conçu comme un appareil simple, robuste et d'un rapport coût/efficacité élevé pour des missions de reconnaissance, de surveillance et de repérage des cibles maritimes. Pour ce faire, il est équipé d'un système de transmission de données capable de transmettre online à sa base maritime les résultats de ses recherches. A l'USCG, il est prévu d'engager les Eagle Eyes à partir des nouveaux patrouilleurs maritimes (Offshore Patrol Cutters). En cas de fabrication en série, le fuselage devrait être retravaillé et l'engin devrait être équipé d'autres moteurs. Il pourrait aussi éventuellement emporter des armes.

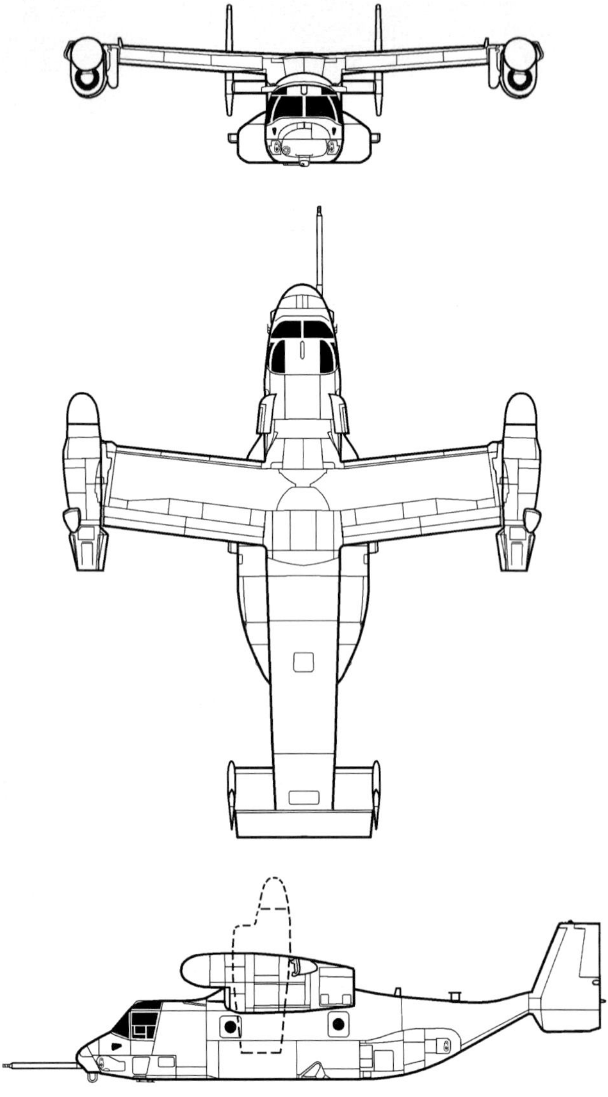

Dimensions

Envergure: y compris les rotors 25,77 m, sans les rotors 15,52 m
Longueur: avec les rotors repliés 19,20 m, avec les rotors en position normale 17,47 m
Hauteur hors tout: 6,73 m

BELL-BOEING CV-22B OSPREY

Origine: USA.
Constructeurs: Bell Helicopter Textron Inc., Fort Worth, Texas, USA, et Boeing Helicopter Company, Philadelphie, USA, usine d'Amarillo, Texas, USA.
Catégorie: Avion à rotors basculants destiné à des missions militaires spécialisées.
Moteurs: Deux turbopropulseurs Rolls Royce AE1107C de 6150 ch (4590 kW) chacun.
Performances: Vitesse de croisière max. en vol horizontal et à l'altitude optimale en configuration avion 550 km/h, en configuration hélicoptère au niveau de la mer 185 km/h; vitesse max. avec une charge extérieure de 6804 kg 370 km/h; vitesse ascensionnelle max. en vol oblique 5,53 m/sec; plafond pratique 7925 m; distance franchissable après un décollage vertical et avec une charge utile de 5443 kg 2224 km, avec un décollage court et avec une charge utile de 9072 kg 3336 km; distance franchissable en convoyage 3892 km.
Masses: Equipé 15 032 kg; au décollage en conditions VTO 23 855 kg, max. au décollage en conditions STO 27 442 kg.
Equipage, passagers et charge utile: Trois hommes d'équipage et jusqu'à 24 soldats équipés ou 12 brancards occupés plus le personnel soignant; charge utile max. 9072 kg.
Etat du développement: Le premier des six prototypes a entamé les essais le 9 mars 1989. Quatre autres machines, correspondant assez largement aux standards de série, ont suivi à partir de la fin 1996. Trente exemplaires de l'Osprey ont été fabriqués jusqu'ici. Les forces armées américaines ont prévu de se procurer 458 V-22: l'USMC 360 MV-22B, l'USN 48 HV-22B, l'USAF 50 CV-22B pour des missions spéciales. L'introduction a été suspendue en raison des difficultés qui sont apparues; elle sera reprise en 2004 sur une base réduite et après des modifications substantielles.
Remarques: Le CV-22B, destiné aux missions spéciales, est la dernière version de l'Osprey. Il se distingue du CV-22 essentiellement par son avionique plus complète et par ses systèmes de communication. Ces améliorations comprennent notamment le radar de suivi de terrain Raytheon APQ-186 ainsi que le système de contre-mesures électroniques ITT ALQ-211. Afin de porter le rayon d'action à 925 km, huit réservoirs additionnels ont été placés dans les ailes et deux autres de part et d'autre du fuselage. En ce moment, des essais visent à intégrer à l'avant du fuselage un canon de 12,7 mm sur les versions MV-22 et CV-22.

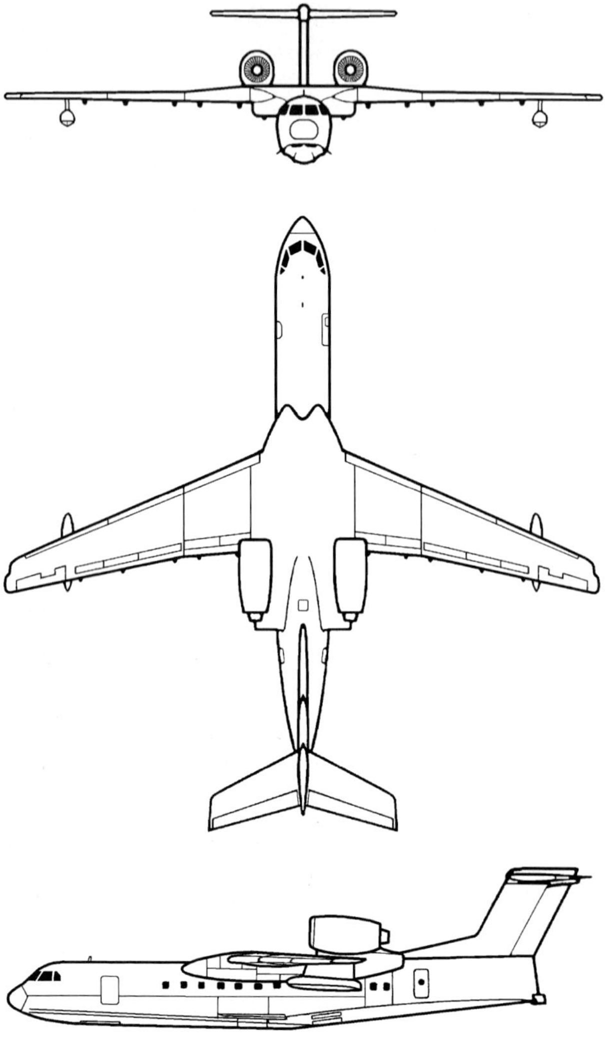

Dimensions

Envergure: 32,78 m

Longueur: 32,05 m

Hauteur: 8,90 m

Surface alaire: 117,44 m^2

BERIEV BE-200

Origine: Russie.
Constructeur: OKB Georgi Beriev, usine de Tavia, Taganrog, Russie.
Catégorie: Avion de transport amphibie polyvalent.
Moteurs: Deux réacteurs à double flux ZMKB Progress D-4367 de 7500 kp (73,60 kN) de poussée chacun.
Performances (estimations): Vitesse max à 7000 m 750 km/h; vitesse de croisière max. à 8000 m 710 km/h; vitesse ascensionnelle initiale 14 m/sec; plafond pratique 11 000 m; distance franchissable avec une charge utile de 3000 kg 2500 km, max. 3600 km.
Masses: Equipé 25 120 kg; max. au décollage 36 000 kg et jusqu'à 43 000 kg dans les missions de lutte contre les incendies de forêts.
Equipage, passagers et charge utile: Deux pilotes et jusqu'à 72 passagers en classe économique ou jusqu'à 8000 kg de fret.
Etat du développement: Le premier prototype a entamé les essais le 24 septembre 1998, suivi par une deuxième machine le 27 août 2002. Le Be-200 a obtenu la certification russe à mi-2002. Le Ministère russe de la protection civile a officiellement confirmé la commande de sept exemplaires (+ huit options) destinés au sauvetage et à la lutte contre les incendies de forêts; les livraisons ont commencé en 2003. La version destinée à la lutte contre les incendies soulève un intérêt croissant dans certains pays de l'Union européenne.
Remarques: Le Be-200 est une version retravaillée en profondeur et sensiblement plus petite du Beriev Be-42/A-40 Mermaid. Pour le reste, le Be-200 reprend l'essentiel des éléments de son prédécesseur. Plusieurs variantes sont annoncées: une version de lutte contre les incendies avec une capacité de largage de 12 000 kg d'eau, une version destinée au seul transport de passagers ou de fret, ainsi qu'une version pour les missions de recherche, de sauvetage et d'évacuation. Des réacteurs de type BMW Rolls-Royce BR715 ou Allison GMA-2100 pourraient équiper le Be-200 pour d'éventuelles exportations. EADS et NPK étudient une commercialisation en commun de cette machine.

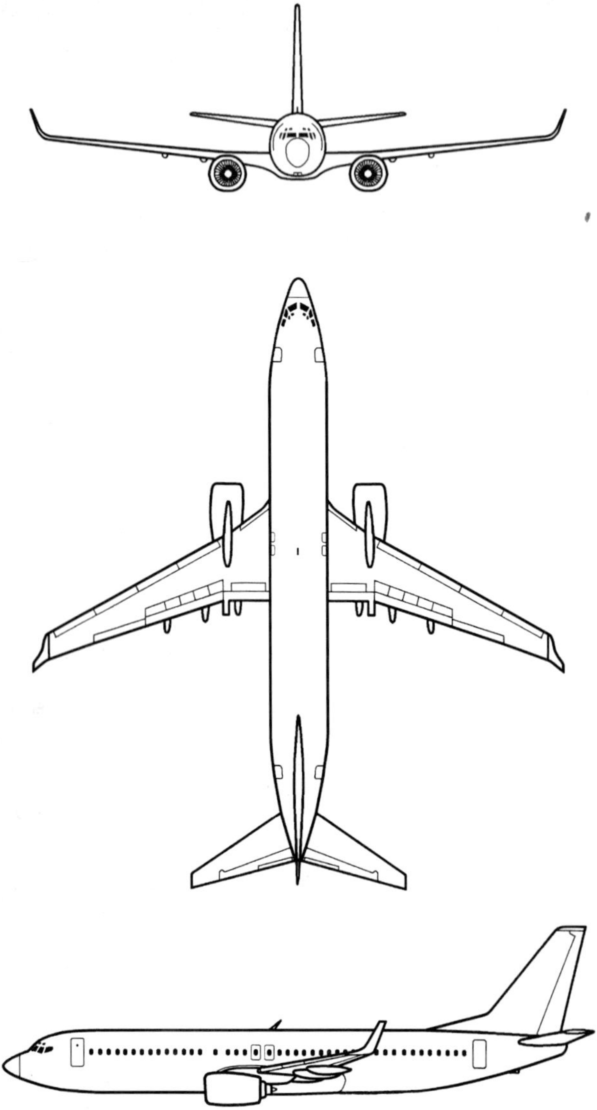

Dimensions
Envergure: 34,30 m
Longueur: 33,60 m
Hauteur: 12,50 m
Surface alaire: 124,60 m^2

BOEING 737BBJ/BBJ2

Origine: USA.
Constructeur: The Boeing Company, Commercial Airplane Group, Seattle, usine de Renton, Washington, USA.
Catégorie: Avion d'affaires long courrier.
Moteurs: Deux réacteurs à double flux CFM International CFM56-7B24 de 10 886 kp (106,75 kN) de poussée chacun.
Performances (estimations): Vitesse de croisière max. 912 km/h (Mach 0,82), vitesse de croisière normale 835 km/h; plafond pratique 12 500 m; distance franchissable max. 11 400 km.
Masses: Equipé 40 640 kg; max. au décollage 77 560 kg.
Equipage et passagers: Deux pilotes et entre 20 et 100 passagers selon l'aménagement.
Etat du développement: Le modèle probatoire vole depuis le 4 septembre 1998. A fin 2003, 74 BBJ et 11 BBJ2 ont été commandés, dont un pour les besoins de Boeing lui-même. Les premières livraisons ont commencé début 1999. Entre-temps, presque tous les exemplaires commandés ont été livrés.
Remarques: Avec le BBJ, Boeing a développé pour la première fois une version du B737 destinée exclusivement aux voyages d'affaires. Elle réunit le fuselage de la version -700 avec les ailes et le train d'atterrissage de la version -800, qui est plus lourde. Afin d'obtenir une distance franchissable plus élevée, les ailes sont équipées de winglets d'une hauteur de 2,60 m. Le modèle BBJ2 reprend le fuselage du B737-800, plus long de 5,80 m, ce qui augmente d'autant la place à disposition des passagers et permet presque de doubler le volume de fret. Boeing livre l'avion « nu » (dès US$ 32 Mio) à des entreprises spécialisées dans l'aménagement intérieur et la décoration des avions (par ex. Jet Aviation, à Bâle; Lufthansa Technik, à Hamburg). L'intérieur est réalisé selon les goûts et les moyens des clients. Boeing développe en ce moment à partir du BBJ une version ASW et de reconnaissance sous-marine, baptisée MMA (Multimission-Maritime Aircraft).

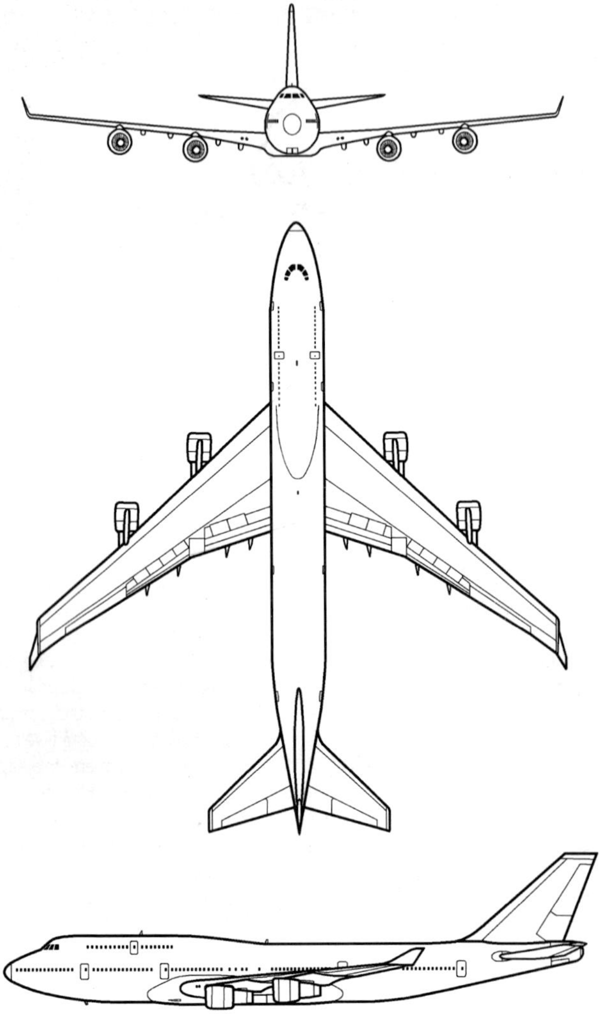

Dimensions
Envergure: 64,44 m
Longueur: 70,67 m
Hauteur: 19,41 m
Surface alaire: 541,16 m^2

BOEING 747-400ER

Origine: USA.
Constructeur: The Boeing Company, Commercial Airplane Group, Seattle, usine d'Everett, Washington, USA.
Catégorie: Avion de transport long courrier et avion cargo.
Moteurs: Quatre réacteurs à double flux, par exemple des General Electric CF60-80C2B5F de 28 165 kp (276,27 kN) de poussée chacun.
Performances: Vitesse de croisière longues distances 912 km/h à 10 668 m d'altitude; distance franchissable à la charge utile max. en transport de fret 8100 km; distance franchissable avec le max. de carburant 14 212 km.
Masse: Max. au décollage 412 800 kg.
Equipage, passagers et charge utile: Deux pilotes et 450 passagers en trois classes. La version cargo -400F a une charge utile de 113 000 kg.
Etat du développement: Premier vol de la version 747-400ER le 31 juillet 2002. Treize commandes ont été enregistrées (Quantas 6, Air France 2, Korean 5). Début des livraisons, octobre 2002. A fin 2003, quelque 1375 exemplaires de toutes versions ont été commandés par 85 sociétés et environ 1338 ont été livrés. Près de la moitié des avions produits appartiennent à la version 400 (537 exemplaires) et 400F (114 ex., destiné au transport de fret). Le rythme de production s'établit actuellement à près de deux avions par mois.
Remarques: La version longtemps désignée Long Ranger, mais rebaptisée récemment 747-400ER, retient les dimensions extérieures des modèles -400 de base mais comporte de notables améliorations. Elle est disponible aussi bien en version passager que comme avion cargo. Les extrémités des ailes de même que les empennages de profondeur et de direction ont été renforcés. La capacité des réservoirs d'ailes a été augmentée et passe à 241 140 l. Grâce à un train d'atterrissage renforcé, la masse max. au décollage est sensiblement plus élevée que celle du -400. Ces diverses améliorations font que des charges utiles plus grandes peuvent être transportées sur de plus longues distances. On ajoutera que l'aménagement du cockpit de même que le confort dans la cabine passagers s'apparentent à ceux du Boeing 777. Boeing étudie encore des versions rallongées de l'avion de ligne et de l'avion cargo. Le fuselage serait plus long de 5 m, les ailes seraient un peu plus grandes aussi et la masse au décollage serait accrue de 22 500 kg. A cela s'ajouteraient les améliorations déjà apportées à la variante 747-400XQLR (= Quiet Long Range) sur le plan de la réduction du bruit; ces progrès tiennent surtout à des corrections aérodynamiques apportés aux ailes et aux nacelles réacteurs.

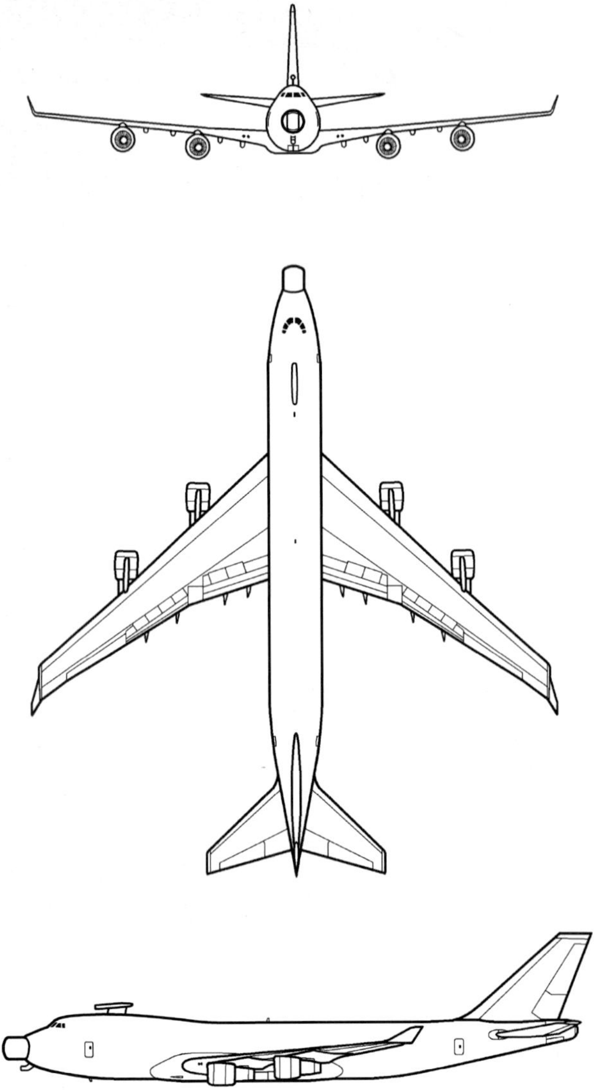

Dimensions
Envergure: 64,44 m
Longueur: 70,70 m
Hauteur: 19,41 m
Surface alaire: 541,16 m^2

BOEING YAL-1A AIRBORNE LASER

Origine: USA.
Constructeur: The Boeing Company, Defence & Space Group, Seattle, Washington, USA.
Catégorie: Système de défense stratégique antimissile.
Moteurs: Quatre réacteurs à double flux General Electric CF60-80C2 d'une poussée de 28644 kp (280,97 kN) chacun.
Performances (données provisoires): Vitesse de croisière normale en patrouille 939 km/h; distance franchissable max. 15570 km.
Masses: Equipé 181120 kg; max. au décollage 396900 kg.
Equipage: Six hommes d'équipage, dont deux pilotes et quatre opérateurs; « munition » pour 20 coups laser. L'ensemble du système laser, y compris les carburants chimiques embarqués, représente un poids d'environ 81000 kg.
Armement: Un laser oxygène-iodine fonctionnant selon un procédé chimique. Il est installé dans la partie arrière du fuselage mais l'orifice de sortie, un système optique mobile, est situé dans le nez de l'avion.
Etat du développement: Le premier prototype, partiellement équipé, du YAL-1A a commencé les essais en vol le 18 juillet 2002. Tous les systèmes étaient intégrés à mi-2003. Les premiers tests de tir avec le laser doivent commencer en 2004 ou 2005. L'USAF veut se procurer sept exemplaires de cet avion.
Remarques: Le YAL-1A est un élément du système américain de défense stratégique antimissile. Une cellule de Boeing 747-400F fournit la structure de base. L'élément central est un laser chimique oxygène-iodine d'une puissance de l'ordre du mégawatt; il est installé dans le fuselage. Par l'intermédiaire d'un « canon » installé dans le nez de l'avion, les opérateurs sont en mesure de détruire des missiles ennemis de moyenne ou longue portée depuis une distance de 600 km au maximum. Quelque 30 objectifs doivent pouvoir être suivis et attaqués simultanément. Comparé au 747-400F dont il est issu, le YAL-1A présente de notables différences. C'est ainsi que le radar météo normalement placé dans le nez de l'avion a été déplacé dans un conteneur sous le fuselage. Compte tenu de la masse élevée de l'ensemble du système et des températures élevées produites par les gaz d'échappement du laser, des parties de la structure ont été renforcées avec des éléments de titane; de même, à l'intérieur du fuselage, le centre de commandement est séparé du laser par une chambre de pression. Derrière le cockpit, au-dessus du fuselage, se trouve un télémètre laser destiné à la poursuite des cibles.

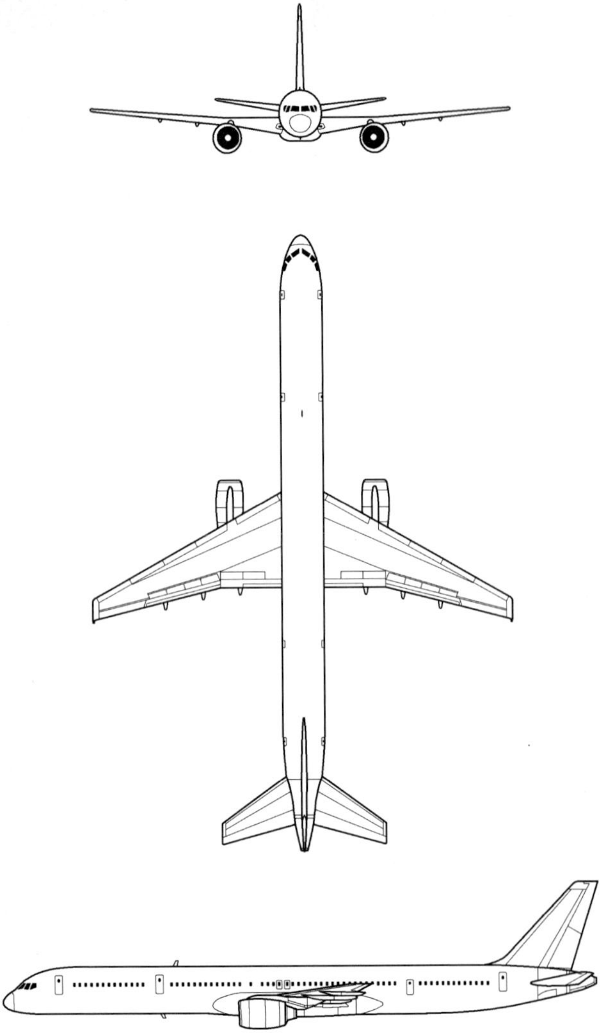

Dimensions
Envergure: 38,05 m
Longueur: 54,40 m
Hauteur: 13,56 m
Surface alaire: 185,25 m^2

BOEING 757-300

Origine: USA.
Constructeur: The Boeing Company, Commercial Airplane Group, Seattle, usine de Renton, Washington, USA.
Catégorie: Avion de transport moyen courrier.
Moteurs: Deux réacteurs à double flux, au choix deux Rolls-Royce RB.211-535E4B de 19470 kp (191 kN) ou deux Pratt & Whitney PW2040 de 18860 kp (185 kN) de poussée.
Performances: Vitesse de croisière max. 935 km/h (Mach 0,86) à 9150 m d'altitude; vitesse de croisière économique 850 km/h à 11900 m; plafond 12810 m; distance franchissable max. 6400 km.
Masses: Equipé 64105 kg; max. au décollage 122470 kg.
Equipage, passagers et charge utile: Deux pilotes et (757-300) 240 à 289 passagers au maximum en aménagements intérieurs classiques; charge utile dans la version cargo (757-200) 30400 kg.
Etat du développement: Premier vol du Boeing 757-300 le 2 août 1998. A fin 2003, 1048 exemplaires de toutes versions avaient été commandés par 60 opérateurs et environ 1035 avaient été livrés; 55 exemplaires de la version -300 ont été commandés. Boeing a très fortement ralenti la production mensuelle de cet avion, faute de commandes nouvelles. Le constructeur envisage même d'interrompre la production en 2005. De nombreux modèles anciens du 757 seront transformés en avions cargos (par exemple 84 exemplaires pour DHL).
Remarques: La version 757-300 se distingue des modèles précédents par un fuselage rallongé de 7,11 m (4,06 devant et 3,05 m derrière les ailes). En raison des masses plus élevées, le gouvernail de profondeur, des éléments du revêtement ainsi que le train d'atterrissage ont été renforcés. En plus de l'augmentation du nombre de passagers, le 757-300 offre une capacité accrue de 40 % pour le transport de fret. Boeing a aussi lancé une version long-courrier 757-200ERX qui emporte naturellement plus de carburant; ce modèle reprend le fuselage du -200 mais les ailes renforcées et d'autres composants du -300. A la masse max. au décollage de 123500 kg et deux réservoirs additionnels dans le compartiment fret, il est capable de couvrir une distance de 9250 km. Cet avion serait livrable immédiatement mais aucune commande n'a encore été passée pour le moment.

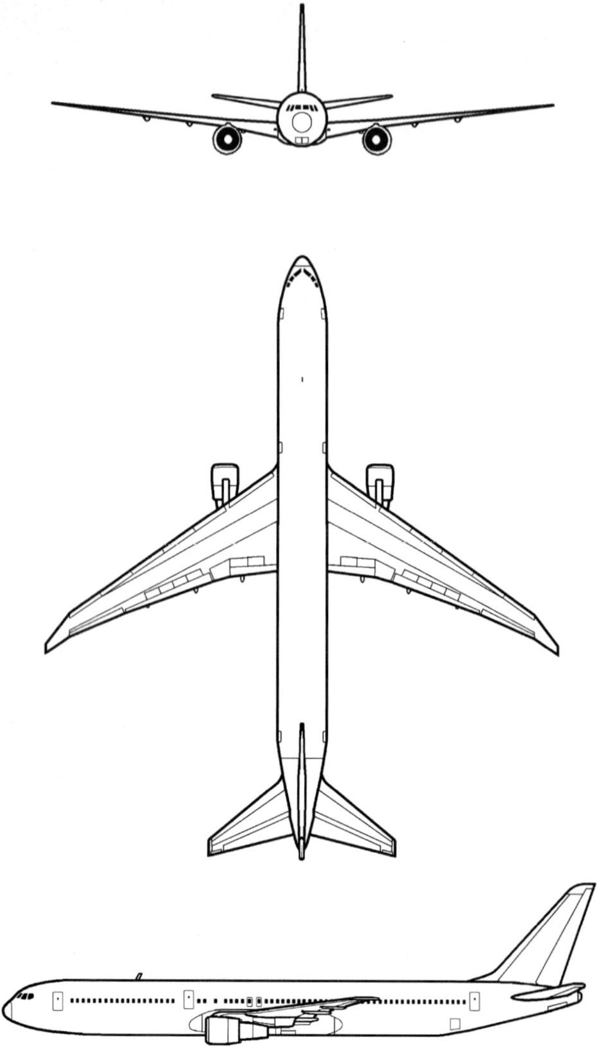

Dimensions
Envergure: 51,92 m
Longueur: 61,37 m
Hauteur: 16,87 m
Surface alaire: 290,70 m^2

BOEING 767-400ER

Origine: USA.
Constructeur: The Boeing Company, Commercial Airplane Group, Seattle, usine d'Everett, Washington, USA.
Catégorie: Avion de transport moyen à long courrier.
Moteurs: Deux réacteurs à double flux Pratt & Whitney PW4062 de 30 890 kp (303 kN) ou deux General Electric CF6-80C2 de 27 830 kp (273 kN) de poussée chacun.
Performances: Vitesse de croisière 850 km/h (Mach 0,80); plafond pratique 13 145 m; distance franchissable max. 10 450 km, (-300ER) 12 200 km.
Masses: Equipé 103 100 kg; max. au décollage 204 120 kg, (-300ER) 179 170 kg.
Equipage, passagers et charge utile: Deux pilotes et (-400ER) 245 passagers en aménagement multi-classes classique, 375 passagers au maximum par rangées de huit, (-300ER) 216, 290 passagers max. La version fret -300F peut emporter une charge utile de 57 756 kg.
Etat du développement: Premier vol de la version de base du Boeing 767 le 26 septembre 1981. La version la plus récente -400ER a commencé ses vols d'essai le 9 octobre 1999. Les premières livraisons ont commencé en août 2000. A fin 2003, le nombre des commandes s'établissait à 941 exemplaires de toutes versions pour près de 80 clients; 916 exemplaires avaient été livrés. Continental, Delta et Kenya Airways ont commandé ferme 37 exemplaires du -400ER. Quatre 767 sont actuellement produits chaque mois.
Remarques: La version la plus récente, désignée 767-400ER, est actuellement la plus grande de la famille 767; elle offre un nombre de sièges plus élevé de 15 à 20 % tandis que les coûts d'exploitation ont été réduits. Elle est plus longue de 6,7 m et les ailes ont été légèrement allongées. En raison de la masse totale sensiblement plus élevée, le train d'atterrissage a été renforcé et doté des roues du B777. Le modèle plus court 767-300 continue d'être construit, aussi bien dans sa version de base que dans sa variante long-courrier -300ER.

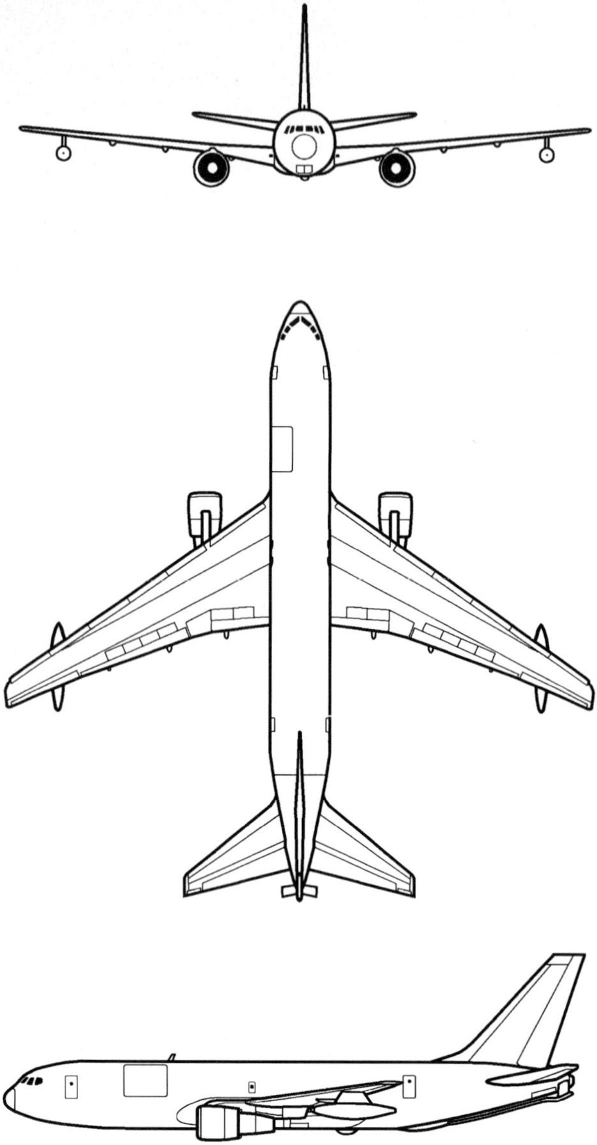

Dimensions
Envergure: 47,57 m
Longueur: 48,51 m
Hauteur: 15,85 m
Surface alaire: 283,30 m^2

BOEING KC-767

Origine: USA.
Constructeur: The Boeing Company, Boeing Integrated Defence Systems, St. Louis, Missouri, usines d'Everett et de Wichita, USA.
Catégorie: Avion militaire (transport/ravitaillement en vol/commandement).
Moteurs: Deux réacteurs à double flux, par exemple deux Pratt & Whitney PW4060 de 27 100 kp (267 kN) ou deux General Electric CF6-80C2 de 27 830 kp (273 kN) poussée chacun.
Performances: (767-200ER): Vitesse de croisière 850 km/h (Mach 0,80); plafond pratique 13 145 m; distance franchissable max. 10 450 km.
Masses: Max. au décollage 175 540 kg.
Equipage, passagers et charge utile: Deux pilotes et un opérateur ravitailleur; comme avion cargo, charge utile max. de 50 000 kg; comme avion ravitailleur, une charge de 124 205 l de carburant.
Etat du développement: Un premier E-767T-T/KC-767 a entamé ses essais en vol le 16 juillet 2003, sans ses équipements de ravitaillement. Le premier acquéreur est l'Armée de l'air italienne (4 commandes fermes + 2 options, livraisons à partir de 2005). L'USAF envisage l'achat de cent KC-767A. Le Japon souhaite en acheter quatre exemplaires.
Remarques: Le 767 peut répondre à une multiplicité d'activités militaires; le constructeur développe des versions adaptées à ces demandes. En premier lieu, on trouve la version transport militaire combiné et ravitailleur E-767T-T resp. KC-767, dérivé du 767-200ER. Il est équipé d'une perche de ravitaillement (Flying Boom) sous la queue de l'avion et de deux pods de ravitaillement sous les ailes. La cabine est en mesure d'accueillir aussi bien des passagers que du fret. Une grande porte pour le chargement du fret a été aménagée à l'avant gauche du fuselage. La version E-767T/AWACS sert de radar d'alerte avancée et de poste de commandement, une version dénommée E-10A vient d'être lancée. Un prototype de cette variante destinée à couvrir les besoins MC2A (**M**ulti-sensor **C**ommand and **C**ontrol **A**ircraft; surveillance terrestre, défense antimissile de croisière, direction des opérations) a été commandé par l'USAF en 2003. Dérivé du 767-400ER, l'E-10A ne prendra l'air qu'en 2008. Comme indiqué plus haut, ses missions prioritaires seront la surveillance terrestre, la lutte contre les missiles de croisière et la direction militaire opérationnelle.

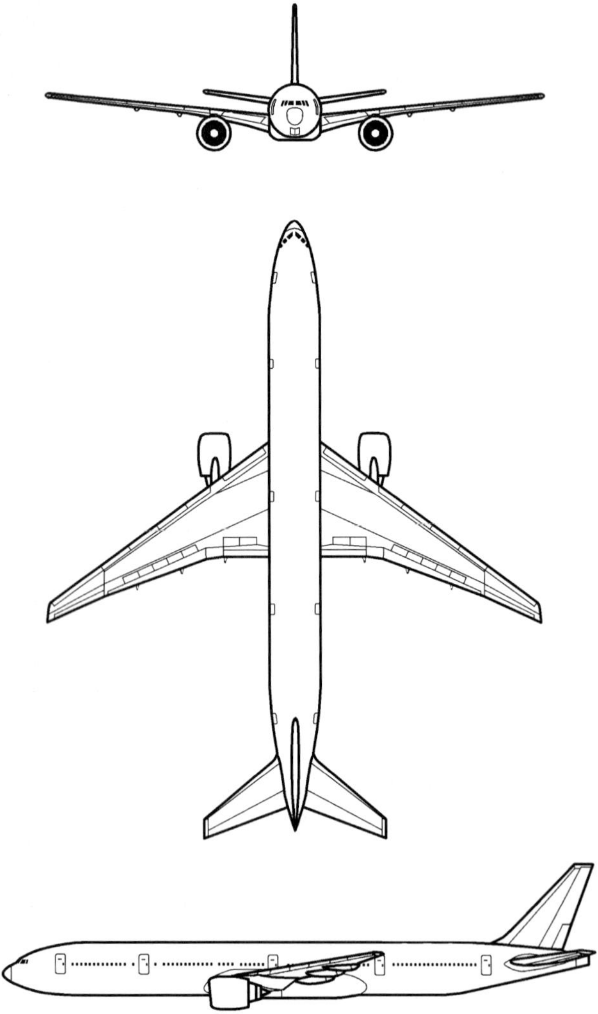

Dimensions
Envergure: (-300) 60,93 m, (-200LR/300ER) 64,80 m
Longueur: (-300/-300ER) 73,80 m, (-200LR) 63,70 m
Hauteur: 18,44 m
Surface alaire: (-300) 427,80 m^2

BOEING 777-300

Origine: USA.
Constructeur: The Boeing Company, Commercial Airplane Group, Seattle, usine d'Everett, Washington, USA.
Catégorie: Avion de transport moyen à long courrier.
Moteurs: Deux réacteurs à double flux Rolls-Royce Trent 892 ou Pratt & Whitney PW4090/4098 d'une poussée de 41 700 à 44 460 kp (de 409 à 436 kN) chacun.
Performances: Vitesse de croisière max. 950 km/h (Mach 0,87); vitesse de croisière longues distances 895 km/h (Mach 0,84); plafond pratique 13 100 m; distance franchissable avec 368 passagers jusqu'à 10 400 km.
Masses (-300ER): Equipé 167 829 kg; max. au décollage 340 195 kg.
Equipage, passagers et charge utile: Deux pilotes et de 368 à 394 passagers en configuration classique trois-classes, max. 550 passagers; charge utile max. 54 600 kg.
Etat du développement: Le premier 777-300 a entamé son programme d'essai le 16 octobre 1997; le 777-300ER (dont 71 exemplaires ont été commandés par six compagnies, voir photo) a pris l'air le 24 février 2003. A fin 2003, 631 exemplaires de toutes variantes ont été commandés par 36 clients; sur ce nombre, 62 appartiennent à la version -300. Au rythme de production actuel de cinq 777 par mois, 465 exemplaires ont été livrés actuellement.
Remarques: Le 777-300 est plus long d'environ 10 m que l'avion de base. Une version long-courrier 777-300ER sera livrée à partir de 2004 à Air France, client de lancement. L'envergure est allongée de 3,96 m, la masse au décollage passe à 340 000 kg. Il doit pouvoir franchir des distances de 13 400 km. Les développements technologiques les plus récents ont été incorporés dans la construction de cet avion. Commandes électriques (Fly-by-wire), nouveau profil d'aile, alliages d'alu aux caractéristiques améliorées de résistance à la pression et à la fatigue, gouvernail de direction en matériaux composites et avionique ultra-moderne. Le 777-200LR, destiné aux liaisons très long-courrier, est aussi en cours de développement et volera bel et bien en 2004 malgré le fait que, pour l'heure, seulement cinq exemplaires ont été commandés. Il est capable de franchir une distance de 16 330 km avec 250 passagers. Une quarantaine de personnes peuvent disposer d'un lit dans un dortoir installé en option dans la soute tandis que l'équipage dispose d'un local de repos au-dessus de la cabine passagers. A mentionner encore qu'une variante destinée au transport de fret en sera tirée.

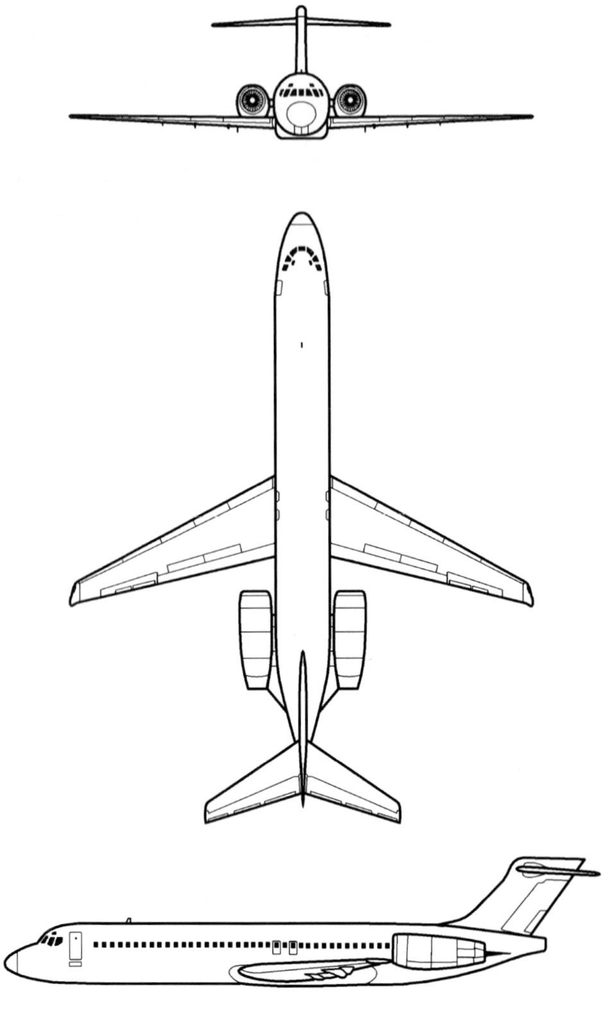

Dimensions
Envergure: 28,45 m
Longueur: 37,81 m
Hauteur: 8,92 m
Surface alaire: 92,97 m^2

BOEING (MDD) 717-200

Origine: USA.
Constructeur: The Boeing Company, Commercial Airplane Group, Seattle, Washington, usine de Long Beach, Californie, USA.
Catégorie: Avion de transport court à moyen courrier.
Moteurs: Deux réacteurs à double flux BMW/Rolls Royce BR715 avec au choix une poussée de 8390 kp (82,3 kN) ou 9073 kp (89,0 kN), et en option 9525 kp (93,4 kN).
Performances: Vitesse de croisière 812 km/h à 10670 m (Mach 0,76); plafond pratique 11285 m; distance franchissable avec le nombre max. de passagers (-200) 2905 km (-200HGW) 3700 km.
Masses: Equipé (-200) 31675 kg, (-200HGW) 32110 kg; max. au décollage (-200) 51710 kg, (-200HGW) 54885 kg.
Equipage, passagers et charge utile: Deux pilotes et 106 passagers en aménagement deux-classes, 129 passagers max. par rangées de cinq et couloir central; charge utile max. 12231 kg.
Etat du développement: Le premier vol du prototype a eu lieu le 2 septembre 1998. La compagnie de lancement ValuJet/AirTran a reçu son premier avion le 23 septembre 1999. A fin 2003, le carnet de commandes s'établissait à 161 exemplaires, dont 125 avaient été livrés. Les principaux clients sont Air Tran (23 B717), Pembroke Capital, Hawaian et Midwest.
Remarques: Le 717 a été lancé en tant que, provisoirement, l'ultime version d'une longue liste d'avions dérivés de la famille des DC-9. Equipé d'une version très silencieuse et particulièrement pauvre en gaz d'échappement du réacteur BMW/Rolls-Royce BR.715, le 717-200 dispose d'un fuselage plus court que les appareils de la famille des MD-80. Le poste de pilotage est équipé de six écrans plats à cristaux liquides modernes, Le développement d'une variante allongée, désignée 717-300X (voir photomontage) semble actuellement se concrétiser. Le fuselage serait plus long de 4,6 m et pourrait accueillir normalement jusqu'à 130 passagers en aménagement deux-classes. La distance franchissable max. serait en revanche limitée à 3000 km.

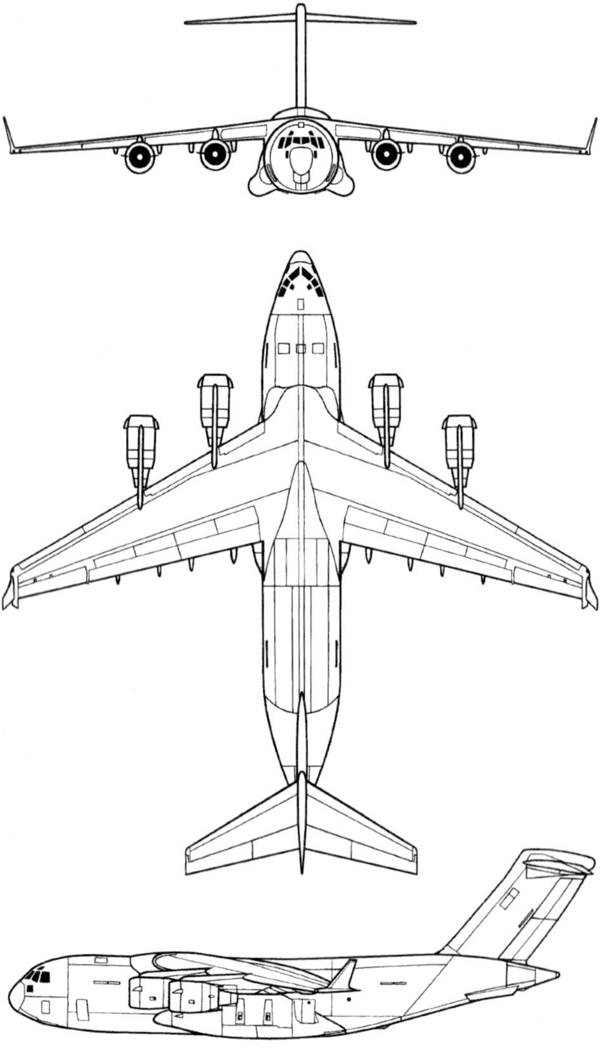

Dimensions

Envergure: 50,29 m (51,76 m avec les winglets)

Longueur: 53,04 m

Hauteur: 16,79 m

Surface alaire: 353 m^2

BOEING (MDD) C-17A GLOBEMASTER III

Origine: USA.
Constructeur: The Boeing Company, Defence & Space Group, Seattle, Washington, usine de Long Beach, Californie, USA.
Catégorie: Avion de transport militaire.
Moteurs: Quatre réacteurs à double flux Pratt & Whitney F117-PW-100 de 18 914 kp (185,5 kN) de poussée chacun.
Performances: Vitesse de croisière max. 818 km/h à 10 975 m d'altitude (Mach 0,77), 650 km/h à des altitudes plus basses; plafond pratique 13 700 m; distance franchissable avec une charge utile de 58 605 kg 5190 km, 5000 km avec 71 895 kg et 4445 km avec 75 750 kg.
Masses: Equipé 122 016 kg; max. au décollage 263 083 kg.
Equipage, passagers et charge utile: Deux pilotes et deux spécialistes de la charge utile. Dans la soute de 26,82 m de long, 5,49 m de large et 4,11 m de haut, peuvent prendre place des chargements jusqu'à 75 750 kg. Exemples typiques de chargement: trois hélicoptères de combat AH-64 Apache ou un char de combat M-1 Abrams complètement équipé, et jusqu'à 102 parachutistes. Une plate-forme unique de 27 215 kg ou plusieurs palettes de 49 895 kg au total peuvent être larguées en vol.
Etat du développement: Le prototype a volé pour la première fois le 15 septembre 1991. Premières livraisons à l'USAF en juillet 1993. L'USAF a porté ses commandes à 180 exemplaires (dont env. 120 déjà construits) qui doivent être livrés jusqu'en 2007. Une dernière commande portant sur 42 exemplaires est actuellement à l'examen. En 2001, la Royal Air Force a pris en leasing 4 C-17.
Remarques: La particularité du C-17A est sa capacité à transporter des chargements lourds sur des distances stratégiques directement dans la zone des combats. Pour ce faire, il a été conçu de manière très robuste; il est capable, par exemple, d'atterrir sur des pistes d'à peine 915 m et d'en redécoller. L'aile supercritique en flèche de 25° est équipée de winglets et d'un système de soufflage des volets. Le train d'atterrissage auto-stable permet à l'avion de manœuvrer au sol par ses propres forces. Depuis 2001, tous les C-17 disposent d'un réservoir additionnel de 39 000 l dans les ailes. Les performances en distance franchissable s'en trouvent nettement améliorées. Le développement d'une version civile, le BC-17X, capable de transporter une charge utile de 78 600 kg grâce à un équipement simplifié, est actuellement interrompu en raison d'une demande insuffisante.

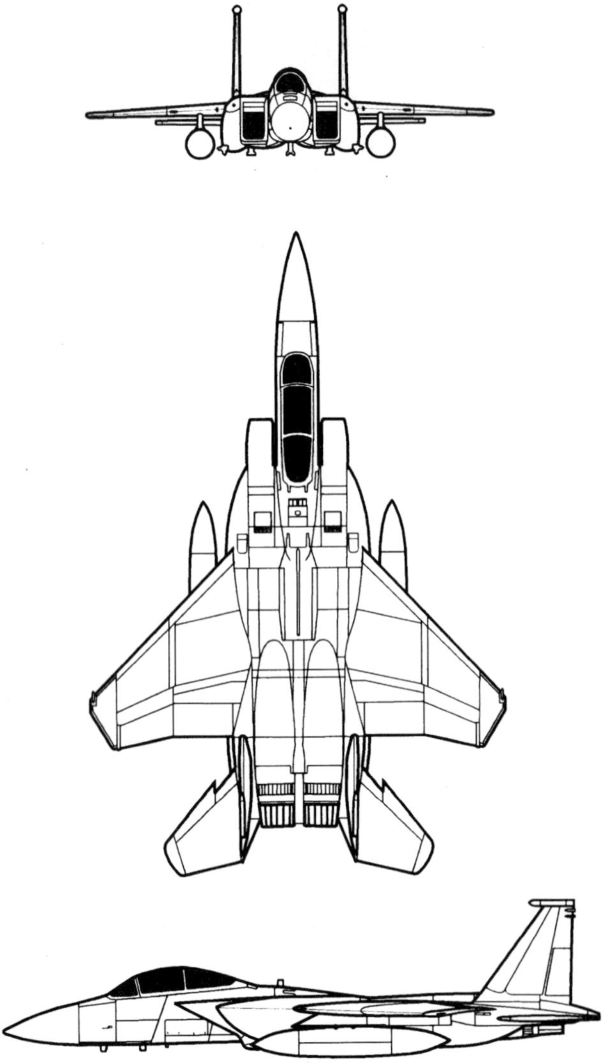

Dimensions
Envergure: 13,05 m
Longueur: 19,43 m
Hauteur: 5,63 m
Surface alaire: 56,50 m^2

BOEING (MDD) F-15E EAGLE

Origine: USA.
Constructeur: The Boeing Company, Defence & Space Group, Seattle, Washington, usine de St. Louis, Missouri, USA.
Catégorie: Avion de chasse biplace de supériorité aérienne et d'attaque au sol.
Moteurs: Deux réacteurs à double flux Pratt & Whitney F100-PW-229 de 8073 kp (79,20 kN) de poussée chacun sans réchauffe et 13 200 kp (129,40 kN) avec réchauffe.
Performances: Vitesse de pointe atteignable pour une durée limitée 2698 km/h ou Mach 2,54 à 12 190 m d'altitude; vitesse max. de plus longue durée 2443 km/h ou Mach 2,4 à 12 190 m; plafond pratique 18 300 m; rayon d'action max. 1270 km; distance franchissable en convoyage avec des réservoirs supplémentaires 4445 km.
Masses: Equipé 14 379 kg; max. au décollage 36 741 kg.
Armement: Un canon rotatif à six tubes de 20 mm M61A1 et des charges extérieures d'un poids max. de 11 113 kg (attaque au sol) resp. quatre missiles air-air AIM-7F Sparrow et quatre AIM-9L Sidewinder ou jusqu'à huit AIM-120 (supériorité aérienne).
Etat du développement: Le premier F-15E a commencé ses vols d'essai le 11 décembre 1986. Les livraisons à l'USAF ont commencé en 1988 et elles portaient sur 245 exemplaires. Il continue d'être fabriqué à un rythme réduit. Des versions identiques au F-15E ont été commandées par Israël (25 F-15I) et l'Arabie Saoudite (99 F-15S). La Corée du Sud vient de commander 40 F-15K.
Remarques: Le F-15E est une version du F-15C optimisée pour l'attaque d'objectifs terrestres. La structure a été renforcée, les limites d'accélérations ont été relevées, les commandes de vol électriques sont triplexées et l'avionique a été complétée pour permettre l'engagement tout-temps en vol rasant (radar Hughes APG-70, équipement infrarouge FLIR, appareils LANTIRN de navigation à basse altitude et de nuit). La version F-15K destinée à la Corée du Sud se distingue du modèle dont il est dérivé notamment par ses moteurs General Electric F-110-GE-129, son poste de pilotage nouveau, ses capteurs améliorés et son avionique. Le radar, également nouveau, APG-63V1 ou V-2 permet de poursuivre des objectifs mobiles sur terre comme sur mer. Les livraisons devraient commencer en 2005. Il est question en ce moment d'une variante nouvelle, F-15T, équipée d'un modèle perfectionné du radar APG-63.

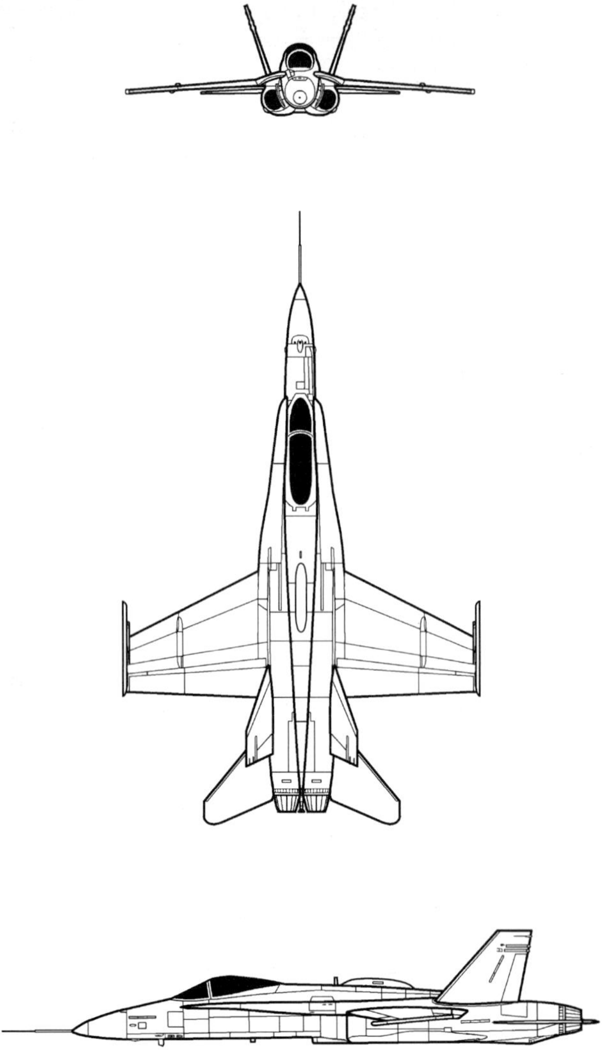

Dimensions
Envergure: 11,43 m
Longueur: 17,07 m
Hauteur: 4,67 m
Surface alaire: 36,79 m^2

BOEING F/A-18A ACTIVE AEROLASTIC WING

Origine: USA.
Constructeur: The Boeing Company, Military Aircraft and Missile Systems, Phantom Works, St. Louis, Missouri, USA.
Catégorie: Avion expérimental.
Moteurs: Deux réacteurs à double flux General Electric F404-GE-400 de 4810 kp (47,2 kN) de poussée chacun sans réchauffe et 7167 kp (70,3 kN) avec réchauffe.
Performances: Vitesse max. 1915 km/h ou Mach 1,80 à 12 150 m d'altitude; vitesse ascensionnelle initiale 304,6 m/sec; plafond 15 000 m; distance franchissable en convoyage avec les réservoirs internes pleins 3700 km.
Masses: Equipé 10 450 kg; au décollage 16 600 kg env.
Armement: Aucun.
Etat du développement: Après trois ans de travaux de préparation, cet avion expérimental construit à partir d'une cellule de F/A-18A a effectué son premier vol le 25 novembre 2002. Une centaine de vols d'essai sont prévus, répartis en plusieurs phases.
Remarques: Avec ce programme de recherches étalées sur trois ans, c'est une vieille idée de l'aviation, à savoir l'utilisation des gouvernes pour le pilotage, qui va être reprise à la base. Le bord de fuite et les volets d'ailes classiques de cet avion expérimental ont été remplacés par des éléments fabriqués en matériaux plus minces et plus souples. Ces surfaces élastiques en matériaux composites sont mues via un ordinateur de bord qui assure un pilotage actif. Pour autant que les avantages de cette formule soient démontrés, les avions de combat en particulier pourraient être équipés d'ailes beaucoup plus minces. En plus d'une réduction de la traînée, on pourrait obtenir de cette façon une diminution du poids de la cellule; cette dernière pourrait être allégée jusqu'à 20 %. Un autre avantage de cette technique: les caractéristiques de manœuvrabilité s'en trouveraient nettement améliorées.

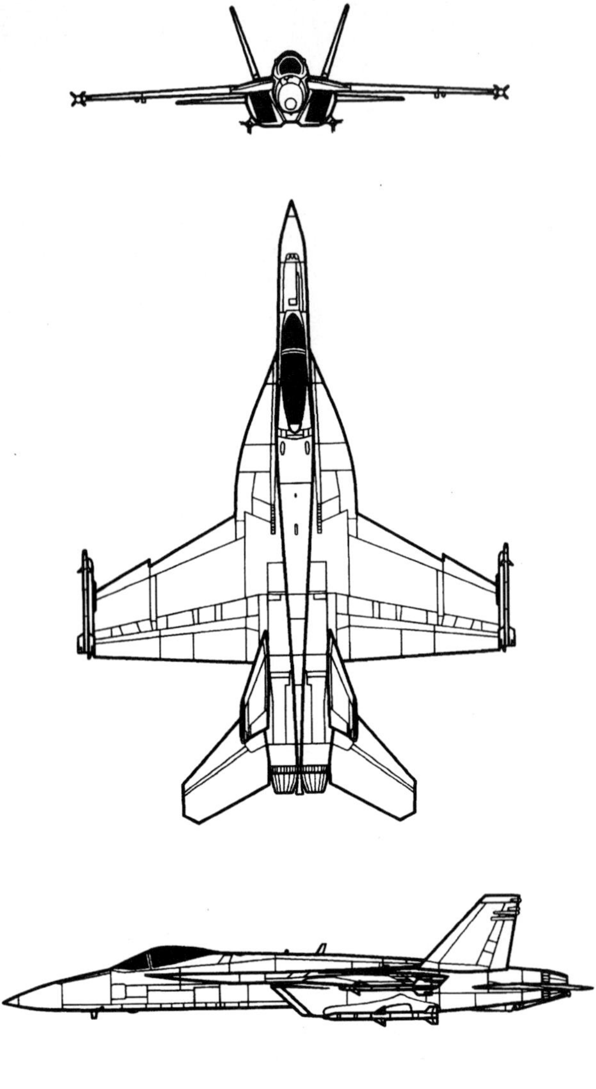

Dimensions
Envergure: 13,70 m
Longueur: 18,40 m
Hauteur: 4,88 m
Surface alaire: 46,45 m²

BOEING (MDD) F/A-18E/F SUPER HORNET

Origine: USA.
Constructeur: The Boeing Company, Defence & Space Group, Seattle, Washington, usines de St. Louis, Missouri, USA.
Catégorie: Avion de combat polyvalent, y compris les missions de guerre électronique. Il existe en versions monoplace et biplace, embarquées sur porte-avions ou à partir de bases terrestres.
Moteurs: Deux réacteurs à double flux General Electric F414-GE-400 de 6470 kp (63,4 kN) sans réchauffe et 9978 kp (97,86 kN) de poussée chacun avec réchauffe.
Performances: Vitesse max. à l'altitude optimale Mach 1,8 +; plafond 15 240 m; rayon d'action en mode interception avec deux missiles air-air Sidewinder et deux AMRAAM 760 km, en mode attaque à basse altitude avec quatre bombes de 450-kg, deux Sidewinder et deux réservoirs supplémentaires extérieurs de 1818 l chacun (haut-bas-bas-haut) 722 km.
Masse: A vide 13 835 kg; max. au décollage 29 964 kg.
Armement: Un canon rotatif de 20 mm M61A2 et une grande variété d'armes d'un poids max de 8050 kg en combinaisons les plus diverses.
Etat du développement: Le premier de sept prototypes a volé pour la première fois le 29 novembre 1995. L'US Navy et l'US Marine Corps ont commandé ensemble 482 F/A-18E/F, répartis en différentes variantes. Sur ce nombre, environ 150 ont déjà été remis à l'USN fin 2003.
Remarques: Le F/A-18E/F Super Hornet est un développement aux performances améliorées du F/A-18C/D Hornet. Comparé à son prédécesseur, le Super Hornet est 25 % plus grand. Les ailes ont été agrandies, le fuselage a été rallongé de 86 cm. Environ un tiers de la cellule est en matériaux composites, essentiellement des fibres de carbone. Les entrées d'air des réacteurs sont rectangulaires. Au demeurant, tout le contour de l'avion a été étudié pour éviter les réflexions et maintenir ainsi le plus bas possible la signature radar. Grâce à des réacteurs plus puissants de 35 % et à des réservoirs offrant une capacité d'un tiers plus élevée, les performances se trouvent améliorées dans tous les domaines de vol, en particulier en ce qui concerne la distance franchissable. Un nouveau développement est déjà dans la phase des essais: le nez de l'appareil, au dessin modifié, abrite un radar de type APG-79 ASEA plus performant. Boeing étudie pour remplacer l'EA-6B Prowler une variante EA-18 Growler spécialisée dans la conduite de la guerre électronique; un prototype de démonstration vole depuis le 15 novembre 2001. Quelque 90 exemplaires doivent entrer en service à partir de 2007.

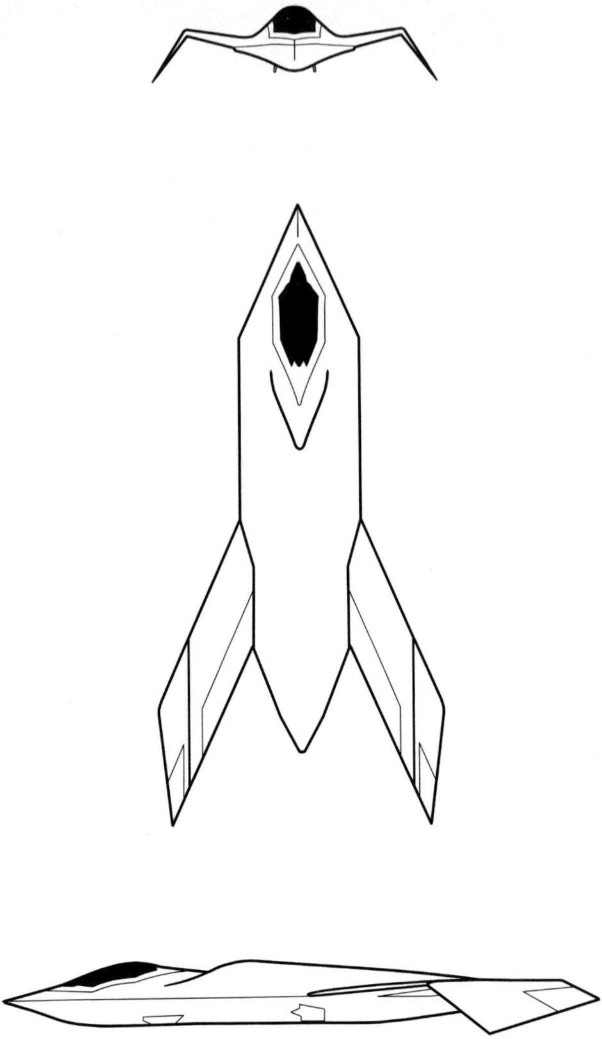

Dimensions
Envergure: env. 7,00 m
Longueur: 14,30 m
Hauteur: 2,80 m

BOEING BIRD OF PREY

Origine: USA.
Constructeur: The Boeing Company, Military Aircraft and Missile Systems, Phantom Works, St. Louis, Missouri, USA.
Catégorie: Avion expérimental.
Moteurs: Un réacteur à double flux Pratt & Whitney JT15D-5C de 1440 kp (14,1 kN) de poussée.
Performances: Vitesse max. 465 km/h ; plafond opérationnel 6100 m.
Masse: Max. au décollage 3380 kg.
Etat du développement: L'existence de ce programme expérimental n'a été divulguée qu'à fin 2002 bien que le « Bird of Prey » (= l'oiseau de proie) ait effectué son premier vol en 1996 déjà. Un seul exemplaire de cet avion a été construit dans les célèbres « Phantom Works » (ateliers fantômes) de Boeing. Il a été mis un terme au programme en 1999 après 38 vols.
Remarques: Ce modèle expérimental, très inhabituel dans les formes, a été développé dans le plus grand secret dès 1992. Ce programme poursuivait plusieurs objectifs. L'un des buts était de démontrer qu'il était possible de développer un prototype dans un délai comparativement très court et à des coûts réduits grâce à de nouveaux procédés. L'apparence extérieure, radicalement nouvelle, de la construction a contribué à l'obtention de très bonnes caractéristiques stealth (de furtivité). Preuve en est l'entrée d'air du réacteur, située sur la partie supérieure du fuselage. Cette configuration et d'autres éléments encore ont été repris sur le Boeing X-45A (voir les pages 100/101). La partie intérieure des ailes, donc proche du fuselage, a un dièdre fortement positif tandis que la partie extérieure a un dièdre négatif. Cette formule contribue à donner à l'engin une très bonne portance tout en maintenant la signature radar dans des valeurs faibles. Grâce à la tuyère orientable du réacteur, le Bird of Prey est des plus agile en vol. Pour le reste, il s'agit d'une construction tout à fait conventionnelle.

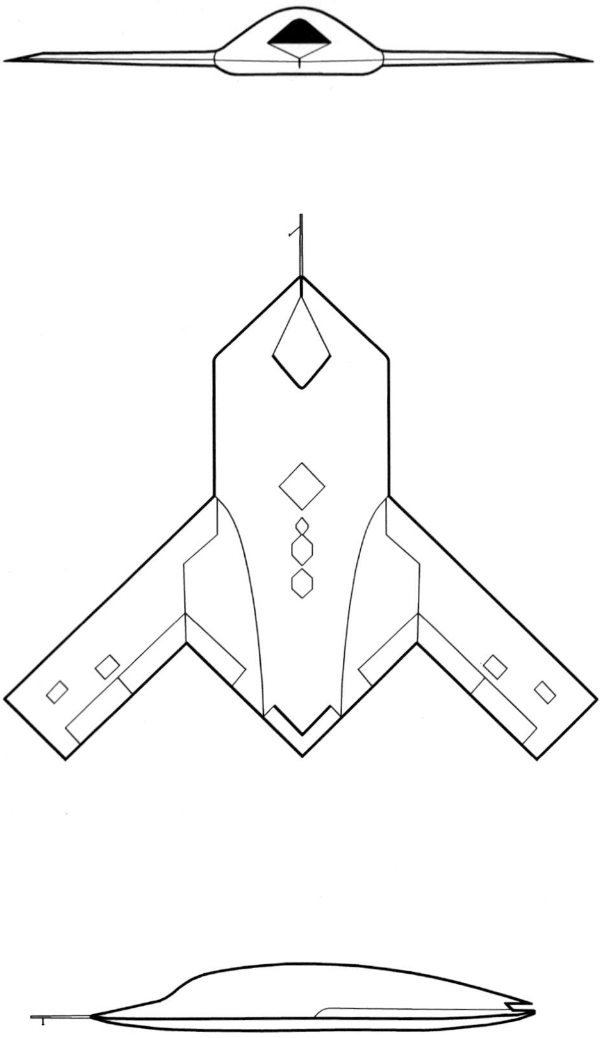

Dimensions
Envergure: 10,20 m
Longueur: 8,00 m
Hauteur (sans train d'atterrissage): env. 1,15 m

BOEING X-45A SPIRAL 0

Origine: USA.
Constructeur: The Boeing Company, Military Aircraft and Missile Systems, Phantom Works, St. Louis, Missouri, USA.
Catégorie: Démonstrateur technologique d'avion sans pilote destiné à des missions de combat.
Moteur: Un réacteur à double flux Allied Signal F124 avec contrôle vectoriel de la tuyère.
Performances (données très provisoires): Vitesse max. voisine de Mach 1,0; rayon d'action de 1200 km.
Masses: A vide 3628 kg; max. au décollage 6804 kg.
Chargement: Des appareils de tests et des armes en évaluation d'un poids total de 900 kg peuvent être répartis dans deux compartiments internes de l'engin.
Etat du développement: Le démonstrateur technologique X-45A a volé pour la première fois le 22 mai 2002. Il a été rejoint dans ces essais en vol par un second exemplaire le 21 novembre 2002.
Remarques: Cet UCAV (= **U**nmanned **C**ombat **A**ir **V**ehicle, avion de combat sans pilote) ouvre une nouvelle dimension dans cette catégorie. L'X-45A est en effet le premier engin prévu pour des missions de combat proprement dites. Les modèles précédents d'avions sans pilote étaient destinés avant tout aux missions de reconnaissance et de brouillage. L'évaluation se concentre sur la faisabilité par ce type d'engin de missions de combat en conditions proches de celles de la guerre. Il s'agit par exemple d'examiner jusqu'où les deux X-45A peuvent accomplir avec succès des engagements en formation. En 2004, Boeing va fabriquer en deux exemplaires une version un peu plus grande, dénommée X-45B Spiral 1. Ils disposeront d'un réacteur General Electric F404-102D. Pour les essais d'armement proprement dits, ils seront équipés de systèmes intégrés, tant pour l'avionique que pour l'armement, d'un radar à ouverture synthétique et d'appareils de contre-mesures électroniques. Le profil du fuselage et des ailes, de même que les entrées d'air et les antennes répondront aux principes de la furtivité (*stealth*). Un modèle de série, provisoirement baptisé A-45 Spiral 2 devrait être opérationnel vers 2008.

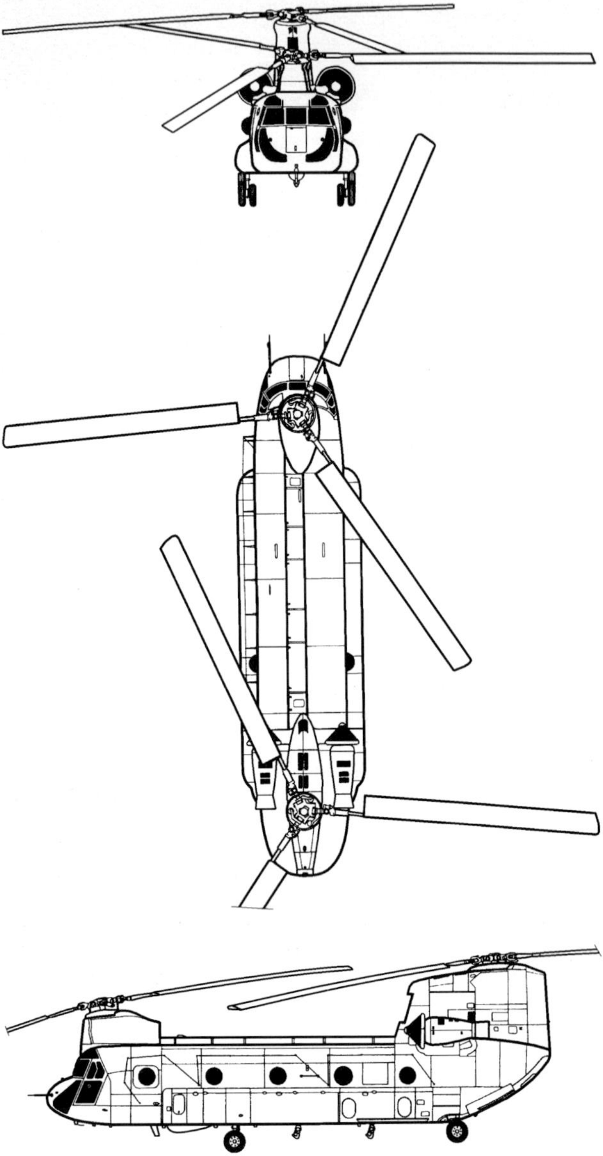

Dimensions
Diamètre de chacun des deux rotors: 18,29 m
Longueur du fuselage sans la perche
de ravitaillement en vol: 15,84 m
Hauteur du fuselage sans les rotors: 5,20 m

BOEING CH-47SD/F CHINOOK

Origine: USA.
Constructeur: The Boeing Company, Helicopters Division, Philadelphia, Pennsylvania, USA.
Catégorie: Hélicoptère de transport lourd.
Moteurs: Deux turbines AlliedSignal T55-714A de 4733 ch (3529 kW) chacune.
Performances: Vitesse max. au niveau de la mer 298 km/h; vitesse de croisière 245 km/h; vitesse ascensionnelle max. en vol oblique 9,38 m/sec; plafond en vol stationnaire avec effet de sol 1837 m, sans effet de sol 1675 m; plafond max. 3383 m; rayon d'action max. 600 km.
Masses: A vide 11 550 kg; max. au décollage 24 495 kg.
Equipage, passagers et charge utile: Deux pilotes et 45 personnes, comme hélicoptère-ambulance 24 patients plus deux infirmiers. Masse max. sous élingue 12 700 kg.
Etat du développement: Le premier vol de la version la plus récente du CH-47SD s'est déroulé le 25 août 1999. Etat des commandes pour cette version: Singapour 6, Taïwan 9. L'US Army souhaite se procurer 25 exemplaires du MH-47G pour les US Special Operations, une version très similaire au CH-47F; elle veut aussi amener aux standards MH-47G quelque 16 MH-47D/F de son arsenal. L'US Army veut en modifier trois cents en plus de sept commandes nouvelles. Le Japon dispose de cinq CH-47 de la version J.
Remarques: Le CH-47SD (= « **S**uper » **D**) est une version profondément remaniée du modèle de base. Son équivalent dans l'US Army est désigné CH-47F et il a volé pour la première fois le 25 juin 2001. Les principales innovations sont l'avionique équipée d'un ordinateur MIL-STD-1553 et un poste de pilotage, complètement intégré, à écrans qui est adapté aux missions NVG (Night Vision Googles), dispositif solidaire du casque des pilotes et permettant la vision de nuit. Les moteurs fournissent une puissance 22 % plus grande que celle des modèles précédents. Les réservoirs de carburant ont été agrandis. Pour augmenter la durée de vie et abaisser le niveau des vibrations, la cellule a été renforcée et rigidifiée. Enfin, la tête de rotor a été équipée de nouveaux paliers en élastomères. La fiabilité s'en trouve améliorée tandis que les heures de maintenance diminuent d'autant. L'US Army souhaite faire modifier trois cents CH-47D en CH-47F d'ici à 2013. A l'exception du fuselage, tous les autres composants de l'appareil sont pratiquement nouveaux.

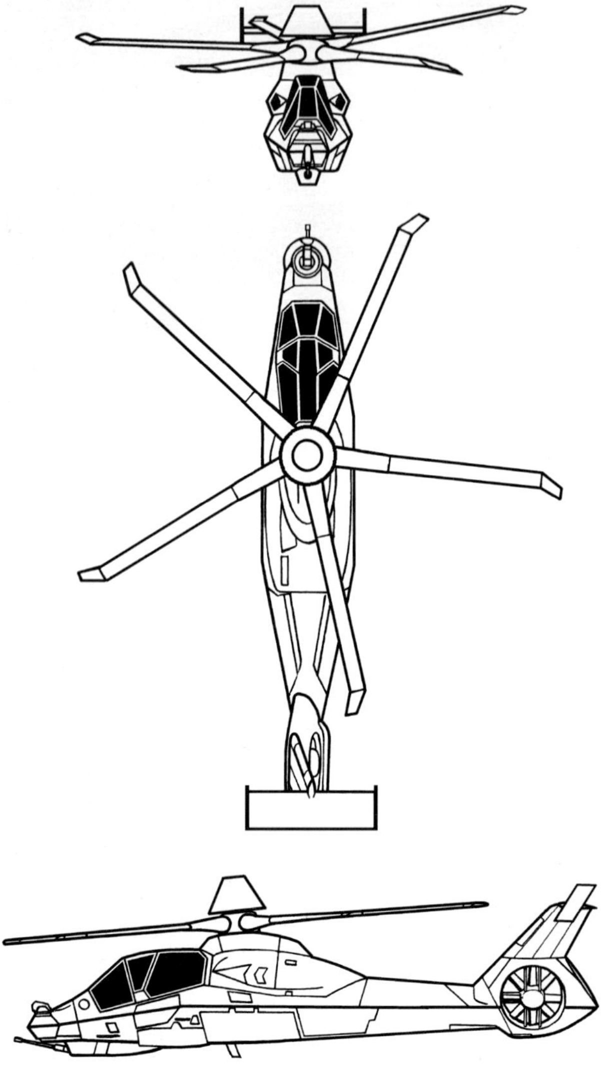

Dimensions
Diamètre du rotor: 12,20 m
Longueur (sans le canon): 13,22 m
Hauteur au sommet de la dérive: 3,37 m

BOEING/SIKORSKY RAH-66 COMANCHE

Origine: USA.
Constructeurs: Boeing Helicopters et Sikorsky Aircraft, LH Program Office, Philadelphie, Pennsylvanie, USA.
Catégorie: Hélicoptère furtif de combat biplace.
Moteurs: 2 turbines LHTEC T800-LHT-802 (puissance: 1550 ch [1156 kW] chacune).
Performances: Vitesse max. sans radar 324 km/h, avec radar 307 km/h; vitesse ascensionnelle verticale 4,55 m/sec; distance franchissable en convoyage 2226 km; autonomie avec les réservoirs internes pleins 2 h 30 min.
Masses: A vide 5012 kg; au décollage avec seulement la munition pour le canon 5603 kg; max. au décollage pour vol de convoyage 7790 kg.
Armement: Un canon rotatif à trois tubes de 20 mm General Electric/Giat en tourelle sous le nez du fuselage et jusqu'à six missiles antichars Hellfire ou douze missiles air-air Stinger répartis dans deux casiers à munition fermés de part et d'autre du fuselage. D'autres armes peuvent être emportées sous deux moignons d'ailes montables.
Etat du développement: Le développement du Comanche a été supprimé le 23 février 2004 après que le programme a coûté plusieurs milliards de dollars aux contribuables américains Le premier de deux prototypes YRAH-66A avait entamé les essais le 4 janvier 1996. Par la suite, cinq machines de présérie ont été partiellement fabriquées et le premier vol était prévu en 2005. L'ensemble des besoins exprimés par l'US Army portait sur 650 hélicoptères, dont 13 avaient été commandés ferme. Les débuts opérationnels avaient été programmés pour 2009, soit 13 ans après le premier vol du prototype!
Remarques: Le RAH-66 de l'US Army devait remplacer deux types d'hélicoptères militaires, l'AH-1 Cobra et l'OH-58 Kiowa. La mission principale étant la reconnaissance armée, le Comanche a été entièrement réalisé en matériaux composites absorbant les émissions radar. De surcroît, la silhouette a été dessinée de manière à répondre le plus possible aux critères de furtivité. C'est ainsi par exemple que l'armement est rangé dans des casiers internes s'ouvrant vers l'extérieur. Le train d'atterrissage est complètement rentrant.

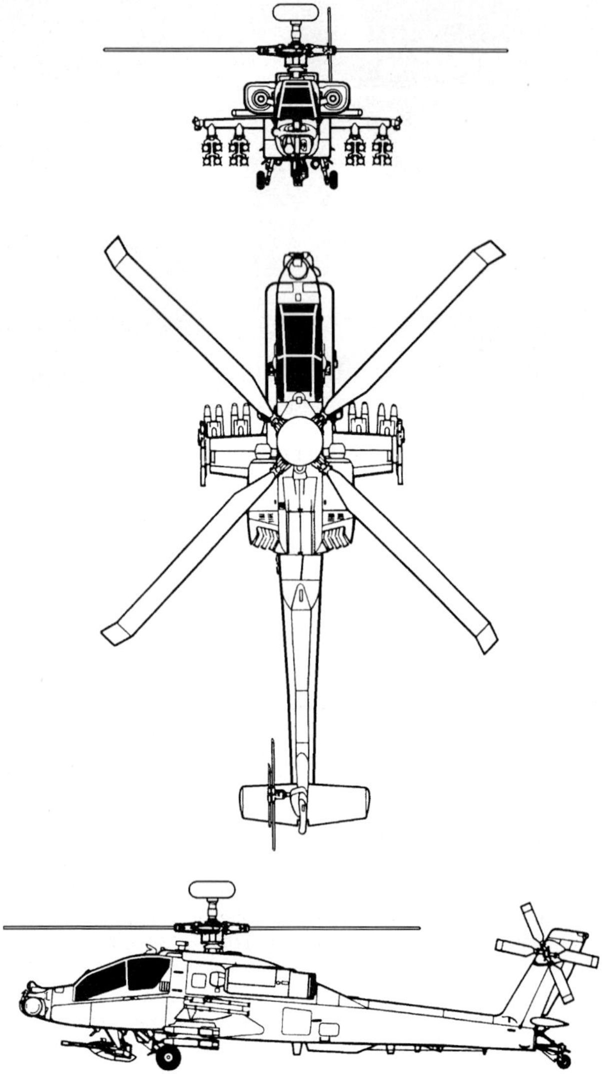

Dimensions
Diamètre du rotor: 14,63 m
Longueur du fuselage: 14,70 m
Hauteur y compris le mât de visée: 4,90 m

BOEING (MDD) AH-64D LONGBOW APACHE

Origine: USA.
Constructeur: The Boeing Company, Helicopters Division, Philadelphie, Pennsylvanie, usine de Mesa, Arizona, USA.
Catégorie: Hélicoptère de combat biplace.
Moteurs: Deux turbines General Electric T700-GE-701C d'une puissance de 1890 ch (1409 kW) chacun.
Performances (à 6552 kg): Vitesse max. 296 km/h; vitesse typique en cours de mission à 7158 kg 272 km/h; vitesse ascensionnelle max. en vol oblique 12,7 m/sec; plafond en vol stationnaire avec effet de sol 5246 m, sans effet de sol 4124 m; rayon d'action avec les réservoirs internes pleins 407 km, distance franchissable en convoyage 1701 km.
Masses: A vide 5352 kg; max. au décollage 9525 kg.
Armement: Un canon de 30 mm sous le nez du fuselage et jusqu'à 16 missiles antichars Hellfire guidés par laser ou 76 roquettes non guidées de 70 mm. Comme armement défensif, il peut emporter des missiles air-air comme des Stinger, des Sidewinder ou des Mistral.
Etat du développement: Le premier AH-64D Longbow Apache a pris l'air pour la première fois le 15 avril 1992. L'US Army transforme 504 AH-64A à ce standard. Les premières unités sont opérationnelles depuis mi-1988. Environ 1097 exemplaires (+ des options) de toutes les versions de l'AH-64 ont été commandées par 12 armées de l'air (642 de la variante AH-64D). Dernières commandes: Grèce (12 exemplaires supplémentaires), Koweït (16).
Remarques: Comparé aux versions précédentes, l'AH-64D est équipé d'un dispositif de visée surélevé au-dessus du rotor (Longbow Millimeter-wave, radar Longbow à ondes millimétriques) pour l'observation circulaire du champ de bataille. Le Longbow est en mesure de détecter plus d'une douzaine de cibles simultanément. Pour l'analyse des données un ordinateur plus performant MIL-Std-1553B est installé. L'AH-64D est aussi équipé de turbines plus puissantes et peut emporter les missiles Hellfire les plus récents, guidés par radio. A partir de 2003, les appareils récemment modifiés sont équipés d'un rotor repliable. Les WAH-64D britanniques (premier vol le 25 septembre 1998, construction sous licence chez Westland, 67 exemplaires commandés) disposent de turbines Rolls-Royce/Turboméca RTM322.

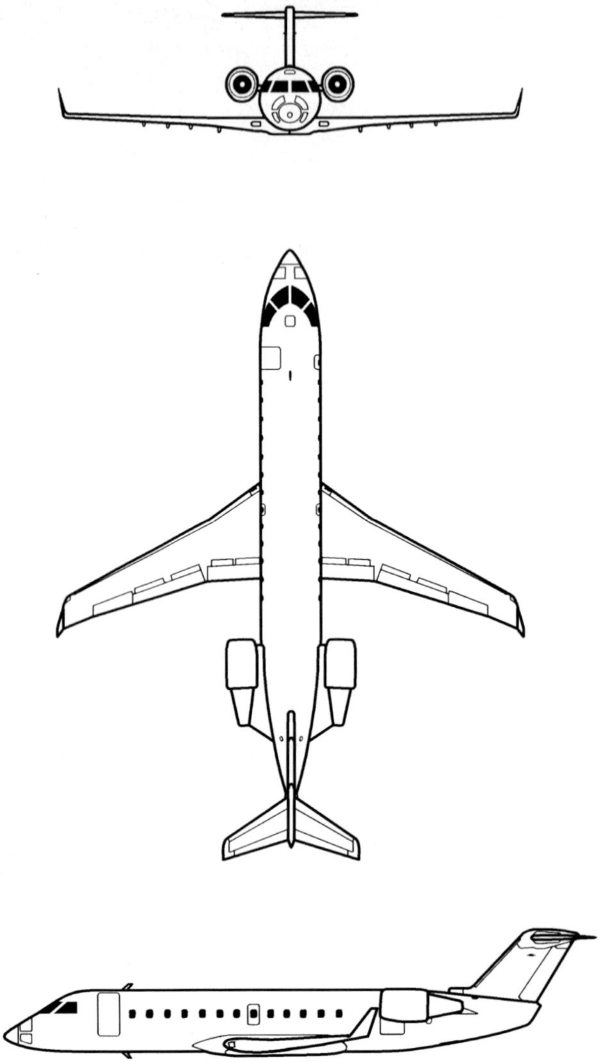

Dimensions
Envergure: 21,22 m
Longueur: 26,77 m
Hauteur: 6,22 m
Surface alaire: 48,31 m^2

BOMBARDIER (CANADAIR) REGIONAL JET CRJ200/440

Origine: Canada.
Constructeur: Bombardier (Canadair), Station Centreville, Montréal, Québec, usine de Montréal-Dorval, Québec, Canada.
Catégorie: Avion de transport régional.
Moteurs: Deux réacteurs à double flux General Electric CF34-3B1 d'une poussée de 3959 kp (38,83 kN) chacun ou 4182 kp (41,0 kN) y compris la réserve de poussée automatique.
Performances: Vitesse de croisière max. 851 km/h à 10 975 m ou Mach 0,8; vitesse de croisière longue durée 786 km/h à 10 975 m ou Mach 0,74; vitesse ascensionnelle initiale 17,8 m/sec; temps de montée à 10 670 m 23 minutes; plafond pratique 12 497 m; distance franchissable à charge utile max. 1566 km; distance franchissable max. 2628 km, version -200 ER 3045 km.
Masses: A vide 13 655 kg; max. au décollage (RJ100) 21 635 kg, (RJ200 ER) 23 245 kg.
Equipage, passagers et charge utile: Deux pilotes et 50 passagers par rangées de quatre dans l'aménagement standard. Charge utile max. 6124 kg.
Etat du développement: Le premier appareil de présérie a commencé les essais en vol le 10 mai 1991. Les livraisons ont commencé au quatrième trimestre 1992. A fin 2003, env. 1040 CRJ100/200/440 (+ options) avaient été commandés et à peu près 880 construits. La production s'élève à 12 appareils par mois.
Remarques: Le **R**egional **J**et – en raccourci RJ – est un modèle dérivé de l'avion d'affaires Challenger. En plus d'un allongement du fuselage, plusieurs autres changements étaient nécessaires pour transformer l'avion d'affaires en un avion de transport régional. La version de base a été désignée Series 100, celle ayant une plus grande distance franchissable Series 200 ER. Egalement disponible, une version « affaires » du 200 ER ainsi que, depuis 1994, une variante LR (**L**ong **R**ange) disposant d'une masse au décollage plus élevée (23 995 kg) et une distance franchissable max. de 3500 km. Une version plus légère, le CRJ440, est aussi proposée qui peut accueillir seulement 44 passagers, tout en gardant les mêmes dimensions. La compagnie américaine Northwest Airlines en a commandé 75 exemplaires (livraisons à partir du troisième trimestre 2002).

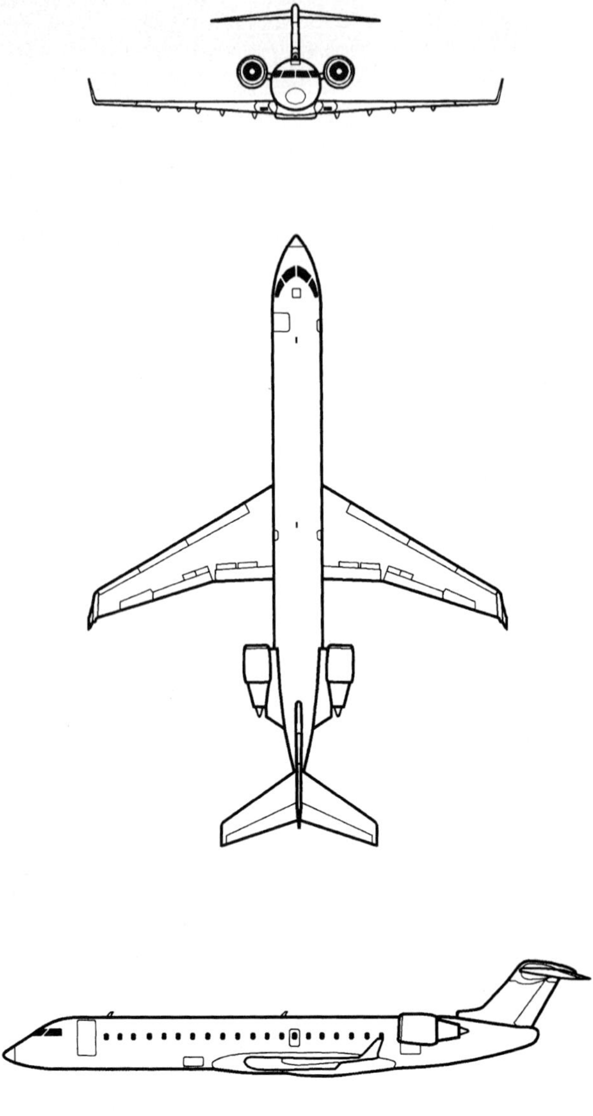

Dimensions
Envergure: 23,24 m
Longueur: 32,51 m
Hauteur: 7,51 m
Surface alaire: 68,63 m^2

BOMBARDIER (CANADAIR) REGIONAL JET CRJ700

Origine: Canada.
Constructeur: Bombardier (Canadair), Montréal, Québec, usine de Montréal-Mirabel, Québec, Canada.
Catégorie: Avion de transport régional.
Moteurs: Deux réacteurs à double flux General Electric CF34-8C1 d'une poussée de 6250 kp (61,30 kN) chacun.
Performances: Vitesse de croisière max. 860 km/h (Mach 0,81); vitesse de croisière normale 818 km/h (Mach 0,77); plafond pratique 12 500 m; distance franchissable (700) 3150 km, (700ER) 3600 km.
Masses: Equipé 19 731 kg; max. au décollage (700) 32 885 kg, (700ER) 34 019 kg.
Equipage, passagers et charge utile: Deux pilotes et jusqu'à 70 passagers par rangées de quatre; charge utile max. 8527 kg.
Etat du développement: Les essais en vol du CRJ700 ont commencé le 27 mai 1999. En tout, cinq appareils ont participé aux essais. A fin 2003, les ventes de CRJ700 à six compagnies aériennes se montaient à 220 exemplaires (+ options) et 125 exemplaires avaient été construits. Les premières livraisons ont débuté au premier trimestre 2001. Toutes versions confondues de la famille CRJ – du 100 au 900 – quelque 1300 exemplaires ont été commandés (+ options), plus de 1000 ont été livrés.
Remarques: Le CRJ700 est un développement important du CRJ200 (voir pages 108/109). Le fuselage a été rallongé de 4,72 m, l'envergure s'est accrue de1,82 m et la surface alaire est d'environ 40 % plus importante que celle du modèle dont il est tiré. En outre, l'aérodynamique du CRJ700 a été optimisée. Pour améliorer la portance à certaines vitesses et altitudes, tout le bord d'attaque de l'aile a été équipé de volets. Les moteurs sont maintenant des CF34-8C1 plus puissants. En raison des masses plus importantes, il a fallu installer un nouveau train d'atterrissage, fabriqué par Menasco. L'avion existe en deux versions; le CRJ700 normal et le CRJ700 ER plus lourd et avec des performances améliorées sur le plan des distances franchissables. Tous les CRJ700 construits à partir de mi-2003 reçoivent l'aile du CRJ900, qui est plus gros. Cela rend possible un poids plus élevé au décollage (36 320 kg). L'avionique aussi subit un programme de mise à niveau.

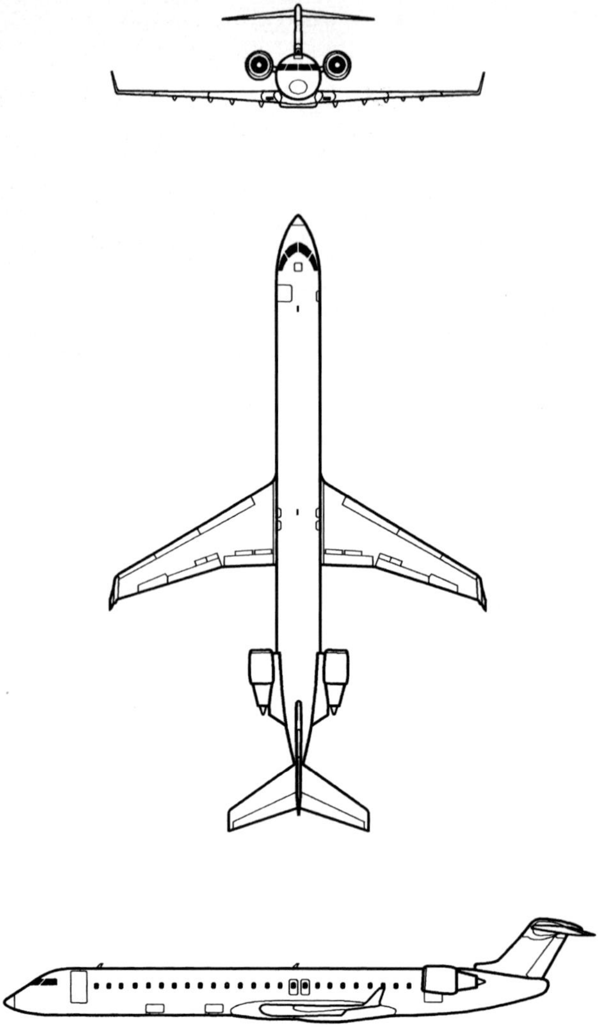

Dimensions
Envergure: 23,24 m
Longueur: 36,40 m
Hauteur: 7,51 m
Surface alaire: 68,63 m^2

BOMBARDIER (CANADAIR) REGIONAL JET CRJ900

Origine: Canada.
Constructeur: Bombardier (Canadair), Montréal, Québec, usine de Montréal-Mirabel, Québec, Canada.
Catégorie: Avion de transport régional.
Moteurs: Deux réacteurs à double flux General Electric CF34-8C5 d'une poussée de 6575 kp (64,5 kN) chacun.
Performances: Vitesse de croisière max. 860 km/h (Mach 0,81); vitesse de croisière normale 829 km/h (Mach 0,78); plafond pratique 12 496 m; distance franchissable avec 86 passagers 2774 km, -ER 3208 km.
Masses: Equipé 21 546 kg; max. au décollage (900) 36 514 kg, (900 ER) 37 421 kg.
Equipage, passagers et charge utile: Deux pilotes et jusqu'à 86 passagers par rangées de quatre; charge utile max. 10 206 kg.
Etat du développement: Le premier modèle destiné aux essais (le prototype du CRJ700 modifié) a volé pour la première fois le 21 février 2001. Un second prototype, nouveau celui-là, a suivi mi-2002. Les premiers exemplaires de série sont opérationnels depuis février 2003. A fin 2003, le carnet de commandes fermes a été ramené à 25 exemplaires (+ options) dont 10 livrés.
Remarques: Quoique Bombardier ait gardé le développement du CRJ900 le plus proche possible du 700 dont il est issu, quelques différences importantes existent pourtant. Le rajout d'une section de fuselage à l'avant et à l'arrière de l'aile a allongé la carlingue de 3,86 m en tout. L'aile a gardé son envergure mais a été renforcée. Il en va de même pour le train d'atterrissage, plus robuste pour pouvoir supporter des masses plus élevées. Enfin, une nouvelle porte d'accès au compartiment à bagages et une issue de secours sur les ailes ont été rajoutées. Le poste de pilotage reçoit une avionique Collins Pro Line 4 avec six écrans EFIS. Comme pour le CRJ700, deux versions de base sont prévues: un modèle standard et une variante pour des liaisons plus longues, le CRJ900 ER. A fin 2003, la masse max. au décollage a été portée à 38 200 kg. La distance franchissable s'en trouve accrue et atteint 3590 km.

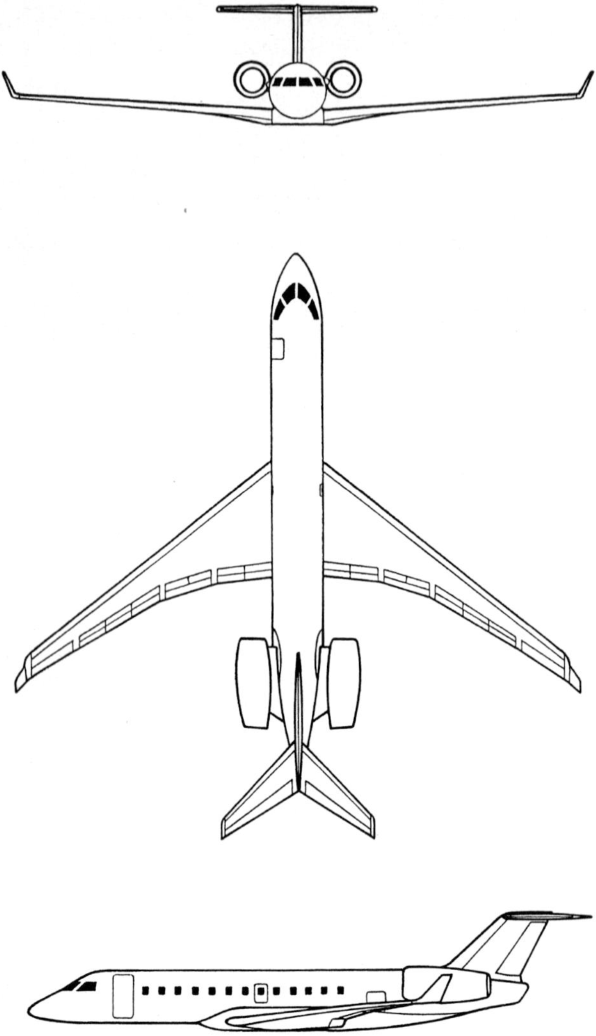

Dimensions
Envergure y compris les winglets: 28,65 m
Longueur: 30,30 m
Hauteur: 7,57 m
Surface alaire: 94,94 m^2

BOMBARDIER (CANADAIR) GLOBAL EXPRESS

Origine: Canada.
Constructeur: Bombardier (Canadair), Montréal, Québec, usine de Montréal-Mirabel, Québec, Canada.
Catégorie: Avion d'affaires (+ version militaire: radar aéroporté).
Moteurs: Deux réacteurs à double flux BMW/Rolls-Royce BR710-48A2-20 d'une poussée de 6690 kp (65,6 kN) chacun.
Performances: Vitesse de croisière max. 935 km/h (Mach 0,88); vitesse de croisière longue durée 880 km/h; vitesse ascensionnelle max. 18,3 m/sec; plafond pratique 15 545 m; distance franchissable avec huit passagers 11 700 km, distance franchissable max. 12 408 km.
Masses: Equipé 22 785 kg; max. au décollage 43 035 kg.
Equipage, passagers et charge utile: Deux pilotes et, selon l'aménagement intérieur, 8, 15, ou 19 passagers; dimensions intérieures de la cabine: 14,74 m de long, 2,49 m de large et 1,91 m de haut; charge utile max. 3266 kg.
Etat du développement: Le premier de quatre prototypes a commencé les essais en vol le 13 octobre 1996. Les livraisons ont débuté fin 1998. Environ 110 exemplaires ont été commandés jusqu'ici et presque tous ont été livrés, notamment à Volkswagen et à Deutsche Telekom en Europe.
Remarques: Avec le Global Express, Bombardier couvre le segment supérieur des avions d'affaires à réaction. Par rapport au Challenger, il offre une cabine aux dimensions plus généreuses et une charge utile plus importante; les performances en distance franchissable à vitesse de croisière élevée, jusqu'ici l'apanage du Challenger, ont été privilégiées. Il est capable de franchir d'une seule traite la distance Buenos Aires – Londres. L'excellente aérodynamique générale du Global Express doit beaucoup à son aile supercritique de conception tout à fait nouvelle – qui présente une flèche de 35 degrés et un profil dit de « baleine » – associée à d'autres finesses dans le dessin du fuselage. Dans le cockpit, l'instrumentation repose sur un système intégré multifonctions Honeywell Primus 2000XP. A partir de 2006, une version améliorée, désignée XRS sera disponible; grâce à des réservoirs supplémentaires elle pourra couvrir de plus grandes distances à des vitesses de croisière plus élevées tout en utilisant des pistes plus courtes. Une version militaire, baptisée Astor, sert de radar aéroporté.

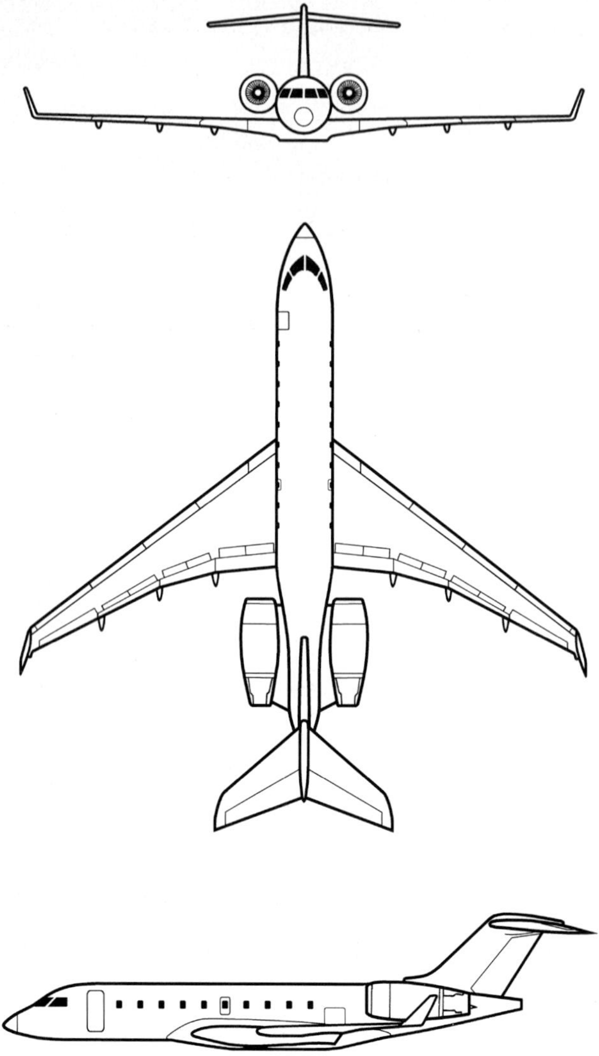

Dimensions
Envergure y compris les winglets: 28,65 m
Longueur: 29,49 m
Hauteur: 7,57 m
Surface alaire: 94,94 m^2

BOMBARDIER GLOBAL 5000

Origine: Canada.
Constructeur: Bombardier (Canadair), Montréal, Québec, usine de Montréal-Mirabel, Québec, Canada.
Catégorie: Avion d'affaires.
Moteurs: Deux réacteurs double flux BMW/Rolls-Royce BR710-A2-20 d'une poussée de 6690 kp (65,6 kN) chacun.
Performances: Vitesse de croisière max. 950 km/h (Mach 0,89); vitesse de croisière normale 904 km/h (Mach 0,85); temps de montée à 13 106 m d'altitude 25 minutes; plafond 15 545 m; distance franchissable max. à Mach 0,85 8889 km.
Masses: A vide 22 838 kg; max. au décollage 39 780 kg.
Equipage, passagers et charge utile: Deux pilotes et, selon l'aménagement intérieur, de 8 à 19 passagers; charge utile max. 2563 kg, avec le plein de carburant 726 kg.
Etat du développement: Deux prototypes ont été construits, dont le premier a volé le 7 mars 2003 et le second en décembre de la même année. Les livraisons ont commencé début 2004. Le carnet de commandes n'est pas connu pour l'heure.
Remarques: Le Global 5000 est largement inspiré du Global Express (voir pages 114/115) auquel il correspond dans les grandes lignes. Le fuselage a toutefois été raccourci de 81 cm. L'abandon des réservoirs de carburant dans le gouvernail de direction et la réduction de la capacité des réservoirs d'ailes limitent la distance franchissable comparée à celle du Global Express. Le Global 5000 s'adresse avant tout, par effet de synergie, aux clients qui possèdent déjà le Global Express et ont besoin de disposer d'une version un peu plus petite pour l'engager sur des destinations continentales. Il se pose en fait en concurrent du Gulfstream 450 (voir pages 202/203). Le prix de base de ce modèle équipé normalement tourne autour de US$ 33 Mio.

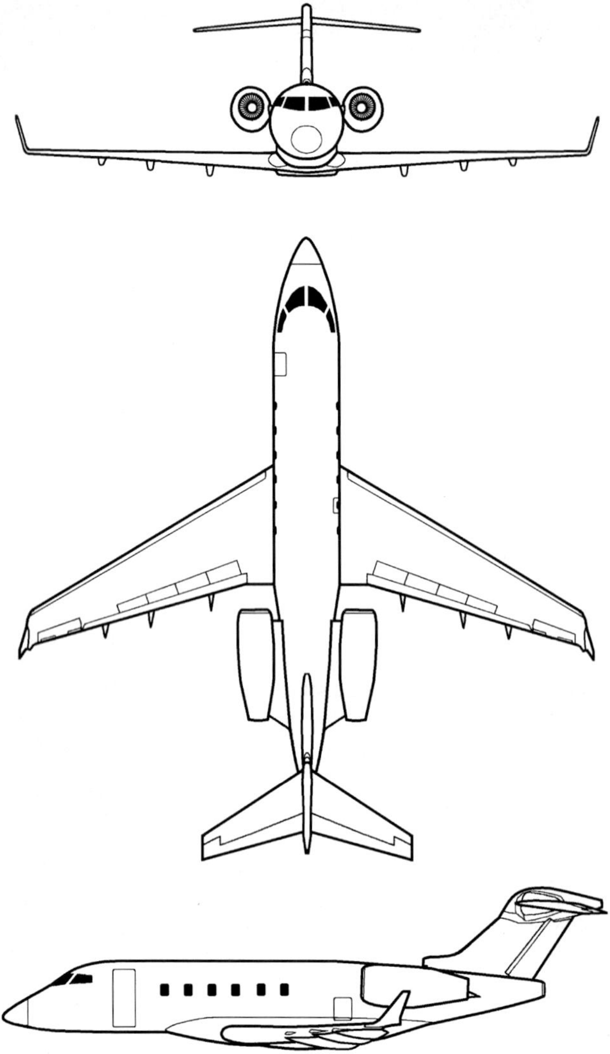

Dimensions

Envergure: 19,46 m
Longueur: 20,93 m
Hauteur: 6,20 m
Surface alaire: 48,50 m²

BOMBARDIER CHALLENGER 300

Origine: Canada.
Constructeur: Bombardier, Montréal, Québec, usine de Montréal-Dorval, Québec, Canada.
Catégorie: Avion d'affaires.
Moteurs: Deux réacteurs à double flux Honeywell AS907 d'une poussée de 2950 kp (28,91 kN) chacun.
Performances: Vitesse de croisière max. 870 km/h (Mach 0,82); vitesse de croisière normale 850 km/h (Mach 0,80); plafond pratique 13 716 m; distance franchissable avec huit passagers et les réserves IFR 5750 km.
Masses: A vide 10 138 kg; max. au décollage 17 010 kg.
Equipage, passagers et charge utile: Deux pilotes et, selon l'aménagement intérieur, de 8 à 16 passagers; charge utile max. 1360 kg.
Etat du développement: Le premier de cinq prototypes, encore désigné BD-100 Continental, a pris l'air le 14 août 2001, suivi du deuxième le 8 octobre de la même année. La certification est intervenue mi-2003, soit une année plus tard que prévu. Les premières livraisons sont intervenues à fin 2003. Le carnet de commandes porte sur 125 exemplaires, dont 25 pour la société FlexJet appartenant à Bombardier.
Remarques: L'avion d'affaires moyen courrier le plus récent de Bombardier, rebaptisé entre-temps Challenger 300, doit combler la lacune entre le Learjet 60 et le Challenger 604. Sur le plan technique, le Challenger 300 répond aux standards les plus élevés du marché. Il dispose d'un diamètre de fuselage imposant pour sa classe (dimensions intérieures de la cabine 7,22 m de long, 2,18 m de large, 1,85 m de haut), de telle façon qu'il est possible de se tenir debout sur toute sa longueur. Normalement, l'aménagement intérieur est conçu pour huit sièges individuels, une kitchenette à l'avant, à l'arrière une toilette ainsi qu'un accès direct au compartiment bagage. L'avionique Pro Line 21 porte la marque de Rockwell-Collins. Le prix de base de US$ 17,40 Mio est favorable pour sa catégorie et le place en concurrence directe surtout avec le Raytheon Horizon (voir pages 276/277).

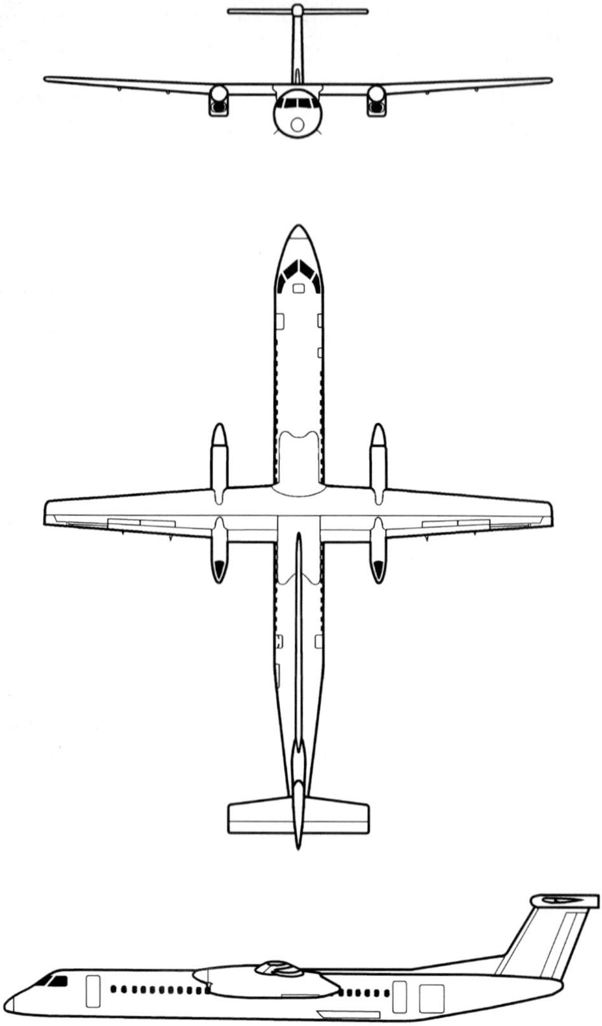

Dimensions
Envergure: 28,42 m
Longueur: 32,84 m
Hauteur: 8,36 m
Surface alaire: 63,08 m²

BOMBARDIER (DE HAVILLAND CANADA) DASH 8 Q400

Origine: Canada.
Constructeur: Bombardier (The de Havilland Aircraft of Canada Ltd.), Downsview, Ontario, Canada.
Catégorie: Avion de transport régional.
Moteurs: Deux turbopropulseurs Pratt & Whitney Canada PW150A d'une puissance de 4580 ch (3415 kW) chacun.
Performances: Vitesse de croisière max. 667 km/h; vitesse de croisière écon. 565 km/h; plafond pratique 7620 m; distance franchissable avec charge utile max. 1596 km, avec 70 passagers 2522 km.
Masses: Equipé 17 108 kg; max. au décollage 29 257 kg.
Equipage, passagers et charge utile: Deux pilotes et aménagement intérieur standard pour 70 passagers en rangées de quatre; charge utile max. 8747 kg.
Etat du développement: Le premier Dash 8-400 (désigné depuis peu Dash 8 Q400) a accompli son premier vol fin 1997. Livraisons à partir de janvier 2000. Fin 2003, 708 Dash 8 (+ options) de toutes versions avaient été commandés et quelque 670 avaient été livrés à 70 clients. A fin 2003, 101 exemplaires (+ options) de la version -400 ont été vendus, dont 78 ont déjà été fabriqués. Les plus grosses commandes de cette version ont été le fait de la société Flybe (21) et de SAS (20 Q400).
Remarques: Le Dash 8 Q400 est une version une nouvelle fois rallongée du modèle de base, le Dash 8. Il se différencie du Dash 8-300 par un fuselage plus long de 4,60 m, des moteurs plus puissants et une aile renforcée dans sa partie centrale. L'envergure a été allongée de 1 m. Les nouvelles hélices à six pales de Dowty, particulièrement silencieuses, ont été éloignées de 20 cm du fuselage. Afin de réduire encore plus les nuisances sonores, la cabine a été équipée d'un « active cabin-noise control system » (= système de contrôle actif du bruit de cabine); ce dispositif est en mesure d'abaisser le bruit qui entre dans la cabine à 77 dB, d'où la désignation Q400 (**Q** = quiet/silencieux) qui lui a été attribuée.

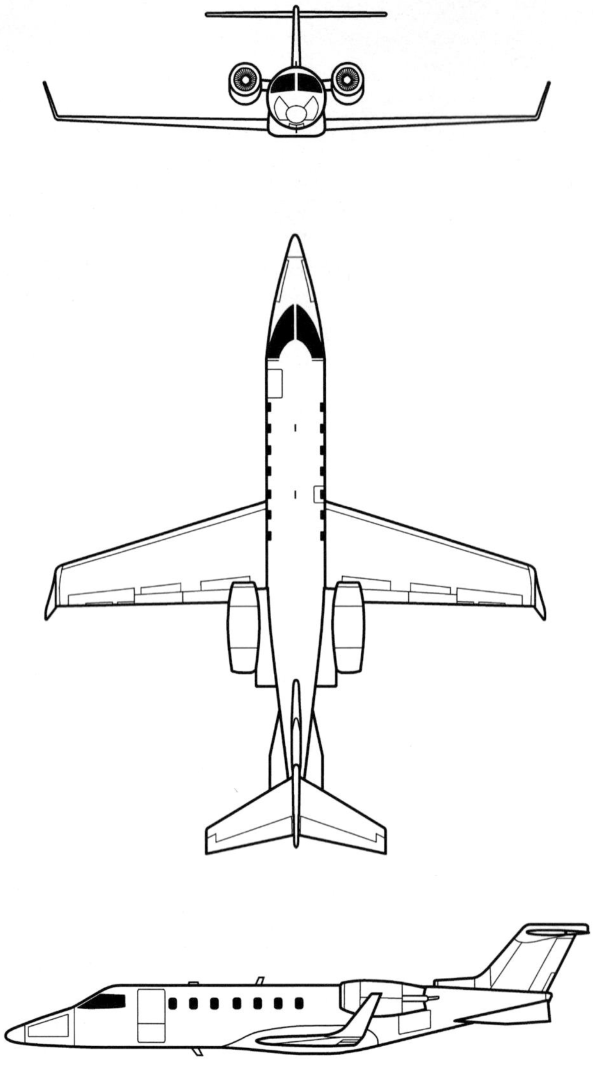

Dimensions
Envergure y compris les winglets: 14,57 m
Longueur: (45XR) 17,56 m, (40) 16,91 m
Hauteur: 4,30 m
Surface alaire: 28,95 m^2

BOMBARDIER LEARJET 45 XR/40

Origine: USA.
Constructeur: Bombardier (Learjet Inc.), Wichita, Kansas, USA.
Catégorie: Avion d'affaires.
Moteurs: Deux réacteurs à double flux Garrett (45 XR) TEF731-20BR, (40) TEF731-20AR d'une poussée de 1590 kp (15,5 kN) chacun.
Performances: Vitesse de croisière max. 847 km/h; vitesse de croisière norm. 770 km/h; plafond pratique 15 545 m; distance franchissable max. avec quatre passagers (45 XR) 3885 km, (40) 3339 km.
Masses: (45 XR): A vide 5307 kg; max. au décollage 9160 kg.
Equipage, passagers et charge utile: (45 XR): Deux pilotes et 8 passagers, max. 9 passagers; charge utile max. 1030 kg. (40): Deux pilotes et max. 7 passagers; charge utile max. 1166 kg.
Etat du développement: Premier vol du Learjet 40 le 31 août 2002. Il n'y aura pas à proprement parler de prototype du modèle 45 XR. Les livraisons des deux variantes commenceront en 2004. Aucune indication n'a été fournie sur le carnet de commandes actuel. En ce qui concerne le Learjet 45, la production se poursuivra; 235 commandes avaient été passées à fin 2003.
Remarques: En 2002, Bombardier a lancé simultanément le développement de deux versions dérivées du Learjet 45, le 45 XR (voir le plan trois-vues) et le 40 (voir la photo). Tandis que le -XR se situe dans le haut de gamme de la famille 45 en matière de performances, le Learjet 40 répond à la demande d'entrée de gamme. Il doit remplacer à moyen terme le Learjet 31A encore en production. Avec des dimensions extérieures identiques à celles du 45, le 45 XR offre un meilleur rapport distance franchissable/charge utile. Les réacteurs nouveaux offrent les mêmes performances que ceux du 45 sauf au décollage où la puissance instantanée est plus élevée pour une courte durée avec l'avion de base. Les Learjet 45 déjà construits peuvent être transformés dans cette variante. La différence majeure entre le Learjet 40 et le 45 XR est le fuselage plus court de 60 cm du premier. Grâce à son poids et à sa charge utile inférieurs, il se contente d'une piste de 1125 m au décollage. Son prix de départ est de US$ 7,3 Mio. Les deux variantes disposent d'un nouvel aménagement intérieur standard.

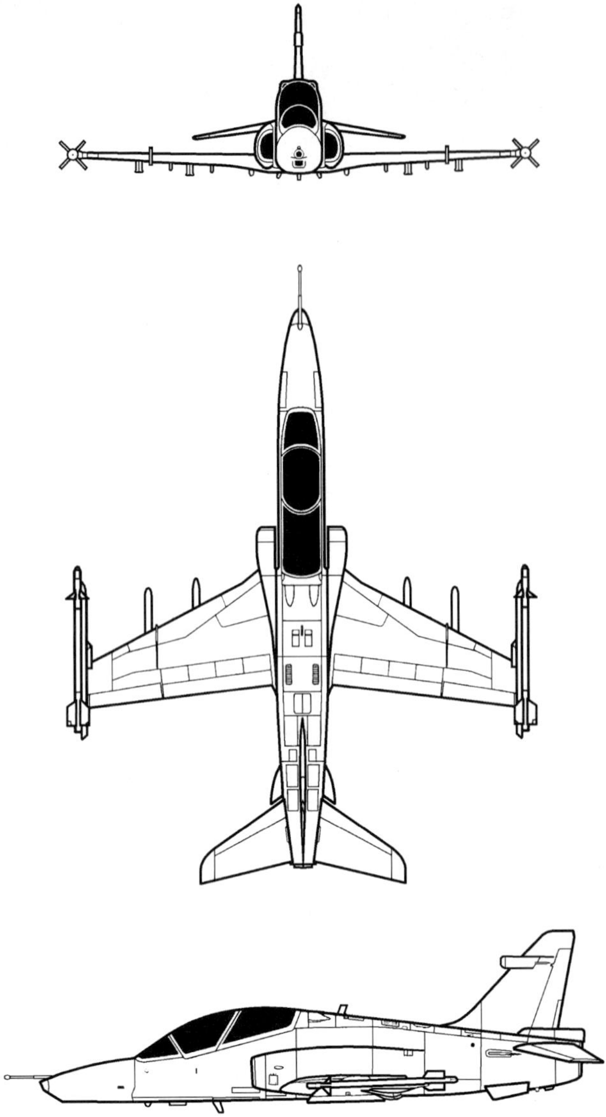

Dimensions
Envergure y compris les missiles de bouts d'ailes: 9,94 m
Longueur: 11,38 m
Hauteur: 4,16 m
Surface alaire: 16,69 m^2

BRITISH AEROSPACE HAWK LIFT 100/200

Origine: Grande-Bretagne.
Constructeur: British Aerospace PLC, Military Aircraft Division, Warton, Preston, Lancashire, Grande-Bretagne.
Catégorie: Avion biplace d'entraînement avancé et d'attaque au sol.
Moteurs: Un réacteur à double flux Rolls-Royce/Turboméca Adour 871 d'une poussée de 2650 kp (26,0 kN) ou (LIFT) Adour 951 de 2950 kp (28,89 kN).
Performances: Vitesse max. 1021 km/h ou Mach 0,83; vitesse de croisière max. 1019 km/h au niveau de la mer; vitesse de croisière écon. 796 km/h à 12 500 m; vitesse ascensionnelle initiale max. 58,5 m/sec; plafond 15 250 m; rayon d'action pour les missions tactiques 322 km avec huit bombes de 227 kg; distance franchissable en convoyage avec deux réservoirs supplémentaires de 860 l et un de 590 l 3606 km, sans réservoir supplémentaire 892 km.
Masses: A vide 3970 kg; max. au décollage 8500 kg.
Armement: Deux canons Aden de 25 mm ou deux canons Mauser de 27 mm et 3100 kg max. d'armements extérieurs répartis sous sept points d'ancrage sous les ailes et le fuselage.
Etat du développement: Premier vol du prototype de la version 200 le 19 mai 1986 et du biplace 100 en 1990; ce dernier, techniquement similaire au 200, correspond déjà aux standards de la version de série. Un démonstrateur de la version LIFT, la plus récente, vole depuis 1998 (photo). Sans compter les T-45 de l'USN, plus de 600 exemplaires du Hawk de toutes les versions ont été commandés par 17 armées de l'air; la plupart ont été livrés. Commandes les plus récentes: Grande-Bretagne (20 Mk.128 + 24 options) et Inde (66, construction partielle sous licence).
Remarques: La version la plus récente du Hawk, désignée par le sigle LIFT (Lead-In-Fighter-Trainer) se distingue par de notables améliorations, au premier chef par son avionique; ordinateur MIL-Std-1553B, tableau de bord remanié avec trois écrans plats et écran tête haute (HUD), appareil de vision de nuit, INS/GPS et d'autres aides électroniques. La cellule a été renforcée pour augmenter la durée de vie et la roue de proue est guidée de manière active. L'avion dispose en outre d'un APU (= **A**uxiliary **P**ower **U**nit = moteur pour le démarrage). Depuis mi-août 2002, une nouvelle variante, désignée Mk-120, vole avec un poste de pilotage entièrement numérique et un réacteur Adour 951.

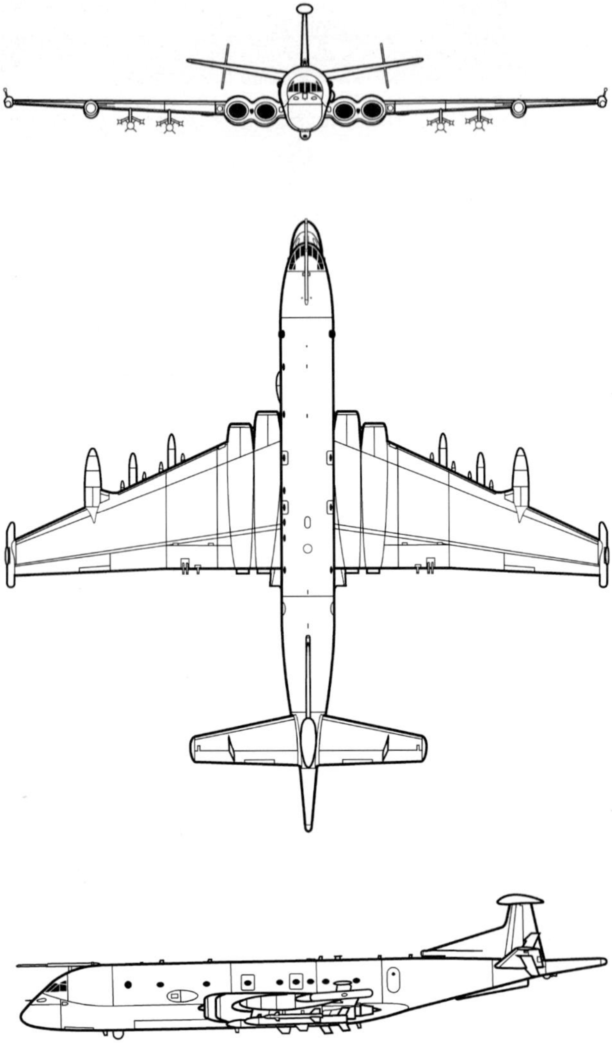

Dimensions

Envergure y compris les pods de bout d'ailes: 38,71 m
Longueur sans la perche de ravitaillement en vol: 38,63 m
Hauteur: 9,29 m
Surface alaire: 235,80 m^2

BRITISH AEROSPACE NIMROD MRA.4 (NIMROD 2000)

Origine: Grande-Bretagne.
Constructeur: British Aerospace PLC, Military Aircraft Division, Warton, Preston, Lancashire, Grande-Bretagne.
Catégorie: Avion de reconnaissance maritime et d'attaque.
Moteurs: Quatre réacteurs à double flux BMW Rolls-Royce BR710 d'une poussée de 7030 kp (68,95 kN) chacun.
Performances: Vitesse max. Mach 0,77 ; plafond pratique12800 m ; distance franchissable avec le plein de carburant 11 200 km ; autonomie max. jusqu'à 15 heures.
Masses: A vide 46 500 kg ; max. au décollage 104 885 kg.
Equipage: Deux pilotes et sept opérateurs systèmes, deux personnes de réserve et place pour 13 autres passagers.
Armement: Plus de 1500 kg de missiles air-air et air-sol, torpilles, mines et bombes dans des compartiments internes et à quatre points d'ancrage sous les ailes.
Etat du développement: Le premier vol de l'un des deux démonstrateurs construits à partir de cellules anciennes a dû être repoussé en raison de l'apparition d'importants problèmes de construction. Selon des informations reçues à fin 2003, il était alors prévu que les essais en vol débutent en 2004. La RAF doit, à partir de 2005, en recevoir 18 exemplaires transformés à partir de ce qui reste de la flotte originelle de 46 MRA Mk.1/2.
Remarques: Du modèle d'origine, il ne reste presque que le fuselage. Celui-ci a été retravaillé et renforcé sur le plan structurel pour prolonger de 25 ans la durée de vie de l'appareil. S'agissant du MRA.4, on peut donc parler d'un nouvel avion à 80 %. Il reçoit une aile tout à fait nouvelle, de plus grande envergure. L'avionique destinée aux missions est aussi moderne et très performante. Le radar de surveillance Searchwater 2000MR est fabriqué par Racal-Thorn. Le poste de pilotage a été remanié et n'exige plus que deux pilotes ; le tableau de bord est maintenant équipé d'écrans plats. Boeing est le fournisseur principal des éléments les plus importants des systèmes de reconnaissance et de gestion de l'armement. Le train d'atterrissage, nouveau également, est fabriqué par Messier-Dowty.

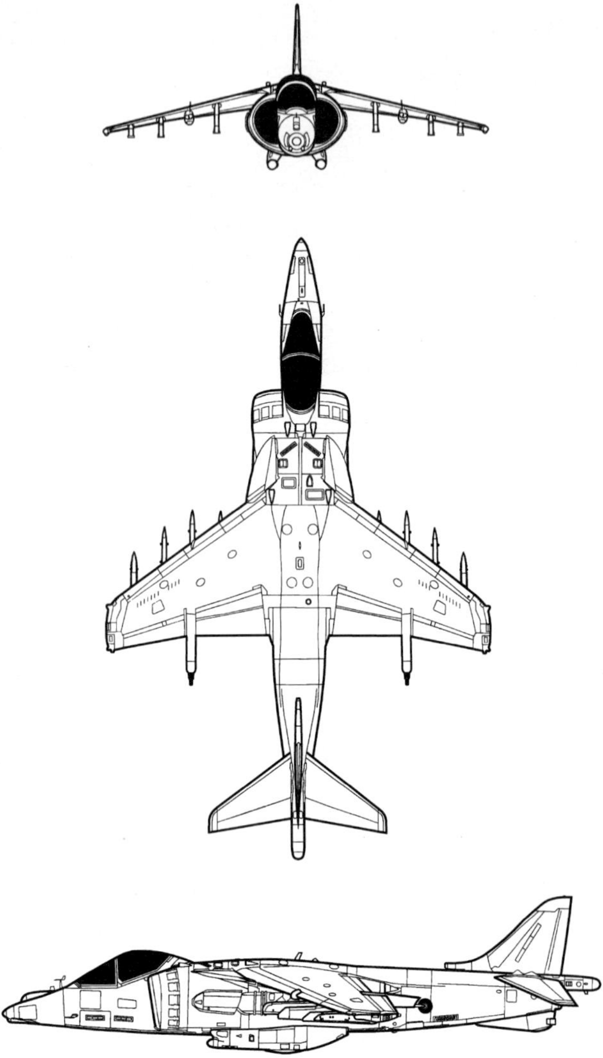

Dimensions
Envergure: 9,24 m
Longueur: 14,12 m
Hauteur: 3,55 m
Surface alaire: 22,18 m^2

BRITISH AEROSPACE HARRIER GR.9

Origine: Grande-Bretagne.
Constructeur: British Aerospace PLC, Military Aircraft Division, Warton, Preston, Lancashire, Grande-Bretagne et Boeing, Defence and Space Group, St. Louis, Missouri, USA.
Catégorie: Avion monoplace V/STOL de reconnaissance et d'appui tactique.
Moteurs: Un réacteur double flux à tuyères orientables Rolls-Royce Pegasus Mk. 107 d'une poussée de 11 225 kp (98,7 kN).
Performances: Vitesse max. sans charges extérieures 1065 km/h ou Mach 0,87 au niveau de la mer resp. 966 km/h ou Mach 0,91 à 10970 m d'altitude; rayon d'action tactique avec 12 bombes Mk.82 et une heure de vol à proximité de l'objectif 167 km (profil de l'engagement haut-bas-haut), avec deux réservoirs supplémentaires de 1136 l et sept bombes Mk. 82 889 km; distance franchissable en convoyage avec quatre réservoirs supplémentaires de 1136 l 3243 km.
Masses: Equipé 6350 kg; max. pour un décollage vertical 8595 kg, pour un décollage court 14 061 kg.
Armement: Deux canons de 25 mm en conteneur sous le fuselage et par exemple jusqu'à 16 bombes Mk.82 ou six bombes Mk.83. Poids max. de l'armement 4173 kg.
Etat du développement: La version la plus récente (Harrier GR.9, dérivé du GR.7) a volé pour la première fois le 30 mai 2003. 59 Harrier GR.7 et onze T10 doivent être transformés à ce standard à partir de 2005.
Remarques: Le Harrier subit une mutation permanente. Le GR.9 est une version élaborée du Harrier GR.5 qui a passé par les stades de GR.7 et GR.7A. Le modèle actuel se distingue de ses prédécesseurs essentiellement par l'intégration de nouveaux systèmes. En plus d'un ordinateur MIL-STD-1760, le Harrier GR.9 est doté d'un nouvel équipement de navigation avec GPS et d'un **G**round **P**roximity **W**arning **S**ystem (GPWS = avertisseur de proximité du sol). En outre, de nouveaux logiciels ont été installés qui permettent l'intégration d'armes modernes, comme les bombes guidées Brimstone ou Paveway IV, le missile air-sol AGM-65 Maverick, etc. A une date ultérieure non précisée et en raison de la fatigue structurelle de cet élément, la partie arrière du fuselage doit être remplacée par une nouvelle pièce, entièrement en matériaux composites.

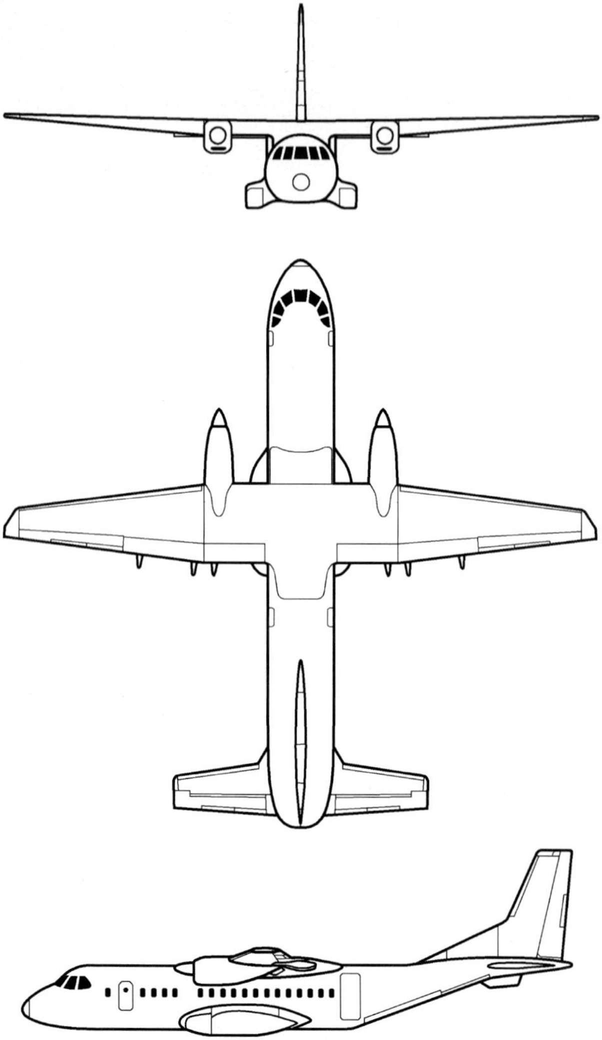

Dimensions
Envergure: 25,81 m
Longueur: 24,45 m
Hauteur: 8,60 m
Surface alaire: 59,10 m^2

CASA C-295

Origine: Espagne.
Constructeur: CASA, usine de Séville, Madrid, Espagne.
Catégorie: Avion de transport polyvalent.
Moteurs: Deux turbopropulseurs Pratt & Whitney Canada PW127G d'une puissance de 2645 ch (1972 kW).
Performances: Vitesse de croisière max. 474 km/h à 7620 m d'altitude; temps de montée au plafond opérationnel de 7620 m 12 min; distance franchissable avec la charge utile max. 1445 km, distance franchissable max. 5278 km.
Masses: A vide 11 000 kg; max. au décollage 23 200 kg.
Equipage, passagers et charge utile: Deux pilotes et de 69 (normalement) à 78 (max.) soldats complètement équipés; pour les missions d'évacuation sanitaire, 27 blessés couchés et 4 infirmiers; comme avion cargo, cinq conteneurs standard ou trois véhicules légers; charge utile max. 9250 kg.
Etat du développement: Le premier prototype, déjà aux standards de série, a volé pour la première fois le 22 décembre 1998. CASA a commencé les livraisons en octobre 2001. Cinq armées de l'air ont annoncé des commandes pour cet avion: Algérie 10, Brésil 12, Jordanie 2, Pologne 8 et Espagne 9.
Remarques: Fondé sur le CN-235 (voir les pages 44/45) le C-295 a été développé par CASA seulement. Par ses dimensions et ses performances, il se situe une classe au-dessus de son prédécesseur et peut être considéré comme le concurrent direct de l'Alenia C-27J (voir les pages 46/47). L'ajout de segments de fuselage à l'avant et à l'arrière des ailes a rallongé le fuselage de 3,10 m et la cabine de 3,00 m. Il est équipé de moteurs plus puissants, associés à des hélices à six pales Hamilton ultra-modernes. Les ailes et le train d'atterrissage ont dû être renforcés en raison de la masse plus élevée de l'avion. Ces mesures ont permis de presque doubler la capacité de chargement de son prédécesseur. Le C-295 dispose enfin d'une nouvelle avionique Topdeck de Sextant et il est équipé pour le ravitaillement en vol. Une version, baptisée « Persuader », est proposée pour la surveillance maritime et la lutte anti-sous-marine. La République arabe unie en a commandé quatre exemplaires.

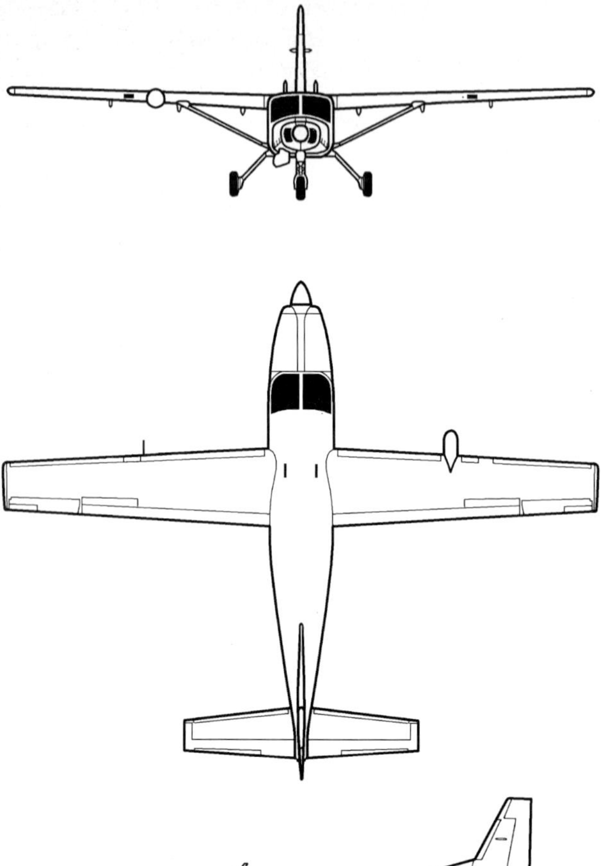

Dimensions
Envergure: 15,87 m
Longueur: (Caravan) 11,50 m, (Grand Caravan) 12,67 m
Hauteur: (Caravan) 4,52 m, (Grand Caravan) 4,70 m
Surface alaire: 25,96 m^2

CESSNA 208B GRAND CARAVAN

Origine: USA.
Constructeur: Cessna Aircraft Company, Wichita, Kansas, USA.
Catégorie: Avion de transport léger polyvalent.
Moteur: Un turbopropulseur Pratt & Whitney Canada PT6A-114A d'une puissance de 675 ch (503 kW).
Performances: Vitesse de croisière max. 340 km/h à 3050 m d'altitude, 295 km/h à 6095 m; vitesse ascensionnelle initiale 4,9 m/sec; plafond 7620 m; distance franchissable max. avec 45 minutes de réserves 1680 km à 3050 m.
Masses: A vide 1861 kg; max. au décollage (Caravan) 3629 kg, (Grand Caravan) 3969 kg.
Equipage, passagers et charge utile: Un ou deux pilotes et en configuration standard 9 passagers, max. 14 passagers ou (Caravan) 1758 kg, (Grand Caravan) 1933 kg de fret.
Etat du développement: Le prototype du 208 a volé pour la première fois le 9 décembre 1982. Début des livraisons en février 1985. La variante militaire U-27A a été mise en service en 1986. La version améliorée 208B a entamé les essais le 3 mars 1986 et le modèle Grand Caravan en 1991. Fin 2003, plus de 1300 Caravan de toutes versions avaient été livrés, dont un millier du type 208B. Le client le plus important est Federal Express avec 309 exemplaires (dont 299 de la version 208B Super Cargomaster). A côté du 208B, les variantes actuellement proposées sont le Caravan 675, le Caravan Amphibian, le Grand Caravan et le Super Cargomaster.
Remarques: La variante la plus récente, Grand Commander, plus longue de 1,22 m par rapport au Cessna 208B, dispose d'un moteur plus puissant et de performances améliorées d'autant. Une version dotée de flotteurs est disponible; pour ce modèle précis, Aero Twin propose un kit de modifications comprenant une turbine plus puissante Honeywell TPE331-12 de 850 ch (633 kW) et une hélice quadripale, ce qui améliore en particulier les performances au décollage. Véritable « cheval de trait », le Caravan peut être utilisé pour les tâches les plus variées, du transport du fret à celui de VIP.

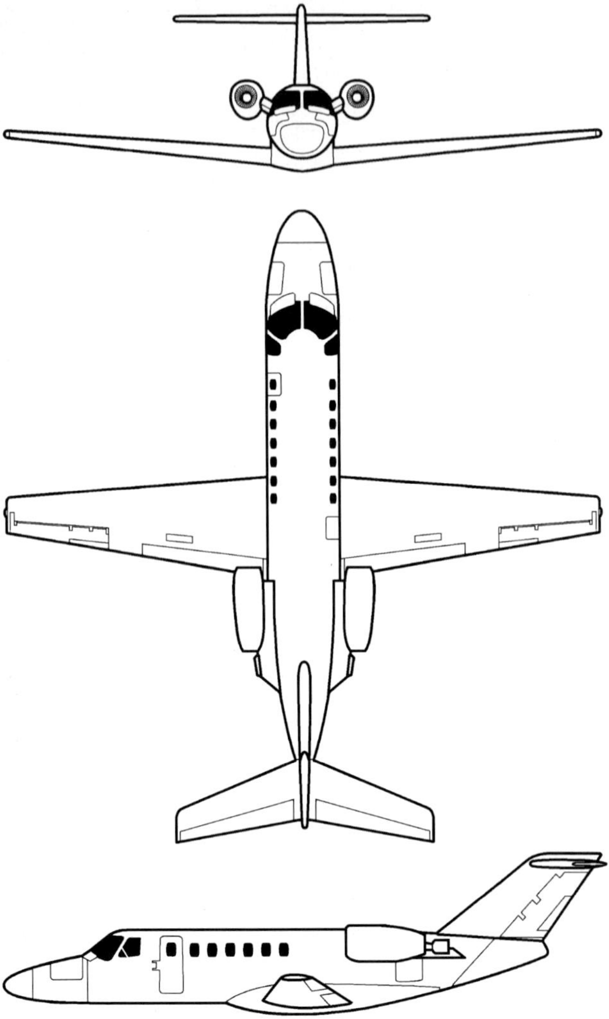

Dimensions
Envergure: (CJ2) 15,09, (CJ3) 16,13 m
Longueur: (CJ2) 14,30 m, (CJ3) 14,90 m
Hauteur: (CJ2) 4,24 m, (CJ3) 4,62 m

CESSNA 525 CITATION CJ3

Origine: USA.
Constructeur: Cessna Aircraft Company, Wichita, Kansas, USA.
Catégorie: Avion d'affaires.
Moteurs: Deux réacteurs à double flux Williams Rolls-Royce FJ44-3A d'une poussée de 1250 kp (12,36 kN) chacun.
Performances: Vitesse de croisière max. 772 km/h; plafond 13716 m; distance franchissable max. 3518 km.
Masses: A vide 3701 kg; max. au décollage 6291 kg.
Equipage, passagers et charge utile: Deux pilotes ou un pilote et un passager dans le cockpit et jusqu'à six passagers en cabine; charge utile avec le plein des réservoirs 363 kg, charge utile max. 884 kg.
Etat du développement: Le prototype du CJ3 a volé pour la première fois le 17 avril 2003. Les livraisons ont commencé au début 2004. Quelque 160 commandes ont déjà été passées. Auparavant, Cessna a déjà fabriqué 600 exemplaires des modèles CJ1 et CJ2.
Remarques: La famille des CitationJet s'agrandit de manière continuelle. Après le modèle de base CJ1 et la version allongée CJ2, Cessna a lancé le CJ3. Le fuselage a été une nouvelle fois rallongé de 60 cm. L'envergure des ailes et la hauteur de l'empennage vertical ont aussi dû être augmentés. En outre, il a été doté de moteurs plus performants. Bien qu'il s'agisse d'un petit avion d'affaires, la cabine de passagers est tout à fait spacieuse avec 6,35 m de long, 1,43 de large et 1,45 m de haut. Il n'a pas été tiré profit de l'allongement du fuselage pour augmenter le nombre des sièges passagers mais pour procurer plus de place à ces derniers, créer un vestiaire et une toilette en standard. L'avionique, tirée du système Pro-Line-21 déjà utilisé dans les versions précédentes, a subi quelques améliorations de détails. Cessna annonce un prix de vente de US$ 5,9 Mio.

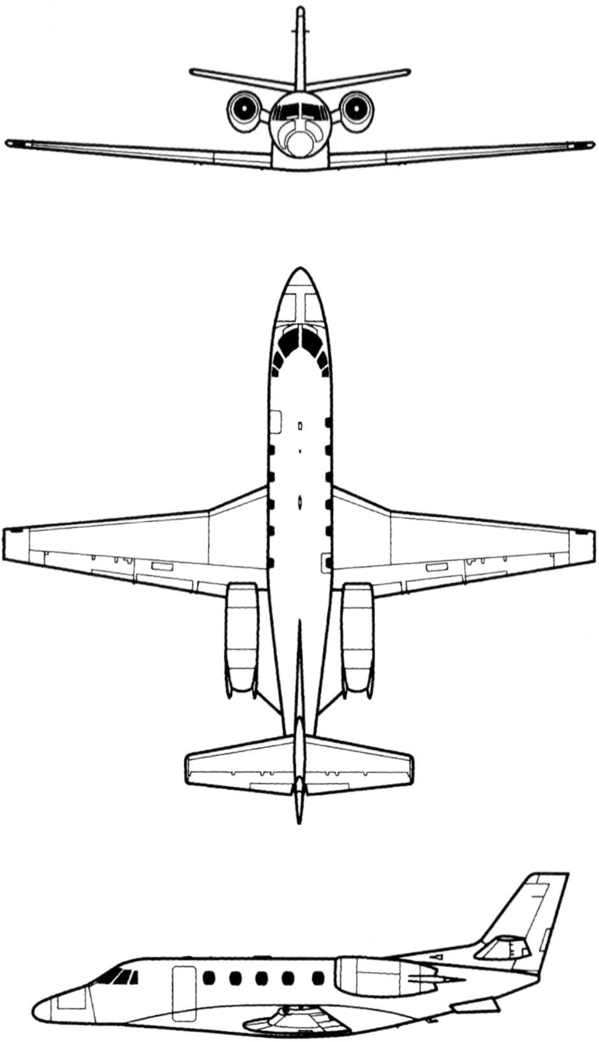

Dimensions
Envergure: 16,98 m
Longueur: 15,78
Hauteur: 5,24 m
Surface alaire: 34,35 m²

CESSNA 561 CITATION XLS

Origine: USA.
Constructeur: Cessna Aircraft Company, Wichita, Kansas, USA.
Catégorie: Avion d'affaires.
Moteurs: Deux réacteurs à double flux Pratt & Whitney Canada PW545B d'une poussée de 1810 kp (17,75 kN) chacun.
Performances (selon les données constructeur): Vitesse de croisière max. 792 km/h (Mach 0,75) à 10 700 m d'altitude; temps de montée à 13 715 m 25 minutes; plafond pratique13715 m; distance franchissable avec cinq passagers 3600 km.
Masses: A vide env. 5880 kg; max. au décollage 9162 kg.
Equipage, passagers et charge utile: Deux pilotes et normalement six passagers dans des sièges individuels, jusqu'à dix passagers en aménagement moins spacieux. Charge utile réservoirs pleins 417 kg.
Etat du développement: Le premier vol de cette nouvelle variante aura lieu début 2004. Le modèle dont il est tiré, le Cessna 561XL, Excel vole depuis le 29 février 1996. Plus de 200 exemplaires ont été commandés.
Remarques: Mi-2004, la production du 561XL Excel sera transférée sur le nouveau Citation XLS. Celui-ci dispose, grâce à ses moteurs plus puissants d'une vitesse de croisière d'environ 60 km/h plus élevée. Le plafond pratique et le taux de montée sont aussi améliorés. La charge utile augmente de 90 kg. Cessna a également apporté des modifications dans le cockpit. Le tableau de bord est un Primus 1000 Control Display System doté de trois grands écrans à cristaux liquides. Quand bien même la masse au décollage est un peu plus élevée, le XLS démontre les mêmes bonnes caractéristiques de décollage et d'atterrissage que l'Excel. Le prix de vente se situe juste au-dessus de US$ 10 Mio.

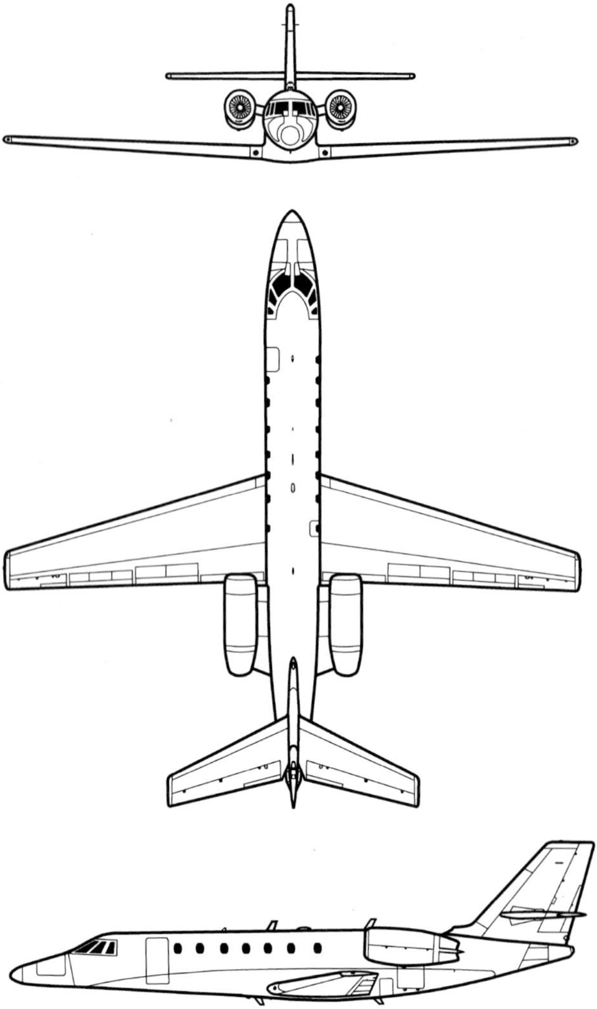

Dimensions
Envergure: 19,24 m
Longueur: 19,37 m
Hauteur: 6,20 m
Surface alaire: 47,94 m^2

CESSNA 680 CITATION SOVEREIGN

Origine: USA.
Constructeur: Cessna Aircraft Company, Wichita, Kansas, USA.
Catégorie: Avion d'affaires.
Moteurs: Deux réacteurs à double flux Pratt & Whitney Canada PW306C d'une poussée de 2570 kp (25,30 kN) chacun.
Performances: Vitesse de croisière max. 846 km/h (Mach 0,80) à 9449 m d'altitude; temps de montée à 13 100 m 26 minutes; plafond 14 325 m; distance franchissable avec huit passagers et réserves IFR 4962 km, jusqu'à 5620 km en VFR (vol à vue).
Masses: A vide 7892 kg; max. au décollage 13 607 kg.
Equipage, passagers et charge utile: Deux pilotes et jusqu'à dix passagers; charge utile réservoirs pleins 762 kg, charge utile max. 1134 kg.
Etat du développement: Le seul prototype du Sovereign a entamé les essais le 27 février 2002, suivi du premier exemplaire de série le 27 juin 2002. Le début des livraisons est prévu pour le premier semestre 2004. Le carnet de commandes est riche de plus de 100 exemplaires vendus (+ options); à elle seule, la compagnie américaine ExecutiveJet a commandé 100 Sovereign.
Remarques: Cessna a lancé le nouveau Sovereign en réponse à la concurrence croissante dans le domaine des avions d'affaires de la catégorie moyenne. Pour maintenir le prix de vente le plus favorable possible (env. US$ 13,3 Mio complètement équipé) le Sovereign se fonde, sur le plan de la construction, sur le Cessna Excel; mais il s'en distingue par les dimensions plus grandes et une cabine très spacieuse. Le fuselage est plus long de 1,80 m que l'avion dont il dérive. L'aile supercritique nouvelle, en légère flèche de 16,10 n'entraîne qu'une faible traînée aérodynamique, ce qui favorise une vitesse de croisière relativement élevée. Pour la même raison, l'empennage vertical et l'empennage horizontal sont aussi en légère flèche. Le Sovereign emprunte à l'ensemble de la famille Citation d'excellentes caractéristiques de décollage et d'atterrissage (décollage en 1130 m env., atterrissage en 975 m env.). L'avionique Epic CDS est fabriquée par Honeywell; le tableau de bord est équipé de grands écrans plats mutlifonctions.

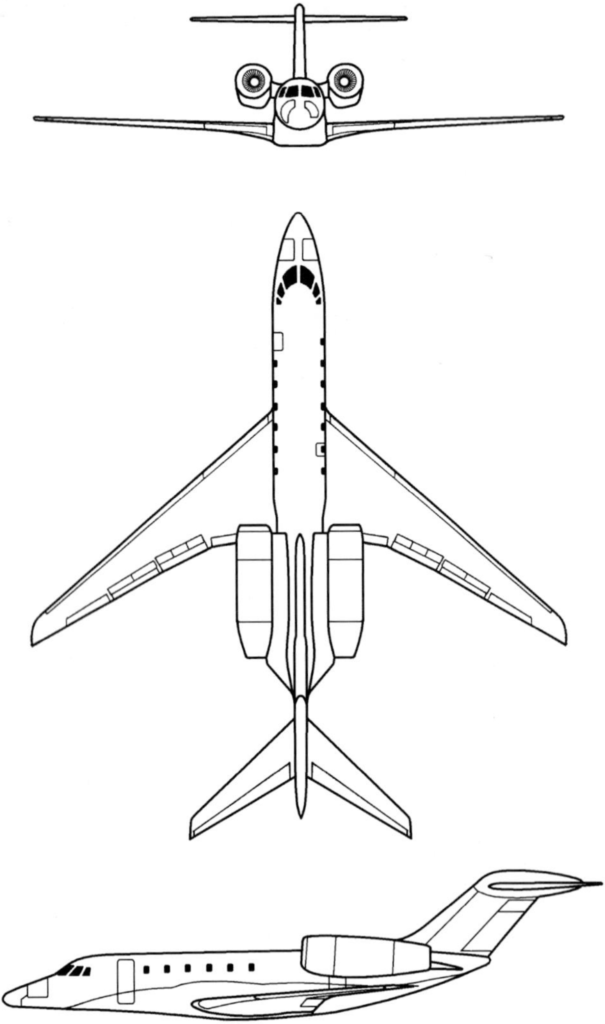

Dimensions

Envergure: 19,50 m
Longueur: 22,00 m
Hauteur: 5,09 m
Surface alaire: 48,96 m^2

CESSNA 750 CITATION X

Origine: USA.
Constructeur: Cessna Aircraft Company, Wichita, Kansas, USA.
Catégorie: Avion d'affaires.
Moteurs: Deux réacteurs à double flux Allison GMA 3007C-1 d'une poussée de 3068 kp (30,09 kN) chacun.
Performances: Vitesse max. Mach 0,92 ; vitesse de croisière max. à 11 275 m 934 km/h ou Mach 0,88 ; vitesse de croisière longue durée 851 km/h ; vitesse ascensionnelle initiale 22,4 m/sec ; plafond pratique 15 545 m ; distance franchissable en VFR (règles du vol à vue) à Mach 0,82 avec six passagers et 45 minutes de réserves 6115 km, distance franchissable en IFR (règles du vol aux instruments) 5556 km.
Masses: A vide 8618 kg ; max. au décollage 16 374 kg.
Equipage, passagers et charge utile: Deux pilotes et, normalement, 8 passagers, max. 12 passagers, répartis en sièges individuels et un divan de trois places ; charge utile max. 1179 kg.
Etat du développement: Le premier de trois exemplaires d'évaluation a entamé ses vols d'essai le 21 décembre 1993. Les livraisons à la clientèle ont commencé aussitôt après l'obtention de la certification, en juin 1996. A fin 2003, plus de 220 commandes de Citation X avaient été enregistrées dont 31 par ExécutiveJet. Presque tous sont déjà fabriqués.
Remarques: Le Citation X atteint la vitesse de croisière la plus élevée de tous les avions civils, hormis le Concorde (dont les vols ont cessé en 2003). Il le doit surtout à une aile nouvelle, très élaborée, qui présente une flèche de 35°. C'est le premier avion de Cessna dont les commandes de vol sont asservies. Le profil en coupe du fuselage permet aux occupants de rester debout tout le long de la cabine. Le cockpit est équipé d'un système EFIS numérique Honeywell Primus 2000. Le Citation X dispose à partir des modèles de l'année 2002 de réacteurs fournissant 180 kg de poussée supplémentaire au décollage et la masse max. est légèrement plus élevée. L'avionique de Honeywell a aussi été adaptée. Le prix pour la version de base s'établit à environ US$ 19 Mio. A partir du 225e exemplaire de série, les Citation X seront dotés d'un nouvel aménagement intérieur.

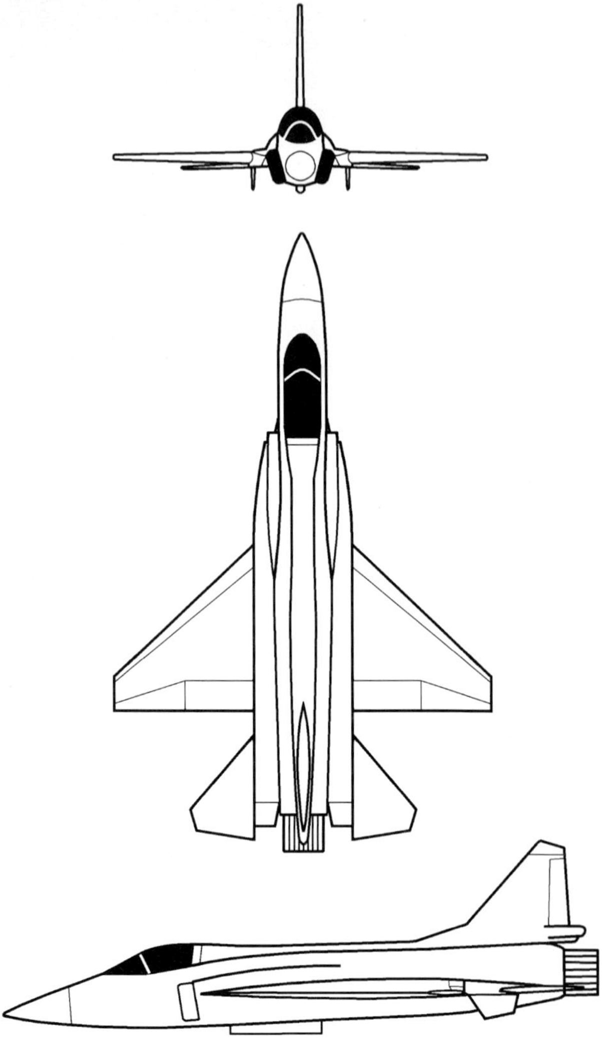

Dimensions
Envergure: 9,00 m
Longueur: 13,95 m
Hauteur: 5,10 m
Surface alaire: 23,00 m^2

CHENGDU FC-1

Origine: République populaire de Chine.
Constructeur: Chengdu Aircraft Industrial Corp., Chengdu, Sichuan, RP Chine.
Catégorie: Monoplace de supériorité aérienne et d'attaque au sol.
Moteur: Un réacteur à double flux Klimow RD-93 d'une poussée de 5040 kp (49,4 kN) sans réchauffe et 8300 kp (81,4 kN) avec réchauffe.
Performances: (estimations) Vitesse max. sans charges extérieures Mach 1,6; plafond 16 500 m; rayon d'action comme chasseur 1200 km, comme avion d'appui tactique 700 km; distance franchissable avec le plein des réservoirs intérieurs 1600 km; distance franchissable max. en convoyage 3000 km.
Masses: A vide 6350 kg; au décollage sans charges extérieures 9100 kg; max. au décollage 12 700 kg.
Armement: Un canon bitube de 23 mm GSh-223-2 sous le fuselage et des missiles air-air resp. des missiles air-sol ainsi que des bombes accrochées à quatre points d'ancrage sous les ailes et deux en bouts d'ailes. Charge max. en armement 3800 kg.
Etat du développement: Le début des essais, longtemps repoussés, du premier prototype a eu lieu le 25 août 2003. Apparemment, plusieurs prototypes sont en construction. On ne sait pas encore combien d'avions l'Armée de l'air chinoise veut se procurer. Le Pakistan, lui, doit en recevoir 150 exemplaires à partir de 2006; cette version est désignée JF-17.
Remarques: Le projet commun sino-pakistanais FC-1 est développé en étroite collaboration avec le MAPO russe. Il est dérivé de la variante monomoteur, jamais vraiment terminée, du MiG-29, le MiG-33. Ce chasseur polyvalent compact et tout temps doit avoir des performances assez voisines de celles du F-16. Sa conception est assez conventionnelle. Le fuselage et les ailes sont en aluminium. Les commandes ne sont pas complètement asservies. Des versions ultérieures devraient être équipées d'un système Fly-by-Wire (commandes électriques). La question de l'avionique reste pour l'instant ouverte. Les radars multifonctions Grifo S7 et RC400, de fabrication occidentale, seront testés. Une version biplace est également prévue.

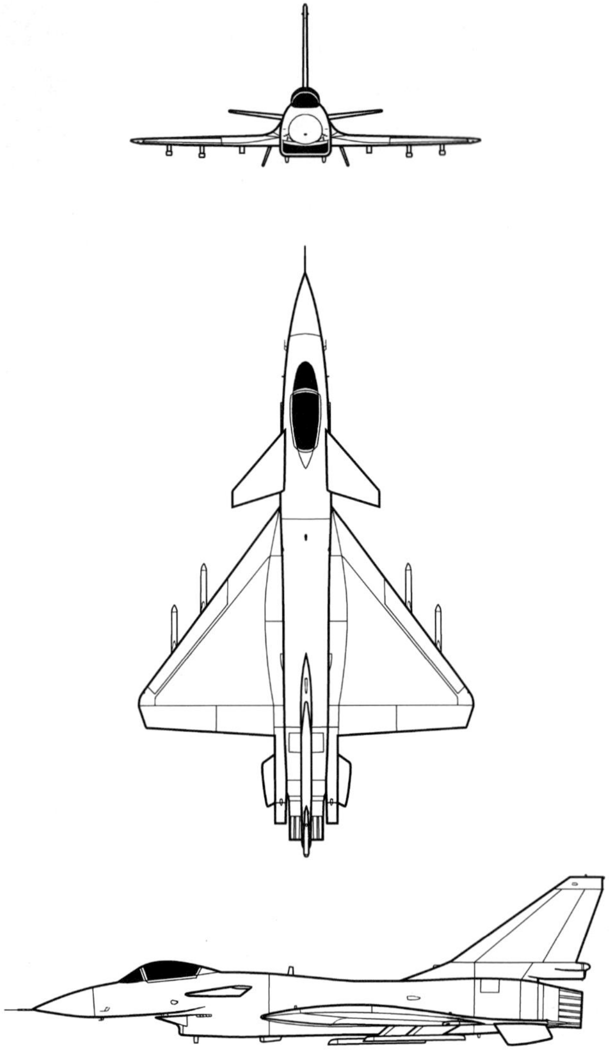

Dimensions
Envergure de l'aile principale: 8,78 m
Longueur: 14,57 m
Hauteur: 4,80 m
Surface alaire de l'aile principale: 33 m^2
Surface alaire du canard: 5,45 m^2

CHENGDU F-10

Origine: République populaire de Chine.
Constructeur: CAC, Chengdu Aircraft Industrial Corporation, Chengdu, Sichuan, RP Chine.
Catégorie: Chasseur monoplace polyvalent.
Moteurs: Un réacteur à double flux Saturn/Lyulka AL-31FN de probablement 8800 kp (86 kN) de poussée sans réchauffe et 12 500 kp (122,60 kN) avec réchauffe; une alternative év., dans un avenir non déterminé, pourrait être le réacteur double flux chinois WS-10A.
Performances: Vitesse max. Mach 1,85 à haute altitude, Mach 1,2 au niveau de la mer; plafond opérationnel 18 000 m; rayon d'action 550 km; distance franchissable 1850 km.
Masses: A vide 6940 kg; max. au décollage 18 400 kg.
Armement: Une combinaison de missiles air-air à courte portée PL-8, de missiles air-air à moyenne portée PL-11, de roquettes non guidées, de bombes et de réservoirs supplémentaires suspendus à onze points d'ancrage; charge max. en armement 8400 kg. L'avion dispose probablement d'un canon de 23 ou de 30 mm.
Etat du développement: Le premier de quatre prototypes a commencé les essais en vol le 24 mars 1998. Un petit nombre d'avions de présérie forme sans doute actuellement une unité expérimentale. La fabrication en série devrait être lancée. L'Armée de l'air de la République populaire de Chine doit en recevoir une cinquantaine d'exemplaires à partir de 2003.
Remarques: Le chasseur polyvalent désigné, selon les sources, J-10 ou F-10 est le résultat d'un développement commun entre le constructeur chinois Chengdu et la société israélienne IAI. Cette dernière a apporté le savoir-faire acquis lors du développement du chasseur Lavi. La ressemblance extérieure entre les deux modèles est très grande. Le choix du radar de bord n'est pas encore définitif pour les avions de série. Trois modèles sont encore en course: l'Elta EL/M2035 israélien, le système russe Phazotron Zhemcoug ou encore un radar doppler à impulsions JL-10A de fabrication chinoise. Le F-10 dispose de commandes électriques (Fly-by-Wire). Le développement du F-10 a été entravé par de sérieuses difficultés techniques qui ont entraîné des retards importants. Il a fallu notamment modifier des parties entières de la cellule. Les entrées d'air ressemblent maintenant, par exemple, à celle de l'Eurofighter (voir pages 188/189). Toutes les données reposent sur des estimations.

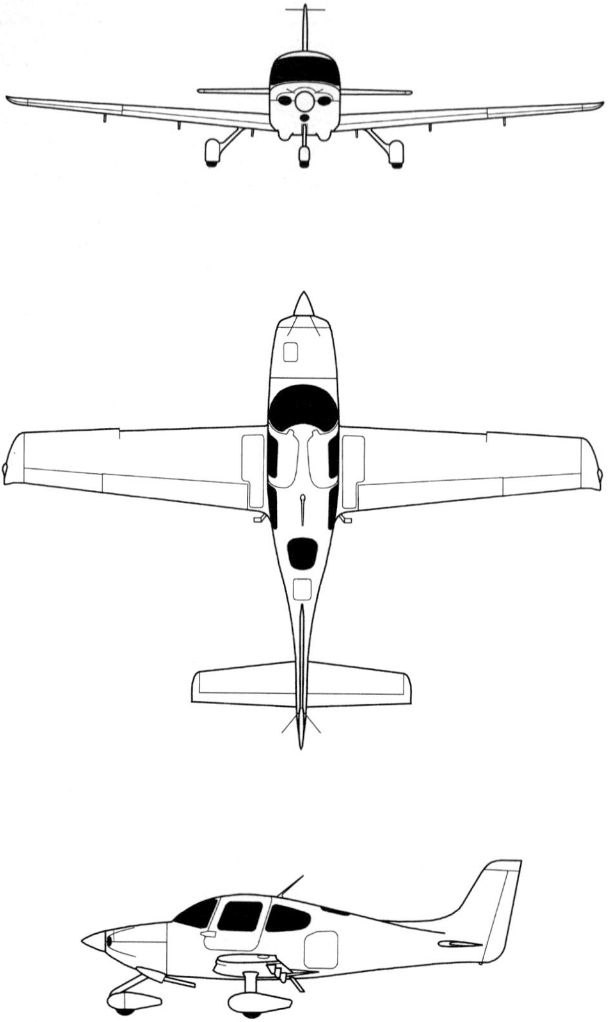

Dimensions
Envergure: 11,73 m
Longueur: 7,92 m
Hauteur: 2,80 m
Surface alaire: 13,46 m^2

CIRRUS SR22

Origine: USA.
Constructeur: Cirrus Design Corp., Duluth, Minnesota, USA.
Catégorie: Avion de tourisme et de loisirs.
Moteur: Un quatre-cylindres boxer refroidi par air Teledyne Continental IO-550-N d'une puissance de 310 ch (230 kW).
Performances: Vitesse max. autorisée 378 km/h; vitesse de croisière max. 335 km/h; vitesse ascensionnelle initiale 7 m/sec; plafond pratique 5180 m; distance franchissable max. avec les réserves IFR 1600 km.
Masses: A vide 1021 kg; max. au décollage 1542 kg.
Occupants et charge utile: Un pilote et trois passagers; charge utile max. env. 500 kg.
Etat du développement: Le SR22, dans son évolution actuelle, vole depuis mi-2000. Fin 2003, plus de 500 SR-22 avaient été commandés. Les premiers exemplaires ont été livrés en février 2001. En tout, plus de 1000 exemplaires du SR20 et de son dérivé SR22 ont été construits. Trois SR20, resp. SR22, quittent les ateliers chaque jour ouvrable.
Remarques: Le Cirrus SR22 est un développement du Cirrus SR20 (photo). Il conserve les caractéristiques essentielles de son prédécesseur: utilisation des technologies les plus récentes, cellule et ailes avec train fixe entièrement en matériaux composites (époxy-fibre de verre) en sandwich, avionique complète comprenant notamment un tableau de bord multifonctions ICDS 2000 avec pilote automatique et GPS pour les vols en conditions IFR. Des mini-manches latéraux remplacent le classique manche central à « deux cornes ». La méthode, jusque-là unique, de récupération au moyen d'un parachute (« Ballistic Recovery System ») de l'avion en cas de danger d'accident, a été aussi reprise du SR20. En revanche, le SR22 a été doté d'un moteur sensiblement plus puissant et d'une aile de plus grande envergure de conception nouvelle. Le réservoir emporte 320 l, ce qui rend possible de plus grandes distances franchissables. Enfin, en raison de la masse plus importante au décollage, des parties de la cellule ainsi que le train d'atterrissage ont été renforcés. Nouveau aussi: le SR22 est proposé avec un moteur diesel SMA SR305-230 de 230 ch (170 kW). Depuis 2003, le SR22 est également disponible avec un poste de pilotage multifonctions d'Avidyne ainsi qu'avec un système de dégivrage.

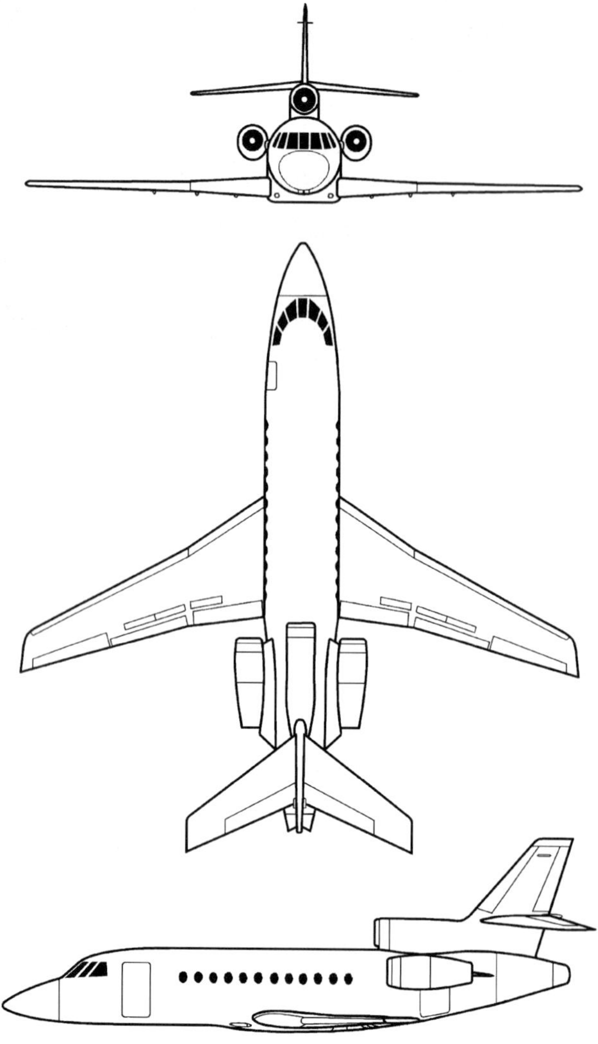

Dimensions
Envergure: 19,33 m
Longueur: 20,21 m
Hauteur: 7,55 m
Surface alaire: 49,03 m^2

DASSAULT FALCON 900C

Origine: France.
Constructeur: Dassault Falcon Jet Corporation, Vaucresson, France.
Catégorie: Avion d'affaires.
Moteurs: Trois réacteurs à double flux AlliedSignal TFE731-SBR d'une poussée de 2165 kp (21,24 kN) chacun.
Performances: Vitesse max. à la masse de 12 250 kg 924 km/h à 10 975 m d'altitude (Mach 0,87); vitesse de croisière max. 893 km/h à 11 890 m (Mach 0,84); vitesse de croisière longue durée 797 km/h à 11 275 m (Mach 0,75); plafond 15 550 m; distance franchissable avec cinq passagers et le max. de carburant 7410 km, avec 15 passagers 6968 km.
Masses: Equipé 10 255 kg; max. au décollage 20 640 kg.
Equipage, passagers et charge utile: Deux pilotes et, selon l'aménagement intérieur, de 8 à 15 passagers. Nombre max. de passagers par rangées de trois 19 personnes; charge utile max. 2170 kg.
Etat du développement: Premier vol du premier prototype du Falcon 900 le 21 septembre 1984, suivi du premier avion de série en mars 1986. La version 900C a pris l'air pour la première fois le 17 décembre 1998 et a été certifiée le 26 août 1999. Dassault a commencé les livraisons de cette version début 2000. Toutes variantes confondues, plus de 300 Falcons 900 ont été livrés; sur ce nombre, une trentaine a été commandée par des gouvernements.
Remarques: Pour succéder aux 900/900B, Dassault propose le Falcon 900C. Il reprend l'avionique Honeywell Primus 2000 et le cockpit EFIS du modèle -EX; mais sur le plan des performances il est identique aux 900/900B. Comparé à l'-EX, le Falcon 900C est un peu plus léger et plus économique à exploiter, sans atteindre toutefois les mêmes distances franchissables. Actuellement, Dassault ne produit que les deux variantes, le 900EX et le 900C. Les deux modèles offrent une cabine très confortable de 11,90 m de long, 1,87 de haut et 2,34 de large. A partir de 2003, ils pourront être équipés des instruments EASy de Honeywell Primus Epic. Dassault a annoncé une version substantiellement modifiée du Falcon 900 qui porte la désignation provisoire de Falcon 7X. Trois réacteurs plus puissants PW307A, un fuselage allongé, une vitesse max de Mach 0,9, des commandes électriques (Fly-by-Wire) sont quelques-unes des caractéristiques du nouvel avion; il devrait voler pour la première fois en 2005.

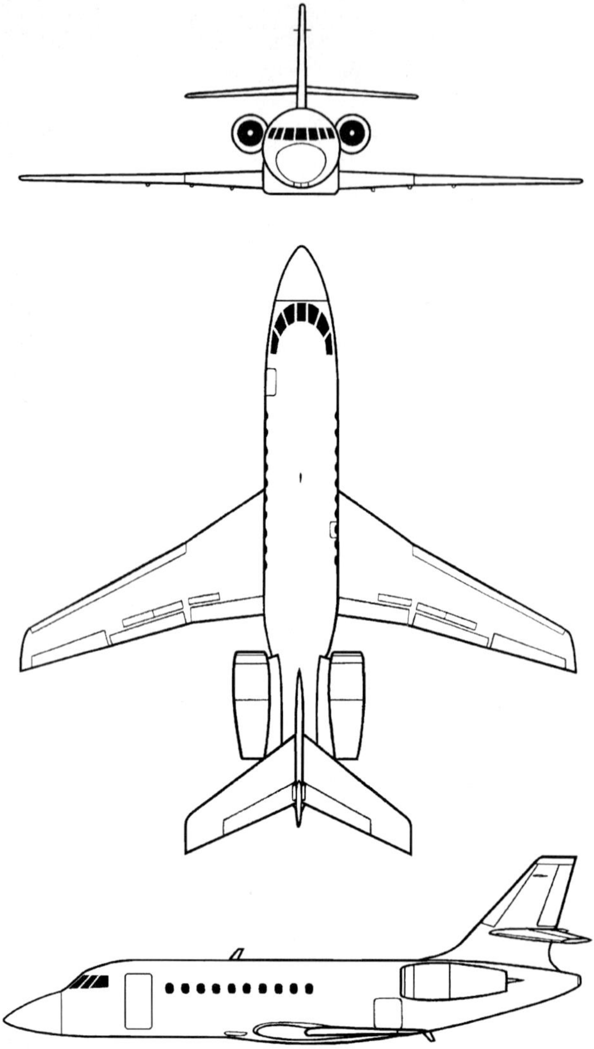

Dimensions
Envergure: 19,33 m
Longueur: 20,23 m
Hauteur: 7,06 m
Surface alaire: 49,02 m^2

DASSAULT FALCON 2000EX

Origine: France.
Constructeur: Dassault Falcon Jet Corporation, Vaucresson, France.
Catégorie: Avion d'affaires.
Moteurs: Deux réacteurs à double flux Pratt & Whitney Canada PW308C d'une poussée de 3175 kp (31,13 kN) chacun.
Performances: Vitesse de croisière max. à 11 890 m 903 km/h (Mach 0,85); vitesse ascensionnelle initiale 17,4 m/sec; plafond pratique 14 300 m; distance franchissable avec six passagers et réserves NBAA 7042 km, avec la charge utile max. 1850 km.
Masses: Equipé 10 519 kg; max. au décollage 19 142 kg.
Equipage et passagers: Deux pilotes et, selon l'aménagement intérieur, de 8 à 12 passagers, et même 19 sièges dans la cabine dans une configuration plus spartiate.
Etat du développement: Premier vol du démonstrateur Falcon 2000 le 4 mars 1993. Certification et début des livraisons à la clientèle en février 1995. La version la plus récente, 2000EX, a volé pour la première fois le 25 octobre 2001, celle dotée du cockpit EASy le 29 janvier 2003. A fin 2003, 400 exemplaires de Falcon 2000 de toutes versions avaient été commandés et plus de 220 avaient été livrés. La production mensuelle totale des modèles 900 et 2000 se monte à huit appareils.
Remarques: Le Falcon 2000 dispose du même profil en coupe du fuselage que le Falcon 900C/900EX (voir pages 148/149), ce qui permet de traverser la cabine (au demeurant très confortable) sans avoir à baisser la tête. Mais avec ses 9,46 m, la cabine est un peu plus courte. Le coût d'exploitation est sensiblement plus bas grâce au fait qu'il n'a que deux moteurs. Le poste de pilotage est équipé de quatre écrans cathodiques EFIS de type Collins Pro Line 4. Un écran tête haute est disponible en option. Depuis 1999, les réacteurs de tous les Falcon 2000 disposent d'inverseurs de poussée. La version 2000EX améliorée est disponible à partir de 2004. La puissance de ses réacteurs a été beaucoup augmentée et la capacité des réservoirs a été agrandie de 31 %. Etant donné la masse plus élevée, des renforcements ponctuels, en particulier au train d'atterrissage, se sont révélés nécessaires. Le système interactif de gestion de l'avionique « EASy » est monté en série depuis 2004.

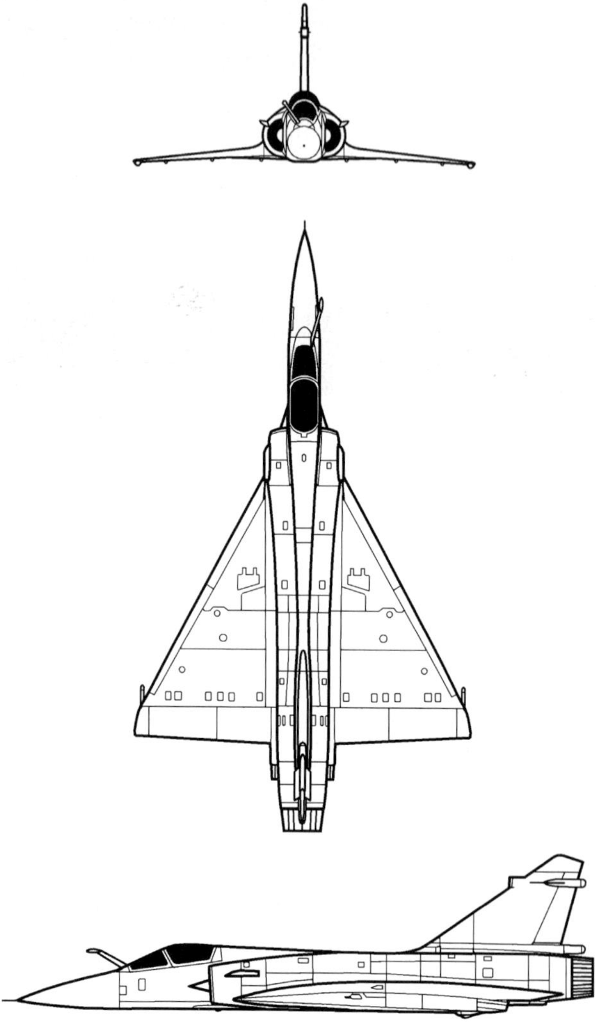

Dimensions
Envergure: 9,13 m
Longueur: 14,36 m
Hauteur: 5,02 m
Surface alaire: 41,00 m^2

DASSAULT MIRAGE 2000-5Mk.II/-9

Origine: France.
Constructeur: Dassault Défense, Vaucresson, France.
Catégorie: Avion de combat polyvalent, monoplace ou biplace.
Moteurs: Un réacteur à double flux SNECMA M53-P2 d'une poussée de 6558 kp (64,3 kN) sans réchauffe et 9700 kp (95,1 kN) avec réchauffe.
Performances: Une vitesse de pointe de 2390 km/h peut être brièvement atteinte soit Mach 2,25 au-dessus de 11 000 m d'altitude; vitesse max. prolongée 2230 km/h ou Mach 2,1, resp. 1118 km/h ou Mach 0,91 sans réchauffe; vitesse ascensionnelle initiale max. 305 m/sec; temps de montée à 15 000 m et accélération à Mach 2,0: 4 min; distance franchissable avec le max. de carburant en réservoirs internes et externes 3355 km; rayon d'action en mission tactique avec deux réservoirs additionnels de 1700 l et 1000 kg d'armement 1500 km.
Masses: A vide 7500 kg; au décollage sans charges extérieures 9500 kg; max. au décollage 17 500 kg
Armement: En tant qu'intercepteur, deux canons DEFA de 30 mm, deux missiles air-air Magic à courte portée et quatre missiles air-air Mica à moyenne portée et à radar actif. Pour l'appui aérien, il transporte jusqu'à 6500 kg, répartis sous cinq points d'ancrage, sous le fuselage et sous quatre pylônes sous les ailes.
Etat du développement: La version la plus récente, Mirage 2000-9, a volé pour la première fois le 14 décembre 2001. La République arabe unie, première cliente, a commandé 32 exemplaires de cette variante. Fin 2003, 614 Mirage 2000 de toutes versions avaient été commandés.
Remarques: Le Mirage 2000-9 (parfois désigné -5Mk.II) est une version améliorée du Mirage 2000-5; il dispose d'une capacité de combat de nuit très supérieure grâce à des équipements électroniques plus élaborés. Un radar plus performant RDY-2 et un système plus complet de conduite du combat électronique (IMEWS) ont été intégrés. Enfin, la masse max. au décollage a été légèrement accrue. Dassault propose depuis peu une version dérivée du biplace de combat pour la formation avancée: elle est désignée Mirage 2000AT; elle dispose du même cockpit que le Mirage 2000-9 mais le constructeur a renoncé à l'ensemble de l'électronique destinée au combat.

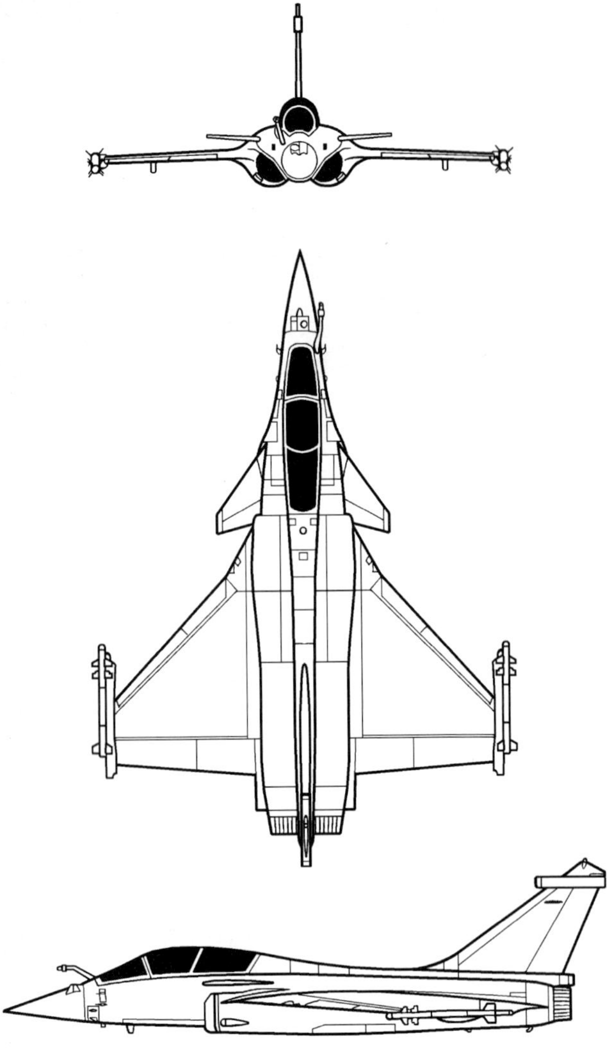

Dimensions
Envergure y compris les missiles de bout d'aile: 10,90 m
Longueur: 15,30 m
Hauteur: 5,34 m
Surface alaire: 45,70 m^2

DASSAULT RAFALE F1/F2

Origine: France.
Constructeur: Dassault Défense, Vaucresson, France.
Catégorie: Avion de combat polyvalent biplace F2 resp. N, intercepteur monoplace F1 resp. C.
Moteurs: Deux réacteurs à double flux SNECMA M88-2 d'une poussée de 4966 kp (48,7 kN) chacun sans réchauffe et 7438 kp (72,9 kN) avec réchauffe.
Performances: Vitesse max. 2124 km/h au-dessus de 10 975 m d'altitude (Mach 2,0), 1390 km/h en vol à basse altitude (Mach 1,15); vitesse ascensionnelle initiale 305 m/sec; plafond 16 775 m; rayon d'action tactique pour les missions d'interception avec huit missiles air-air Mica, un réservoir supplémentaire de 1700 l sous le fuselage et un de 1300 l sous chaque aile 1853 km, avec un profil de mission haut-bas-bas-haut et un chargement de 12 bombes de 250 kg, 4 missiles Mica et des réservoirs supplémentaires de 4300 l en tout 1093 km.
Masses: Equipé (F2) 8600, (F1) 9800 kg; max. au décollage entre 19 500 et 22 500 kg.
Armement: Un canon GIAT-DEFA de 30 mm et un armement max de 9500 kg, réparti sous 13 points d'ancrage sous le fuselage et les ailes ainsi qu'en bouts d'ailes.
Etat du développement: Premier vol du premier de quatre prototypes le 19 mai 1991. L'Armée de l'air française veut s'équiper de 95 Rafale C et 139 Rafale F2 (87 sont commandés, livraisons à partir de 2004), la Marine française de 20 Rafale F1 et 40 Rafale N (38 sont commandés, 15 F1 ont été livrés). Le premier avion de série, un F1, a été remis à la Marine en 1999. A partir de 2005, 15 appareils sortiront chaque année des ateliers de montage.
Remarques: Le Rafale dispose du très récent radar de bord bidimensionnel GIE RBE2 à antenne à balayage électronique. Presque toute la cellule est faite en matériaux composites. La pointe du fuselage et la queue sont en kevlar. A des endroits particulièrement sollicités, on a utilisé le titane. Les commandes sont électriques (Fly-by-Wire).Actuellement, un prototype est aux essais avec deux réservoirs intégrés de chacun 1150 l de carburant épousant la partie supérieure du fuselage (en anglais: conformal).

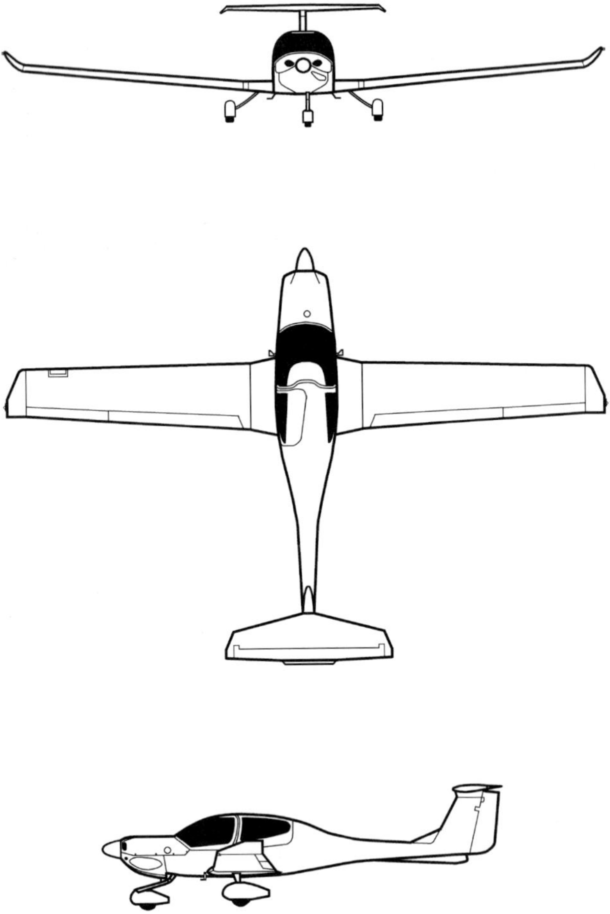

Dimensions
Envergure: 11,94 m
Longueur: 8,01 m
Hauteur: 2,00 m
Surface alaire: 13,5 m^2

DIAMOND DA-40TDI

Origine: Autriche.
Constructeur: Diamond Aircraft, (DA-40TDI) aérodrome de Wiener-Neustadt, Autriche, (DA-40-180) London, Ontario, Canada.
Catégorie: Avion de sport et de tourisme.
Moteur: Un moteur turbo-diesel refroidi par air Thielert Centurion 1.7 d'une puissance de 135 ch (100 kW).
Performances: Vitesse de croisière max. 285 km/h à 3048 m d'altitude ; vitesse de croisière à 40 % de puissance 165 km/h ; vitesse ascensionnelle initiale 3,9 m/sec ; plafond pratique 6100 m ; distance franchissable normale 1390 km, avec réservoirs supplémentaires en option 2030 km.
Masses: A vide 750 kg ; max. au décollage 1150 kg.
Occupants: Quatre personnes y compris le pilote.
Etat du développement: Le premier vol de la version à moteur diesel DA-40TDI s'est déroulé le 28 novembre 2001. Après 18 mois d'essais, il a obtenu sa certification mi-2003. A fin 2003, plus de 100 exemplaires avaient été commandés, dont 35 par l'Ecole d'aviation de Lufthansa. La livraison du modèle initial DA-40-180 Diamond Star, équipé d'un moteur boxer Lycoming de 180 ch avait commencé un an plus tôt.
Remarques: Le Diamond DA-40TDI est le tout premier avion qui, dès le début, a obtenu sa certification avec un moteur diesel. Celui-ci est dérivé d'un moteur de voiture Mercedes ; il ne consomme que 17 l par heure de vol. Le DA-40-180 avec moteur à essence normale en consomme par exemple deux fois plus. Avec un réservoir de 155 l, des distances franchissables de plus de 1300 km sont possibles. La cellule et les ailes sont en plastique renforcé de fibres ; grâce à cela, la cabine, y compris les sièges, présente une très haute résistance au crash. Grâce à la construction sandwich, la masse structurelle est comparativement réduite. Le prix de base est de 120 000 euros.

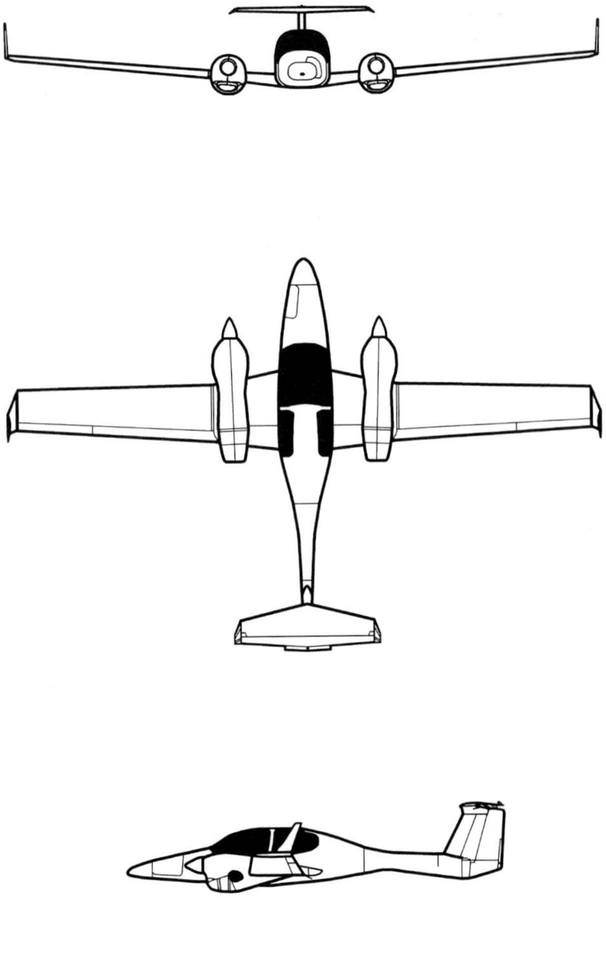

Dimensions
Envergure: 13,42 m
Longueur: 8,43 m
Hauteur: 2,56 m
Surface alaire: 16,46 m^2

DIAMOND DA-42 TWIN STAR

Origine: Autriche.
Constructeur: Diamond Aircraft, aérodrome de Wiener-Neustadt, Autriche.
Catégorie: Avion de sport et de tourisme.
Moteurs: Deux moteurs turbo-diesel refroidis par air Thielert Centurion 1,7 d'une puissance de 135 ch (100 kW) chacun.
Performances: Vitesse de croisière à 90 % de la puissance 375 km/h à 3810 m, à 60 % de puissance 311 km/h; vitesse ascensionnelle initiale 8,7 m/sec; plafond pratique 5485 m; distance franchissable normale 1960 km, avec des réservoirs additionnels en option 2677 km.
Masses: A vide 1080 kg; max. au décollage 1650 kg.
Occupants: Quatre personnes y compris le pilote.
Etat du développement: Le prototype a été présenté à l'ILA à Berlin en mai 2002 avant de prendre l'air pour la première fois le 9 décembre 2002. Fin 2003, quelque 170 exemplaires devaient avoir été commandés. Les premières livraisons sont prévues en 2004. La compagnie aérienne Lufthansa envisage d'en commander 15 exemplaires pour son Ecole d'aviation.
Remarques: Le plus intéressant dans le Twin Star, c'est sans doute ses moteurs diesel. Développés par la société liechtensteinoise Thielert Aircraft Engines ces moteurs se distinguent par leur faible nuisance sonore et la valeur réduite des gaz d'échappement, ainsi que par des chiffres de consommation extrêmement favorables, 17,5 l par heure à 200 km/h. Les moteurs consomment non seulement du carburant diesel mais encore du kérosène A-1 pour réacteurs ou encore n'importe quel mélange des deux. En outre, le DA-42 se distingue par une forme très aérodynamique et originale. L'avionique correspond aux standards du moment. Le poste de pilotage peut être équipé au choix de trois écrans multifonctions. La version de base est proposée au prix de US$ 360000.–. La Police montée canadienne commandera vraisemblablement une douzaine de Twin Star pour ses missions de surveillance.

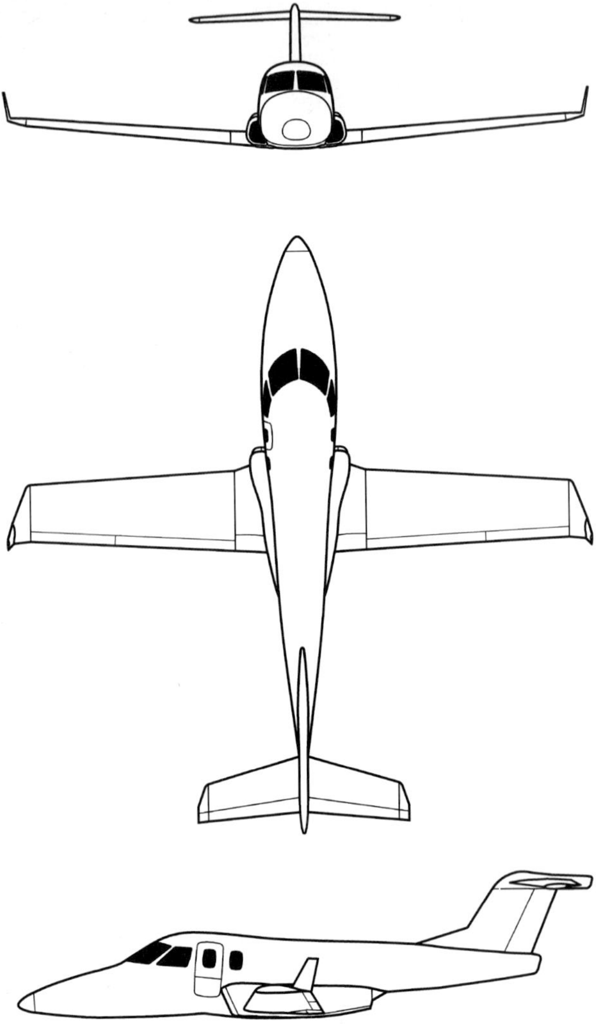

Dimensions
Envergure: 11,80 m
Longueur: 10,80 m
Hauteur: 3,10 m

DIAMOND D-JET

Origine: Autriche.
Constructeur: Diamond Aircraft, Aérodrome de Wiener-Neustadt, Autriche.
Catégorie: Avion d'affaires léger et de tourisme
Moteur: Un réacteur à double flux Williams FJ44 d'une poussée de 635 kp (6,3 kN).
Performances (selon données constructeur): Vitesse de croisière 585 km/h; vitesse ascensionnelle initiale 13,7 m/sec; plafond 7600 m; distance franchissable normale en conditions IFR 2400 km.
Masses: A vide 1175 kg; max. au décollage entre 2000 et 2175 kg.
Equipage, passagers et charge utile: Un pilote et normalement quatre, au max. cinq passagers; charge utile max. réservoirs pleins 244 kg.
Etat du développement: Diamond a annoncé que le premier vol du D-JET aurait lieu mi-2004. Les livraisons devraient commencer en 2006. Le carnet de commandes à fin 2003 s'élevait à 100 appareils.
Remarques: Le D-JET est le premier avion à réaction de la société Diamond. Elle veut, avec ce modèle, prendre pied sur le marché actuellement en forte croissance d'avions d'affaires légers à réaction relativement bon marché. Cette catégorie d'avions se distingue par une construction simple et une faible consommation, garantes d'une exploitation tout à fait économique. Le D-JET entre ainsi en concurrence directe avec par exemple l'Eclipse 500 (voir pages 164/165) ou le Safire S-26 (voir pages 282/283). Selon la tradition du constructeur, le D-JET est fabriqué en plastique renforcé de fibres. La cabine est tout à fait spacieuse avec ses 3,50 m de long et 1,42 de large et de haut. Le tableau de bord équipé d'écrans plats a été conçu dans une perspective de simplicité d'utilisation par un seul pilote. Diamond avance actuellement un prix de vente de 830 000 euros pour la version de base.

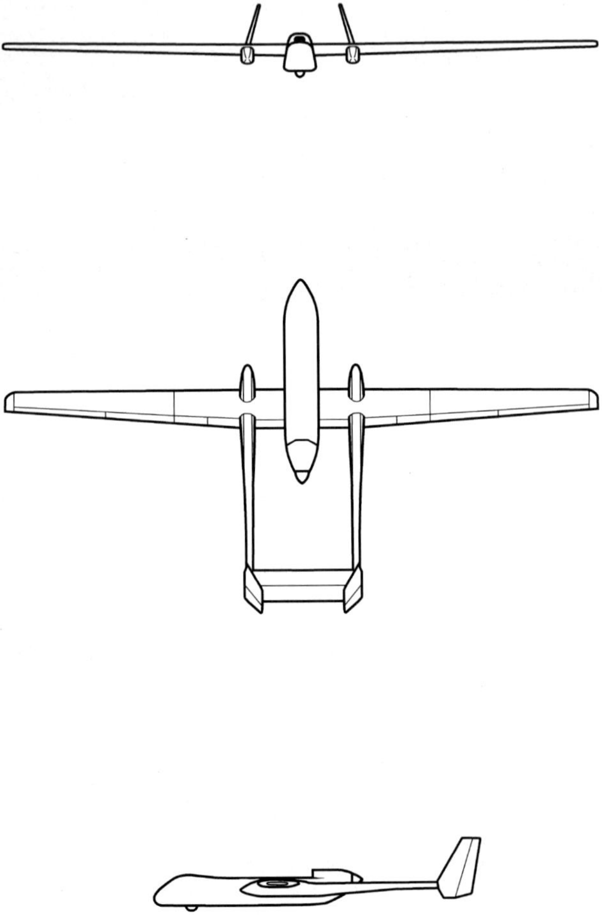

Dimensions
Envergure: 16,60 m
Longueur: 8,50 m

EADS Eagle 1

Origine: France (Israël).
Constructeur: EADS (European Aeronautic Defence and Space Company), Defense and Civil Systems, Schiphol Rijk, Pays-Bas.
Catégorie: Avion sans pilote pour la reconnaissance à longue distance et altitude moyenne.
Moteurs: (Eagle 1) Un moteur à piston à hélice propulsive Rotax 914 d'une puissance de 100 ch (75 kW); (Eagle 2) un turbopropulseur Pratt & Whitney Canada PT6-67A dont la puissance exacte n'est pas encore connue.
Performances: Vitesse max (Eagle 1) 222 km/h, (Eagle 2) 463 km/h; plafond (Eagle 1) 7620 m, (Eagle 2) 13 700 m; distance franchissable (Eagle 1) 3300 km, (Eagle 2) 3400 km; durée des missions jusqu'à 24 h.
Masses: Max. au décollage (Eagle 1) 1150 kg, (Eagle 2) 3600 kg.
Charge utile: Max. (Eagle 1) 250 kg, (Eagle 2) 600 kg.
Etat du développement: Le premier de trois prototypes de l'Eagle 1 a commencé ses essais en vol le 2 juin 2003, suivi à la fin de cette même année par deux exemplaires destinés à l'Armée de l'air française. La Grande-Bretagne a aussi décidé de se procurer ce type d'appareil.
Remarques: L'Eagle 1 est un dérivé de l'avion télécommandé IAI Malat Heron. La cellule provient du constructeur israélien tandis que l'équipement émane d'EADS et de ses sous-traitants. Cet équipement est à la pointe du progrès, en particulier les détecteurs électro-optiques pour les opérations diurnes et nocturnes, le radar à ouverture synthétique (Synthetic Aperture Radar ou SAR) d'Elita-EL/M-2055, l'ELINT, le COMINT etc. Le drone n'est qu'un élément de tout un système. Les informations qu'il capte sont transmises par liaison directe (Satcom) via un satellite de surveillance à une station mobile de contrôle au sol. Cette dernière traite les données et les fait suivre à leurs destinataires. L'Eagle 1 peut décoller et atterrir de manière autonome. EADS développe simultanément une variante baptisée Eagle 2, plus performante grâce à la puissance fournie par un turbopropulseur qui remplace le moteur à piston.

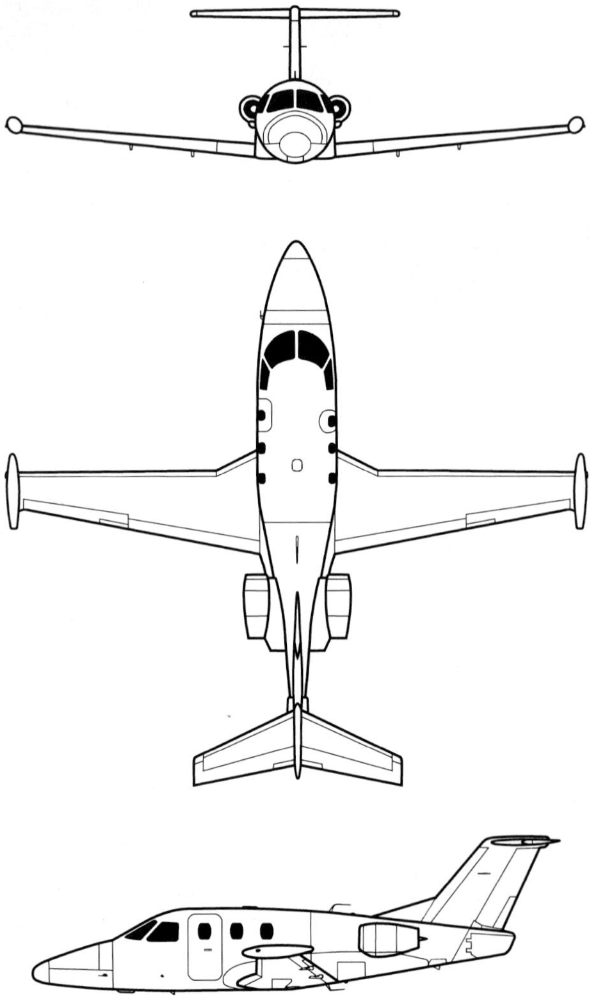

Dimensions
Envergure: 11,00 m
Longueur: 10,10 m
Hauteur: 3,30 m

ECLIPSE AVIATION ECLIPSE 500

Origine: USA.
Constructeur: Eclipse Aviation Corp., Albuquerque, Nouveau Mexique, USA.
Catégorie: Avion d'affaires et avion taxi.
Moteurs: Deux réacteurs à double flux Pratt & Whitney Canada PW610F d'une poussée de 408 kp (4,00 kN) chacun.
Performances (données constructeur): Vitesse de croisière max. 695 km/h; plafond pratique 12 500 m; distance franchissable max. 2409 km.
Masses (avec des réacteurs Williams FJ33): A vide 1225 kg; max. au décollage 2132 kg.
Occupants: Un pilote et de trois à cinq passagers.
Etat du développement: Le premier vol du prototype a eu lieu le 26 août 2002. Huit machines en tout doivent participer aux essais. Le passage à un autre type de réacteur a conduit à des retards sensibles, estimés à deux ans, dans le développement de ce projet. Raison pour laquelle les livraisons ne devraient pas commencer avant 2006. Selon le constructeur, des contrats portant sur 1400 exemplaires (+715 options) existeraient déjà; parmi ceux-ci, on trouve une commande de la société suisse Aviace de 112 Eclipse 500 destinés à la mise en place d'un « Private Jet Club ».
Remarques: Le concept de l'Eclipse repose sur une sorte de « jet populaire » au rapport coût/performance très bas et très économique à exploiter. Tout d'abord, le prix de vente de l'appareil se situe en dessous de US$ 1 Mio. Les clients doivent se recruter principalement dans la catégorie des propriétaires d'avions monomoteurs de tourisme et de loisirs. Eclipse prétend que les coûts d'exploitation de son jet sont plus modestes que certains avions monomoteurs à piston. Toute la construction est en aluminium. Le fait de renoncer pour des questions de coût aux matériaux composites n'a pas pénalisé l'Eclipse qui reste assez léger par rapport à ses dimensions. L'avionique d'Avio comprend notamment une instrumentation multifonctions, un système de gestion du vol basé sur un GPS ainsi qu'un FADEC, dispositif numérique de contrôle des réacteurs. Comme les réacteurs initiaux prévus, des Williams EJ-22, ne satisfaisaient pas les attentes, ils ont été remplacés par des PW610F. Cela implique quelques modifications notables, ce qui va en particulier augmenter la masse structurelle de l'avion.

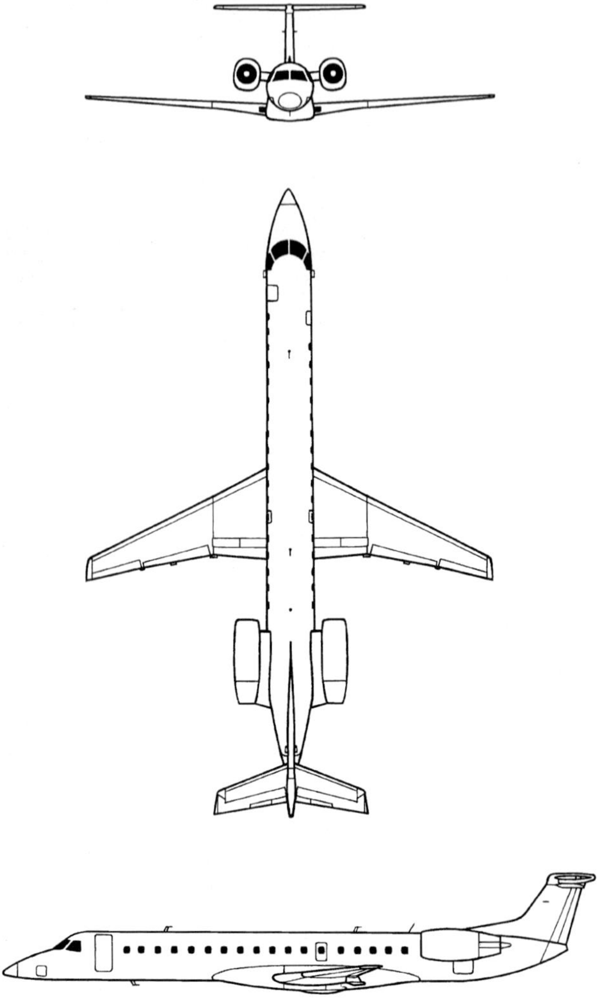

Dimensions
Envergure: 20,04 m
Longueur: 29,87 m
Hauteur: 6,71 m
Surface alaire: 51,18 m^2

EMBRAER ERJ-145 AMAZON

Origine: Brésil.
Constructeur: EMBRAER (Emprêsa Brasileira de Aeronautica SA), Sao José dos Campos, Brésil.
Catégorie: Avion de transport régional.
Moteurs: Deux réacteurs à double flux Allison AE3007A1 d'une poussée de 3391 kp (33,00 kN) chacun.
Performances: Vitesse de croisière max. 811 km/h à 10668 m d'altitude; plafond pratique 11270 m; temps de montée à 9100 m 16 min; distance franchissable avec le max. de carburant 2648 km, avec le max. de passagers 1612 km; version -ER avec 50 passagers jusqu'à 2220 km, version -LR jusqu'à 3000 km.
Masses: A vide 11585 kg; max. au décollage 19300 kg, (-ER 20600 kg, -LR 22000 kg).
Equipage, passagers et charge utile: Deux pilotes et, selon l'aménagement intérieur, jusqu'à 50 passagers en rangées de trois avec couloir central; charge utile max. 5515 kg.
Etat du développement: Le prototype a pris l'air le 11 août 1995 pour la première fois. Après obtention de la certification, la mise en service a débuté en décembre 1996. A fin 2003, les EMB 135, 140 et 145 totalisaient ensemble 890 commandes (+ 500 options) dont 710 avaient été livrés. La production mensuelle s'élève à environ huit exemplaires. Une seconde chaîne de montage a été installée chez AVIC en Chine.
Remarques: L'ERJ-145 est conçu pour pouvoir desservir de manière rapide et confortable des liaisons plus éloignées, par exemple des régions plus faiblement habitées. La construction du fuselage et d'autres éléments ont été repris de l'EMB-120, tandis que d'autres parties sont tout à fait nouvelles. D'une manière générale, une attention particulière a été portée à la réalisation d'une machine simple et aux coûts de fabrication bas afin de conserver un prix de vente le plus bas possible. Il est proposé en plusieurs variantes: ERJ-145ER (Extended Range) et ERJ-145LR (Long Range, avec des réacteurs AE3007A1, premier vol en avril 1998). Le tout récent ERJ-145XR (premier vol le 29 juin 2001) dispose d'une distance franchissable encore plus élevée, de 3775 km. Le fuselage a dû être renforcé, les ailes ont été équipées de winglets et la capacité des réservoirs a été accrue de 800 kg. La masse au décollage a passé à 24000 kg ce qui imposait des réacteurs plus puissants, des AE3007-A1E développant une poussée de 4041 kg (41,20 kN).

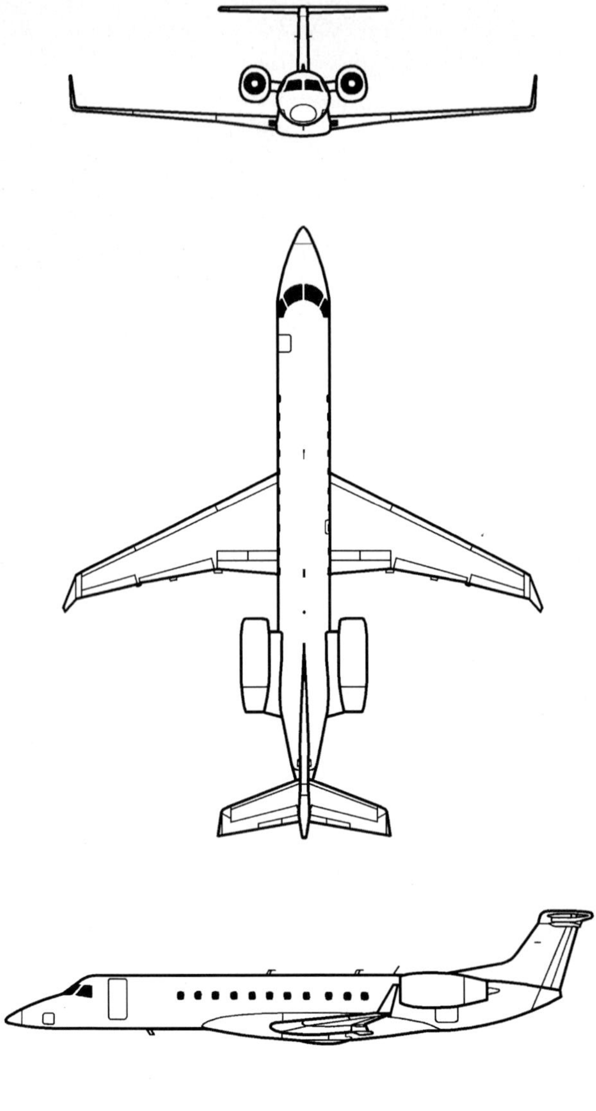

Dimensions
Envergure: 21,17 m
Longueur: 26,33 m
Hauteur: 6,71 m
Surface alaire: 51,18 m^2

EMBRAER LEGACY

Origine: Brésil.
Constructeur: EMBRAER (Emprêsa Brasileira de Aeronautica SA), Sao José dos Campos, Brésil.
Catégorie: Avion d'affaires.
Moteurs: Deux réacteurs à double flux Rolls Royce Allison AE3007-A1P d'une poussée de 3600 kp (35,38 kN) chacun.
Performances: Vitesse max. Mach 0,80; vitesse de croisière max. 833 km/h (Mach 0,78); plafond pratique 10 700 m; distance franchissable avec dix passagers 5732 km.
Masse: Max. au décollage 22 500 kg.
Equipage, passagers et charge utile: Deux pilotes et, selon l'aménagement intérieur, jusqu'à 16 passagers; et même, comme «Corporate Shuttle» (navette d'entreprise), jusqu'à 37 personnes; charge utile max. 3010 kg.
Etat du développement: Le Legacy, version jet d'affaires, vole depuis le 31 mars 2001. A fin 2003, les commandes portaient sur 73 exemplaires et 91 options. EMBRAER a commencé les livraisons en automne 2002. La plus grande partie des commandes a été honorée. L'Armée de l'air indienne vient d'en réserver cinq exemplaires.
Remarques: Trois versions sont proposées: un avion de direction de 10 à 16 places, un transport d'entreprise à haute densité de 16 à 37 places, et un avion pour chef d'Etat. Le Legacy est dérivé de l'ERJ-135. En plus de l'aménagement intérieur, les réacteurs ont aussi changé. De surcroît, le compartiment fret a été modifié pour accommoder un réservoir additionnel de 3978 l. Pour le reste, de grandes similitudes existent avec l'avion dont il est dérivé. Le prix de vente pour un exemplaire d'une version standard se situe autour de US$ 19 Mio, ce qui est avantageux pour ce segment des avions d'affaires. Grâce à diverses améliorations d'ordre aérodynamique et à la capacité accrue en carburant, la distance franchissable devrait atteindre sous peu les 6000 km.

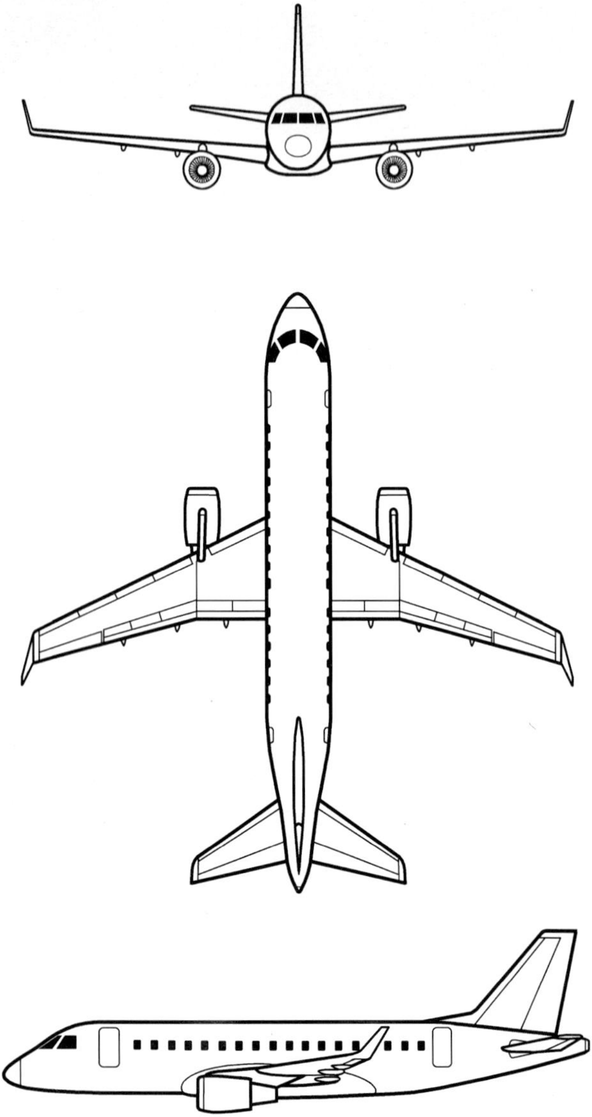

Dimensions
Envergure y compris les winglets: (170/175) 26,00 m, (190/195) 28,72 m
Longueur: (170) 29,90 m, (175) 31,67 m, (190) 36,24 m, (195) 38,65 m
Hauteur: (170/175) 9,67 m, (190/195) 10,28 m

EMBRAER 170/175

Origine: Brésil.
Constructeur: EMBRAER (Emprêsa Brasileira de Aeronautica SA), Sao José dos Campos, Brésil.
Catégorie: Avion de transport régional.
Moteurs: Deux réacteurs à double flux General Electric CF34-8E d'une poussée de 6250 kp (62,3 kN) chacun.
Performances: Vitesse de croisière max. 870 km/h (Mach 0,82); distance franchissable avec le max. de passagers (170STD) 3334 km, (170LR) 3797 km, (175STD) 2400 km (175LR) 3519 km.
Masses: A vide (170) 20 940 kg, (175) 21 810 kg; max. au décollage (170STD) 35 990 kg, (170LR) 37 200 kg, (175STD) 37 500 kg, (175LR) 38 790 kg.
Equipage, passagers et charge utile: Deux pilotes et jusqu'à (170) 70 resp. (175) normal 78, max. 86 passagers en rangées de quatre sièges avec couloir central; charge utile max. (170) 8660 kg, (175) 9890 kg.
Etat du développement: Le premier de six prototypes a entamé les essais en vol le 19 février 2002. Le premier 175 a fait de même le 14 juin 2003. En raison de problèmes apparus durant le développement, les premières livraisons ont été repoussées au début 2004. Fin 2003, le carnet de commandes, toutes versions confondues, s'élevait à 245 plus 305 options. Sur ce nombre, JetBlue en a réservé 85 (+ 100 options), US Airways 85 (+ 50 options).
Remarques: L'EMBRAER 170 et le 175 allongé sont à ranger dans la catégorie supérieure du marché des avions de transport régionaux. Sur les deux appareils, on retrouve la section de fuselage en double bulbe, c'est-à-dire qu'elle a la forme d'un huit aplati. Cela procure un supplément de confort appréciable aux passagers. En aménagement quatre sièges côte à côte, la liberté de mouvement de la tête et des épaules est sensiblement plus grande. Pour le reste, la construction correspond à l'état actuel de la technique: tableau de bord équipé d'écrans à cristaux liquides couleurs, contrôle électronique et numérique des moteurs, commandes de vol électriques (Fly-by-Wire), etc. Grâce aux quatre portes d'évacuation, les temps de rotation au sol peuvent être réduits au minimum possible. Pour le 170 aussi bien que le 175, deux variantes (STD et LR) sont offertes qui se distinguent par des distances franchissables différentes. En février 2004, le premier avion de la famille 190/195 a fait sa première apparition publique.

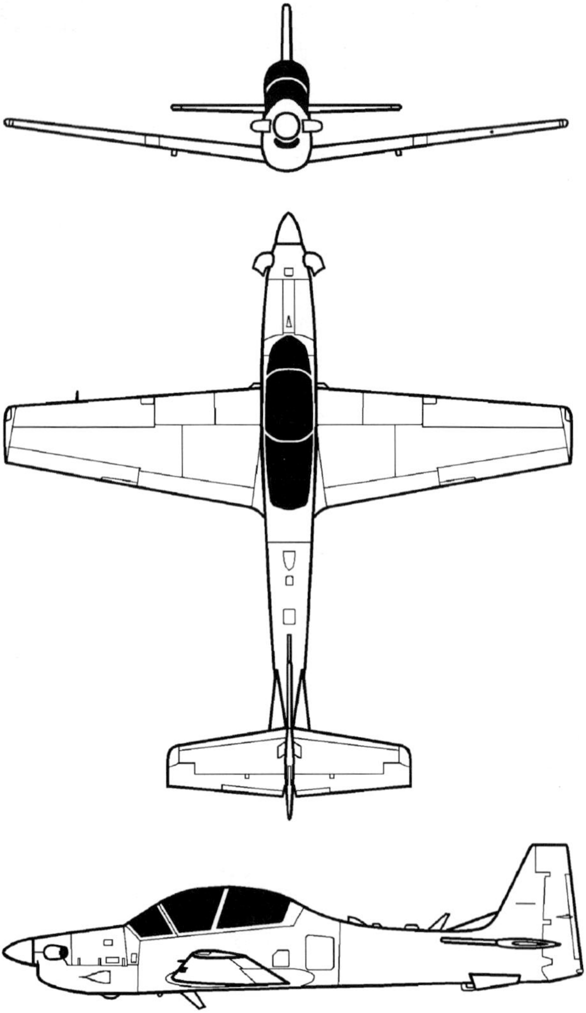

Dimensions
Envergure: 11,14 m
Longueur: 11,38 m
Hauteur: 3,97 m
Surface alaire: 19,40 m^2

EMBRAER EMB-314/A-29 SUPER TUCANO

Origine: Brésil.
Constructeur: EMBRAER (Emprêsa Brasileira de Aeronautica SA), Sao José dos Campos, Brésil.
Catégorie (EMB-314): Avion biplace d'entraînement de base et avancé, resp. (ALX) avion monoplace léger (A-29) et biplace (AT-29) pour l'attaque au sol et la surveillance.
Moteur: Un turbopropulseur Pratt & Whitney Canada PT6A-68/3 d'une puissance de 1600 ch (1190 kW).
Performances: Vitesse max. 590 km/h; vitesse de croisière max. 535 km/h; vitesse ascensionnelle initiale 24 m/sec; plafond opérationnel 10 600 m; rayon d'action à 3300 m d'altitude sans armement 750 km, avec le max. d'armement 540 km.
Masses: A vide 3150 kg; normale au décollage 3600 kg, avec le max. d'armement 5250 kg.
Armement (AT-29): Deux mitrailleuses lourdes de 12,7 mm implantées dans les ailes, et un large éventail d'armements en tout genre, au max. 1500 kg, à répartir sous cinq points d'ancrage sous le fuselage et sous les ailes.
Etat du développement: Le premier prototype YA-29 (voir photo) déjà aux standards de série, a commencé les essais en vol le 2 Juin 1999. L'Armée de l'air brésilienne est en train de recevoir, depuis 2003, 25 exemplaires de l'A-29 et 51ex. de l'AT-29 (+23 options). Client le plus récent: la République dominicaine (10).
Remarques: L'A-29 et l'AT-29 sont les versions appui tactique léger et COIN (COnter-INsurgency = anti-guérilla) de l'avion d'entraînement EMB-314 Super Tucano. Ils s'en distinguent surtout par leur équipement adapté à leurs nouvelles missions: électronique de navigation et d'attaque Elbit, GPS, écran tête haute (HUD = Head-Up-Display), écrans multifonctions, structure ponctuellement renforcée de la cellule et des ailes. Le cockpit est blindé et pressurisé. L'équipage peut être doté de Night-Vision-Goggles (NVG) pour les missions de nuit. Le biplace AT-29 dispose en outre d'un appareil FLIR dirigé vers l'avant. Ainsi équipé, l'A-29 a pour mission primaire la lutte contre les passeurs de drogue et les guérillas dans les régions amazoniennes. Pour ce faire, il travaille en étroite collaboration avec la version AEW de l'EMB-145SA (voir pages 158/159).

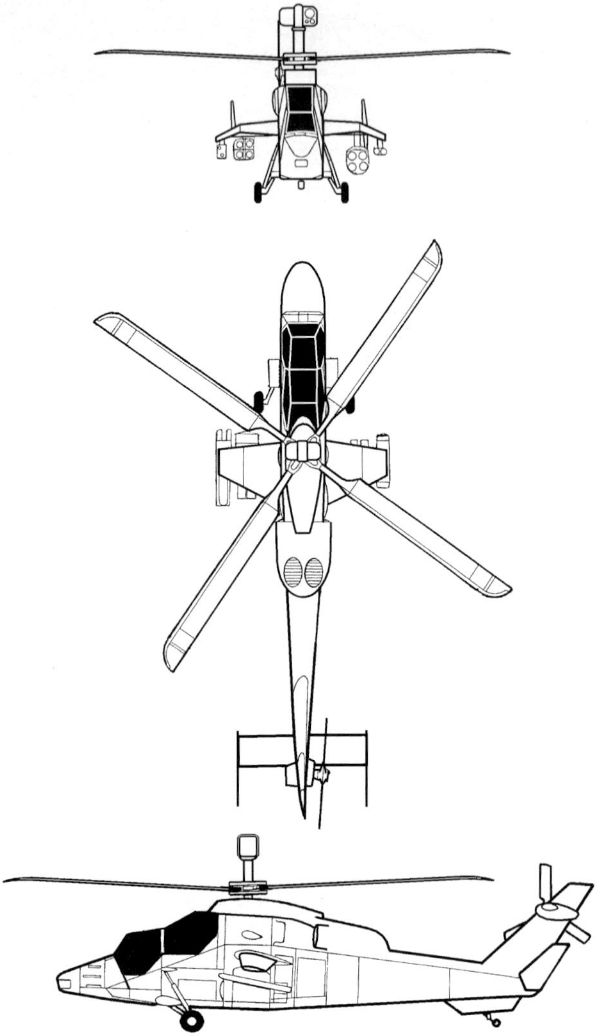

Dimensions
Diamètre du rotor: 13,00 m
Longueur du fuselage: (HAP avec canons) 15,00 m, (UHU) 14,08 m
Hauteur: 3,83 m (y compris tête de rotor), 5,20 m (y compris le mât de visée)

EUROCOPTER TIGER/UHU

Origine: France et Allemagne.
Constructeur: Eurocopter Hubschrauber GmbH, Munich, Allemagne.
Catégorie: Hélicoptère biplace antichars et d'appui sol.
Moteurs: Deux turbines MTU/Rolls-Royce/Turboméca MTR 390 d'une puissance de 1285 ch (958 kW) chacune.
Performances (HAP): Vitesse max. 322 km/h; vitesse de croisière max. 287 km/h; vitesse de croisière normale 250 km/h; vitesse ascensionnelle max. en vol oblique 11,5 m/sec; plafond opérationnel 3960 m; plafond en vol stationnaire sans effet de sol 3500 m; autonomie 2,85 h.; distance franchissable 800 km.
Masses: A vide 3400 kg; normale au décollage 5400 kg; max. en surcharge 6100 kg.
Armement (HAP): Un canon de 30 mm, jusqu'à 68 roquettes non guidées et quatre missiles air-air Mistral; (HAC): Huit missiles antichars HOT/Trigat et deux missiles air-air Mistral; (UHU): Deux paniers contenant chacun 22 roquettes de 67 mm, deux canons fixes de 12,7 mm sous les ailes et des missiles air-air Stinger.
Etat du développement: Cinq prototypes ont été construits, dont le premier a pris l'air pour la première fois le 27 avril 1991. L'Armée de l'air française a commencé à recevoir en 2003 les premiers de probablement 215 appareils (115 HAP et 100 HAC) et l'Armée allemande ses UHU, en principe 212. A fin 2003, 206 exemplaires avaient été commandés ferme, dont 80 pour l'Allemagne et 80 pour la France. A partir de 2004, l'Armée australienne recevra ses 22 Tiger. L'Espagne disposera à partir de 2007 de 24 exemplaires (construits sous licence) d'une version améliorée.
Remarques: Trois versions sont actuellement en production: HAP (**H**élicoptère d'**A**ppui **P**rotection, appui feu avec optique de visée par caméra TV et infrarouge et télémètre laser) et HAC (**H**élicoptère **A**nti-**C**har équipé d'un système de visée Osiris) pour l'Armée française et UHU (**U**nterstützungs**hu**bschrauber – mais aussi Uhu = grand duc en français – hélicoptère d'appui équipé de façon très similaire à la version HAC) pour l'Armée allemande. La cellule est faite à 75 % de matériaux composites. Pour se protéger contre les ondes électromagnétiques et contre les éclairs, une grande partie du fuselage est recouverte d'un treillis cuivre-bronze. La version anti-chars possède un système de visée avec caméra installé sur un mât au-dessus de la tête de rotor.

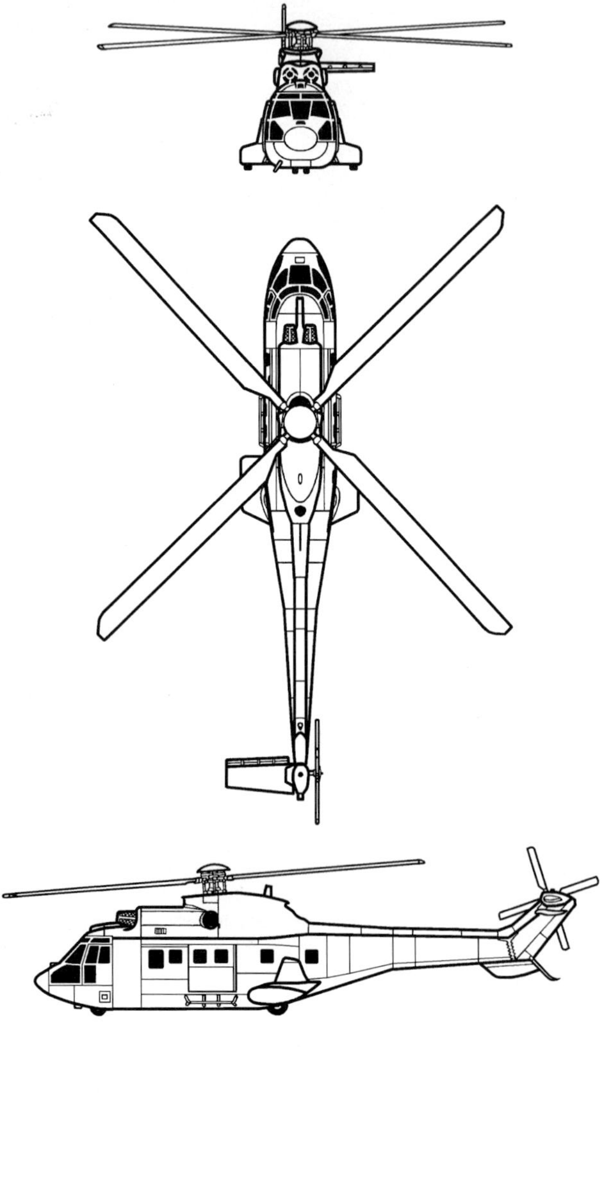

Dimensions

Diamètre du rotor: 16,20 m
Longueur du fuselage y compris le rotor de queue: 16,79 m
Hauteur y compris la tête de rotor: 4,60 m

EUROCOPTER EC 225 SUPER PUMA / EC 725 COUGAR

Origine: France.
Constructeur: Eurocopter, usine de Marignane, La Courneuve, France.
Catégorie: Hélicoptère moyen polyvalent à usages civils (EC 225) et militaires (EC 725).
Moteurs: Deux turbines Turboméca Makila 1A2 d'une puissance de 1959 ch (1461 kW) chacune.
Performances (EC 225): Vitesse max. 315 km/h; vitesse de croisière 276 km/h au niveau de la mer; vitesse ascensionnelle max. en vol oblique 6,5 m/sec; plafond en vol stationnaire avec effet de sol 2500 m, sans effet de sol 1600 m; distance franchissable avec la quantité standard de carburant 647 km.
Masses: A vide 4650 kg; max. au décollage 9300 kg, avec charge extérieure 10 000 kg.
Equipage, passagers et charge utile: Deux pilotes et 24 passagers ou 29 soldats (AS 532). Charge utile max. 4140 kg.
Etat du développement: Premier vol du prototype le 6 février 1987. Toutes variantes du Super Puma confondues, 540 machines ont été commandées dont les deux tiers par 34 organisations militaires ou paramilitaires. L'EC 725 vole depuis le 27 novembre 2000. L'Armée de l'air française a pris possession des premiers de ses 14 exemplaires en 2003.
Remarques: La famille Super Puma/Cougar s'est agrandie avec l'EC 725 Cougar Mk.II+ Combat SAR (naguère désigné AS 532Mk.II+). Un projecteur de recherches, un FLIR et un radar météo viennent s'ajouter à son équipement de secours. Eurocopter a encore développé l'EC 225 Super Puma Mk.III pour concurrencer le S-92 (voir pages 300/301) un modèle disponible depuis fin 2001. Grâce à ses turbines Makila 2A plus puissantes (2413 ch resp. 1800 kW) il offre une masse max. accrue au décollage à 11 000 kg. Le volume de la cabine a crû d'environ un quart par l'agrandissement du fuselage (longueur + 70 cm, largeur + 25 cm, hauteur intérieure + 35 cm). Le rotor à cinq pales est aussi nouveau de même que son entraînement renforcé. Cette version est proposée aussi bien pour des tâches civiles que pour des missions militaires.

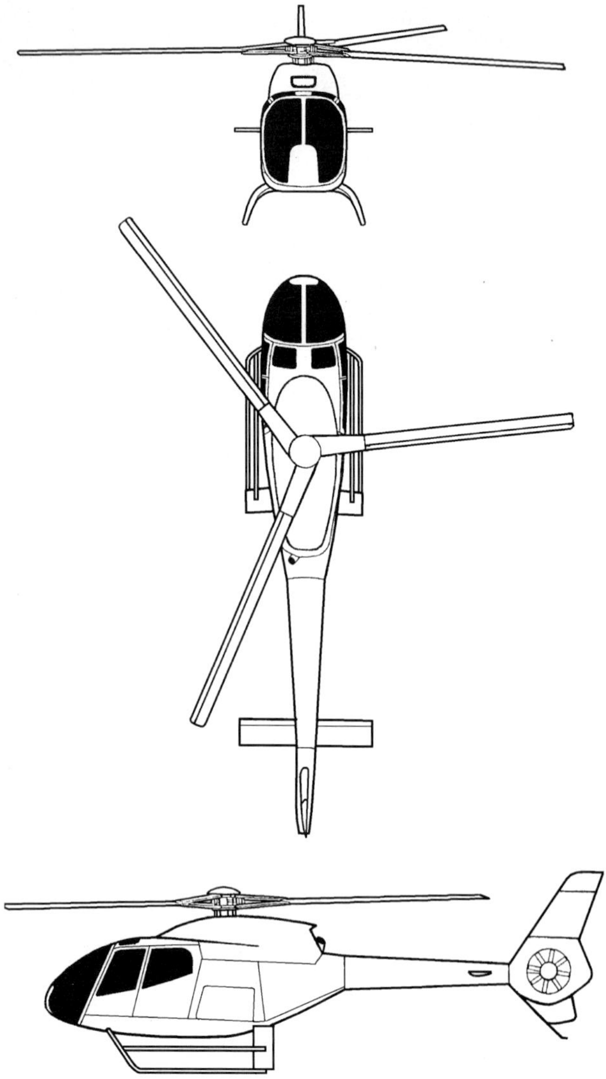

Dimensions
Diamètre du rotor: 10,20 m
Longueur du fuselage rotor inclus: 11,52 m
Hauteur: 3,40 m

EUROCOPTER EC 120B COLIBRI

Origine: France, République populaire de Chine et Singapour.
Constructeur: Eurocopter, CATIC/HAMC (Chine) et Singapore Aerospace, Paris, France.
Catégorie: Hélicoptère léger civil et polyvalent.
Moteur: Une turbine Turboméca Arrius 2F d'une puissance de 504 ch (375 kW).
Performances: Vitesse max. 278 km/h; vitesse de croisière max. 231 km/h; vitesse ascensionnelle max. 7,49 m/sec; plafond pratique 6100 m; plafond en vol stationnaire avec effet de sol 4145 m, sans effet de sol 3413 m; distance franchissable 750 km.
Masses: A vide 895 kg; max. au décollage 1680 kg.
Equipage, passagers et charge utile: Un pilote et quatre passagers; charge utile max. 750 kg.
Etat du développement: Le premier de trois prototypes s'est envolé pour la première fois le 9 juin 1995. Fin 2003, le carnet de commandes s'établissait à près de 300 exemplaires vendus, dont 15 pour l'Armée de l'air espagnole, et 12 resp. 3 pour l'Armée de l'air et la Marine indonésiennes. En mars 2001, la marque des 200 exemplaires produits était dépassée. La production mensuelle actuelle n'est pas connue.
Remarques: Le développement commun de l'EC 120 repose sur la répartition suivante: Eurocopter est responsable technique avec une part de 61 % (conception, électronique, composants dynamiques, montage final et certification), CATIC/HAMC 24 % (toute la structure du fuselage) et Singapore Technologies 15 % (rotor de queue, structure en matériaux composites, portes de la cabine). La cellule de cet hélicoptère, construit selon les connaissances technologiques les plus récentes, fait un large appel aux matériaux composites. D'excellentes performances associées à un niveau de bruit réduit ont été atteintes grâce au rotor principal Spheriflex et au nouveau rotor de queue carrossé à la mode Fenestron. Les hautes exigences de sécurité ont été remplies notamment par des sièges et des réservoirs très résistants au crash et à la rupture. L'EC 120 doit couvrir la demande en modèles d'entrée de gammes du marché des hélicoptères; son prix de vente bas, d'environ US$ 800'000.– et des coûts d'exploitation très favorables devraient lui valoir un grand nombre de clients. Dans les régions d'expression anglaise, le nom de Colibri attribué à l'EC 120 a été remplacé par celui d'Hummingbird.

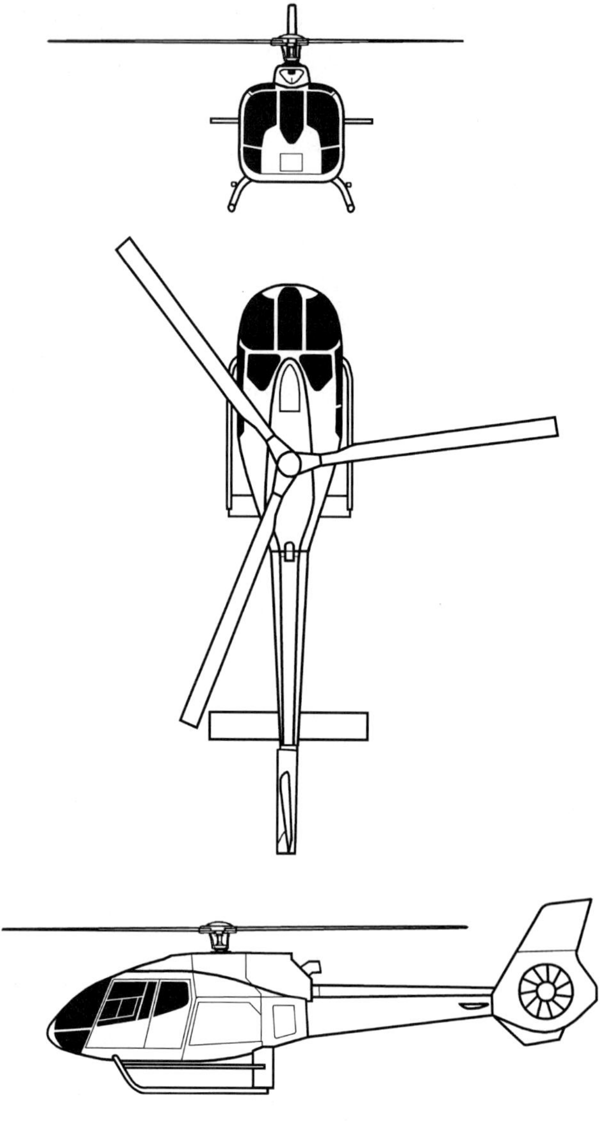

Dimensions

Diamètre du rotor: 10,69 m
Longueur du fuselage: 10,68 m
Hauteur y compris la tête de rotor: 3,34 m
Hauteur au sommet de l'empennage: 3,61 m

EUROCOPTER EC130 B4

Origine: France.
Constructeur: Eurocopter, usine de Marignane, La Courneuve, France.
Catégorie: Hélicoptère léger polyvalent.
Moteur: Une turbine Turboméca Arriel 2B1 d'une puissance de 848 ch (632 kW).
Performances: Vitesse max. 287 km/h; vitesse de croisière 259 km/h au niveau de la mer; vitesse ascensionnelle max. en vol oblique 11,6 m/sec; plafond 5029 m; plafond en vol stationnaire à la charge max. avec effet de sol 3267 m, sans effet de sol 2663 m; distance franchissable env. 600 km.
Masses: A vide 1369 kg; max. au décollage 2400 kg, avec une charge extérieure 2800 kg.
Equipage, passagers et charge utile: Normalement un pilote et six, voire sept passagers max. Comme hélicoptère ambulance (EMS) il peut transporter jusqu'à deux patients couchés et deux infirmiers; charge utile max. sous élingue 1160 kg.
Etat du développement: L'EC 130 a provoqué une surprise totale lors de sa présentation publique en février 2001. Pourtant, les essais en vol avaient déjà commencé en juin 1999. Les premières livraisons sont intervenues fin 2001. A fin 2003, plus de 100 exemplaires avaient été vendus. La production s'élève à trois appareils par mois.
Remarques: Bien qu'il soit dérivé de l'AS 350 B3, l'EC 130 B4 apparaît comme une machine nouvelle. Le fuselage, un peu aplati, présente les nouveautés les plus apparentes avec son élargissement de 25 cm qui offre aux passagers 23 % d'espace intérieur supplémentaire, donc plus de confort et de la place pour les bagages. Le rotor de queue Fenestron est aussi nouveau. Grâce à lui et à d'autres mesures, l'EC 130 B4 devrait être particulièrement silencieux en exploitation. Le fonctionnement du moteur est surveillé en permanence par un système de contrôle numérique à deux canaux, ce qui facilite le travail du pilote. D'autres dispositions ont encore été prises pour augmenter la sécurité. Eurocopter donne comme prix de base US$ 1,6 Mio pour l'EC 130 B4.

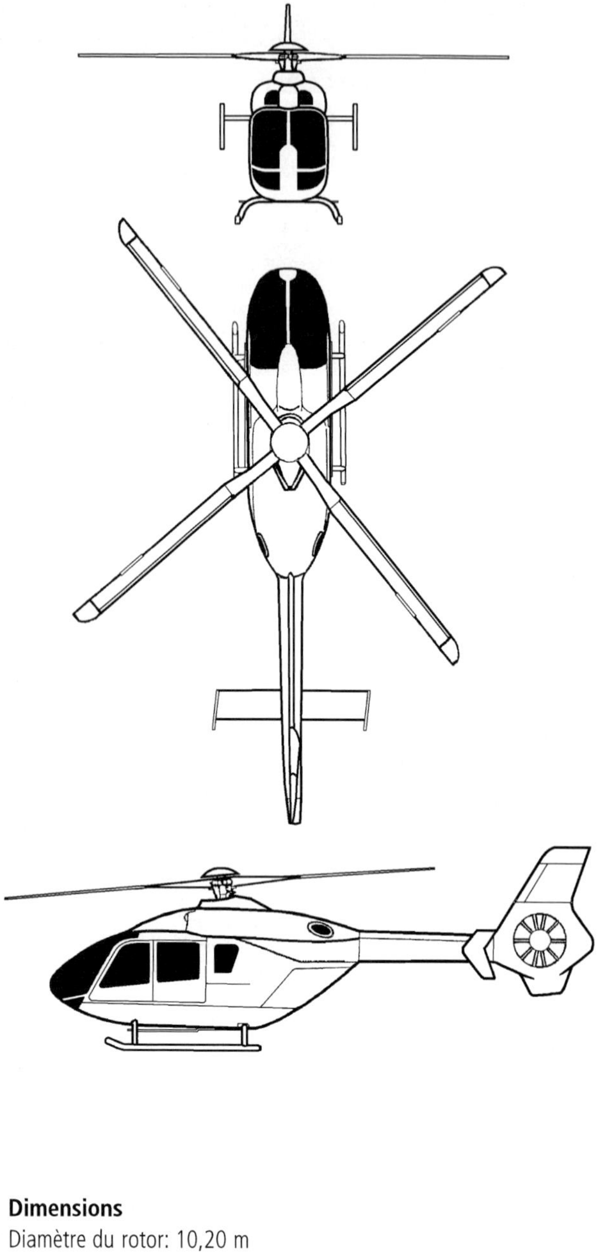

Dimensions
Diamètre du rotor: 10,20 m
Longueur du fuselage: 10,17 m
Hauteur y compris la tête de rotor: 3,35 m
Hauteur hors tout: 3,55 m

EUROCOPTER (MBB) EC 135

Origine: Allemagne.
Constructeur: Eurocopter Hubschrauber, Munich, Allemagne.
Catégorie: Hélicoptère léger polyvalent.
Moteurs: Deux turbines Turboméca Arrius 2B1A-1 d'une puissance de 606 ch (452 kW) chacune ou Pratt & Whitney Canada PW206B2 de 621 ch (463 kW) chacune.
Performances (PW206B2): Vitesse max. 278 km/h; vitesse de croisière max. 256 km/h au niveau de la mer; vitesse de croisière écon. 226 km/h; vitesse ascensionnelle max. en vol oblique 8,4 m/sec; plafond pratique 5180 m; plafond en vol stationnaire avec effet de sol 4140 m, sans effet de sol 3260 m; distance franchissable max. 630 km.
Masses: A vide 1490 kg; max. au décollage avec une charge extérieure 2900 kg.
Equipage, passagers et charge utile: De six à sept personnes; pour les missions de sauvetage, deux patients sur brancards et deux personnes soignantes; charge utile max. 1250 kg.
Etat du développement: Le premier prototype de l'EC 135 vole depuis le 15 février 1994; début des livraisons le 31 juillet 1996. A fin 2003, plus de 300 exemplaires de ce type avaient été construits, dont de nombreux pour des corps de police ou des organismes de sauvetage du monde entier. La police allemande des frontières en possède 21, l'Armée allemande 15 EC 135/635. La Jordanie et la police tchèque figurent parmi les clients les plus récents; la première pour 16 EC 635, la seconde pour 8 EC 635 également.
Remarques: La construction de l'EC 135 obéit aux principes des technologies les plus récentes: rotor principal et rotor de queue en matériaux composites renforcés sans la moindre articulation, arbre de transmission doté d'amortisseurs spéciaux de vibrations, structure de la cellule en plastique, rotor de queue Fenestron etc. La tête de rotor ne comporte plus de palier. Le pas de chaque pale du rotor principal est réglé par la déformation élastique à la racine de la pale en plastique. Le moyeu et le mât de rotor sont forgés en une seule pièce. Les EC 135 destinés aux missions de police sont équipés le plus souvent de la façon suivante: projecteur de recherche, équipement de vision nocturne, caméra TV et équipements spéciaux de navigation. La version militaire, désignée EC 635, est à bien des égards identique à la version civile, mis à part des équipements additionnels. Nouveauté: l'EC 135 T2 équipé de deux turbines Arrius 2B2 d'une puissance de 640 ch (475 kW) chacune.

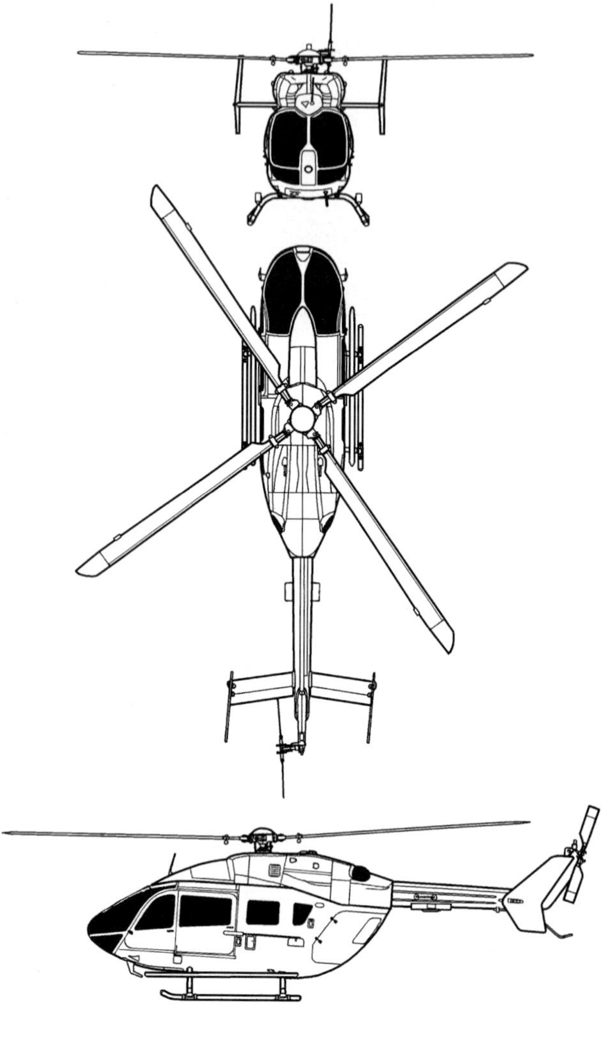

Dimensions
Diamètre du rotor: 11,00 m
Longueur du fuselage: 10,19 m
Hauteur y compris la tête de rotor: 3,95 m

EUROCOPTER (MBB/KAWASAKI) EC 145

Origine: Allemagne et Japon.
Constructeurs: Eurocopter Hubschrauber, MBB Division, Munich, Allemagne, ainsi que Kawasaki Heavy Industries Ltd., Gifu, Japon.
Catégorie: Hélicoptère polyvalent.
Moteurs: Deux turbines Turboméca Arriel 1E2 d'une puissance de 750 ch (550 kW) chacune.
Performances: Vitesse max. 270 km/h au niveau de la mer; vitesse de croisière max. 245 km/h; vitesse ascensionnelle max. en vol oblique 8,4 m/sec; plafond pratique 5300 m, plafond en vol stationnaire avec et sans effet de sol 2130 m; distance franchissable avec la quantité normale de carburant 670 km; autonomie 3,30 h.
Masses: A vide 1742 kg; norm. au décollage 3350 kg; max. au décollage 3550 kg.
Equipage, passagers et charge utile: De huit à douze personnes y compris les pilotes; pour les missions EMS (ambulance) deux blessés couchés et deux personnes soignantes; charge utile max 1500 kg.
Etat du développement: Premier vol de l'EC 145 le 12 juin 1999. Commandes à fin 2003: Sécurité Civile française 32, Gendarmerie française 8, ADAC allemand 2, REGA helvétique 5. Les livraisons ont débuté mi-2001. Plus de 300 exemplaires des variantes précédentes ont été vendus de par le monde.
Remarques: L'EC 145, version la plus récente de l'hélicoptère BK117 C-2, présente des améliorations tout à fait importantes. L'avionique et le poste de pilotage équipé du NVG, dispositif permettant la vision de nuit, sont nouveaux. L'intérieur de la cabine est devenu plus spacieux puisque le fuselage a été allongé de 40 cm et élargi de 10 cm. De ce fait et en raison des facilités de chargement par les portes arrière, cette version est particulièrement adaptée aux missions de sauvetage. Les performances en distance franchissable ont été améliorées grâce à l'augmentation de la masse au décollage. Le cockpit reprend des éléments importants de l'EC 135 (voir pages 182/183). Au niveau de la forme, les deux modèles sont ressemblants, en particulier dans la partie frontale. Le prix de vente s'élève à environ 5,9 Mio Euros. Un EC 145 est actuellement testé avec un écran d'information tridimensionnel qui améliore la vision lors des engagements de nuit.

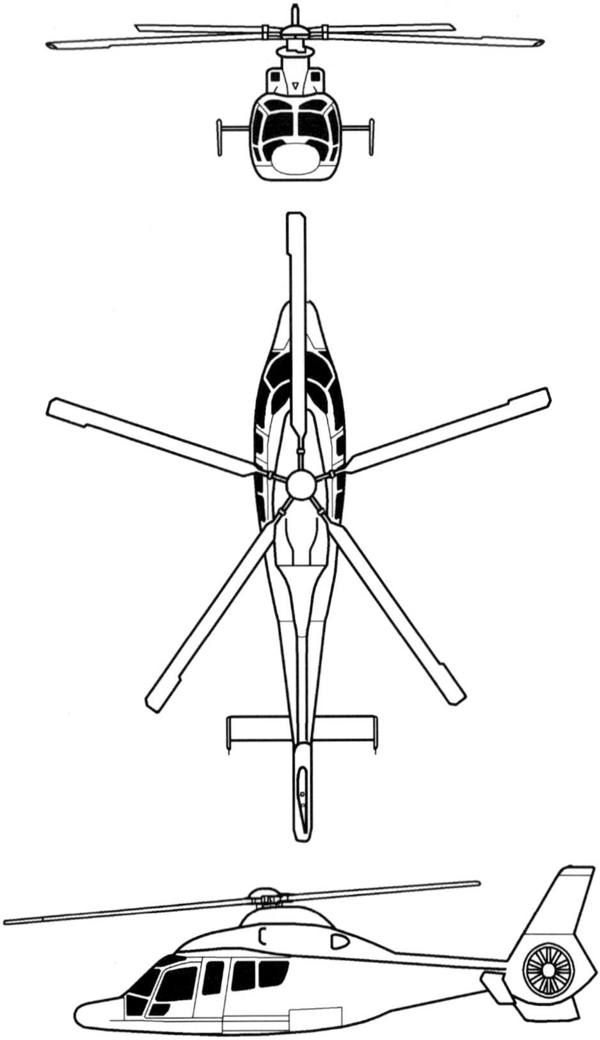

Dimensions

Diamètre du rotor: 12,60 m
Longueur du fuselage: 12,83 m
Hauteur y compris la tête de rotor: 3,52 m
Hauteur au sommet de la dérive: 4,35 m

EUROCOPTER EC 155B

Origine: France.
Constructeur: Eurocopter (Aérospatiale), usine de Marignane, La Courneuve, France.
Catégorie: Hélicoptère polyvalent, civil et militaire.
Moteurs: Deux turbines Turboméca Arriel 2C d'une puissance de 851 ch (635 kW) chacune.
Performances: Vitesse de croisière max. au niveau de la mer 264 km/h; vitesse de croisière moyenne max. 252 km/h au niveau de la mer; vitesse de croisière écon. 260 km/h; vitesse ascensionnelle max. en vol oblique 7,0 m/sec; plafond en vol stationnaire avec effet de sol 2550 m, sans effet de sol 1800 m; distance franchissable au niveau de la mer 830 km.
Masses: A vide 2523 kg; max. au décollage avec charge utile interne 4800 kg, avec charge utile externe 5000 kg.
Equipage, passagers et charge utile: Un ou deux pilotes et max 13 passagers ou 14 soldats; charge utile max.1994 kg.
Etat du développement: L'EC 155 vole depuis le 17 juin 1997. A fin 2003, quelque 50 exemplaires avaient été commandés dont la plupart avaient été livrés, notamment 15 à la Police allemande des frontières et 2 au Land allemand du Bad-Wurttemberg.
Remarques: L'EC 155 est une version très évoluée de l'AS 365N2. Il s'en distingue par une cabine rallongée de 30 cm et rehaussée de 18 cm. Le volume intérieur s'en trouve agrandi de 40 %. Le compartiment à bagages est aussi sensiblement plus vaste. La motorisation comprend deux turbines Arriel 2C actionnant un nouveau rotor Spheriflex à cinq pales dont le diamètre est plus grand de 60 cm. Le rotor de queue Fenestron à dix pales a aussi été modifié afin de réduire le bruit. Le tableau de bord est complètement numérique. La version de base est vendue aux environs de US$ 5,5 Mio. Actuellement, Eurocopter procède aux essais d'une version plus performante encore, l'EC 155 HP. Ce modèle doit servir de base à une variante militaire, l'EC 655. Aucune commande n'avait été enregistrée pour ces deux derniers modèles à fin 2003.

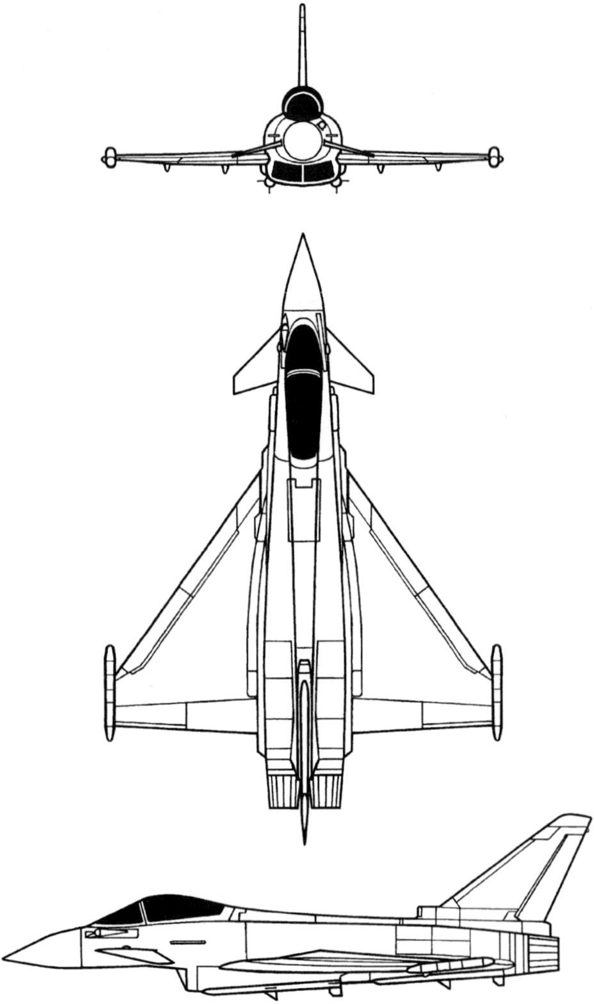

Dimensions

Envergure: 10,95 m

Longueur: 15,96 m

Hauteur: 5,28 m

Surface alaire: 50,00 m^2

EUROFIGHTER EJ2000 TYPHOON

Origine: Grande-Bretagne, Allemagne, Italie et Espagne.
Constructeur: Eurofighter, Munich, Allemagne.
Catégorie: Chasseur monoplace d'interception et de supériorité aérienne.
Moteurs: Deux réacteurs à double flux Eurojet EJ200 d'une poussée de 6100 kp (60 kN) chacun sans réchauffe et 9185 kp (90 kN) avec réchauffe.
Performances: Vitesse max. à haute altitude Mach 2,0+, à proximité du sol 1390 km/h; temps de montée à 10000 m env. 2 min; plafond opérationnel 16765 m; rayon d'action avec deux missiles air-air AIM-120 et deux AIM-132 y compris des réservoirs supplémentaires 1390+ km; distance franchissable en convoyage avec deux réservoirs supplémentaires 3700 km.
Masses: A vide 10995 kg; max. au décollage 23000 kg.
Armement: Un canon Mauser de 27 mm dans le fuselage et, par exemple, un assemblage de six missiles air-air à courte portée AIM-132 et quatre missiles air-air à moyenne portée AIM-120. Charge max. en armement 6500-8000 kg sous 13 points d'ancrage.
Etat du développement: Le premier de sept prototypes a entamé les essais en vol le 27 mars 1994. Le premier avion de série a pris l'air au cours de l'année 2002. Actuellement, 638 exemplaires sont programmés pour les pays suivants: Grande-Bretagne 232, République fédérale d'Allemagne 180, Italie 121 et Espagne 87. Le feu vert a été donné pour la fabrication d'un premier lot de 148 appareils. Les premiers avions de série ont été livrés en 2003. L'Autriche s'est prononcée définitivement pour 18 exemplaires. Le contrat avec la Grèce (60) est actuellement en suspens.
Remarques: L'EJ2000 Typhoon est disponible en versions monoplace et biplace. Les premiers exemplaires sont configurés avant tout pour les missions d'interception. L'ensemble des capacités de l'avion n'est disponible qu'à partir de 2004 seulement. Eurofighter met au point actuellement une version du Typhoon destinée à l'exportation, équipée de réservoirs supplémentaires « conformés », placés de part et d'autre du fuselage au-dessus des ailes; de cette façon, la distance d'engagement se trouve considérablement accrue. Le poids supplémentaire est compensé par un accroissement de 15 % de la puissance des réacteurs. Il est aussi question d'options nouvelles, en particulier de tuyères orientables et d'un poste de pilotage évolué disposant d'un système de Voice-Control (= pilotage de l'avion à la voix).

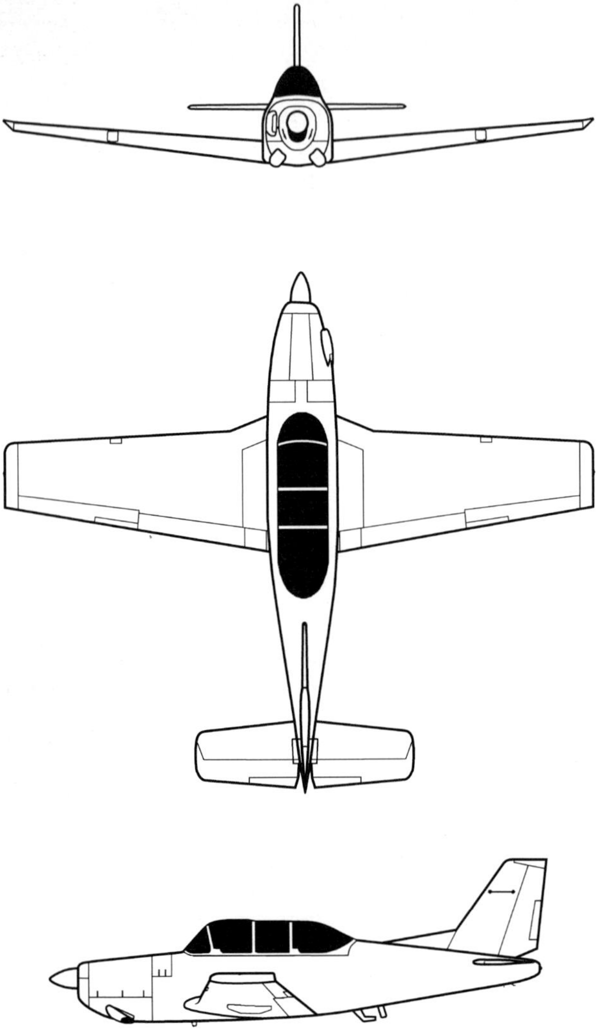

Dimensions
Envergure: 10,00 m
Longueur: 8,53 m
Surface alaire: 6,50 m^2

FUJI T-7

Origine: Japon.
Constructeur: Fuji Heavy Industries, Tokyo, Japon.
Catégorie: Avion d'entraînement de base.
Moteur: Un turbopropulseur Rolls-Royce 250B-17F d'une puissance de 450 ch (345 kW).
Performances: Vitesse de croisière max. 300 km/h; plafond 7620 m.
Masse: Max. au décollage 1585 kg.
Equipage: Elève-pilote et instructeur dans des sièges en tandem.
Etat du développement: Premier vol du prototype en 1998. Deux appareils de présérie volent depuis 2002. Les Forces d'autodéfense japonaises veulent s'en procurer 49 exemplaires en tout, dont 32 sont déjà commandés ferme. Les premiers seront opérationnels en 2004.
Remarques: Le gouvernement japonais a choisi en septembre 1998 le T-7 (désigné aussi T-3 Kaï occasionnellement) comme successeur de l'avion d'entraînement de base T-3 de la même société. Ce biplace en tandem est précisément un développement du T-3. Hormis le moteur, des modifications ont aussi été apportées au radiateur, ainsi qu'aux ailes et à la queue. Grâce au moteur nouveau, l'ensemble des performances est nettement supérieures à celles du prédécesseur. Une autre version dérivée du T-3, le Fuji T-5, a été livrée à la Marine japonaise. Elle s'en distingue surtout par les deux sièges côte à côte et la possibilité d'emporter jusqu'à quatre personnes; 36 exemplaires ont été construits jusqu'en 1999.

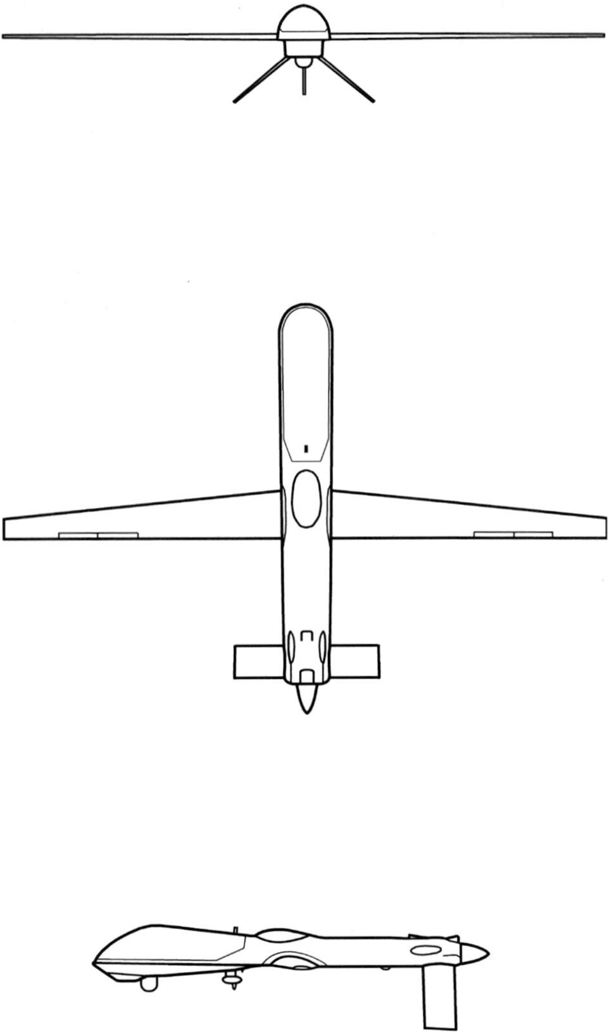

Dimensions
Envergure: 14,60 m
Longueur: 8,23 m

GENERAL ATOMICS RQ-1A PREDATOR

Origine: USA.
Constructeur: General Atomics Aeronautical Systems Inc., San Diego, Californie, USA.
Catégorie: Avion sans pilote pour les missions de reconnaissance et d'information électronique (ELINT) à moyenne altitude.
Moteur: Un moteur à piston entraînant une hélice propulsive Rotax 914 TC d'une puissance de 106 ch (79 kW).
Performances: Vitesse max. env. 225 km/h; plafond 7600 m; durée de vol à 500 km de la base 24 h; autonomie max. de 40 à 60 h.
Masses: Normale au décollage 850 kg, max. au décollage 1040 kg.
Charge utile: Systèmes de reconnaissance d'un poids total de 204 kg.
Etat du développement: Le premier exemplaire a été présenté en août 1994. Un nombre non révélé de ces systèmes est en service opérationnel auprès du 11e Reconnaissance Wing de l'USAF depuis plusieurs années. L'USAF a commandé une nouvelle série de 29 drones. Y compris les exemplaires retenus par l'US Navy, en tout plus de 90 appareils doivent être achetés. L'Italie en a obtenu cinq (+ trois options).
Remarques: Le RQ-1A est une version améliorée du GNAT-750, qui n'a trouvé que des emplois sporadiques pour des missions d'espionnage de la CIA. Le radar de reconnaissance SAR (Synthetic Aperture Radar = r. à ouverture synthétique) dont il est équipé est doté d'un système de transmission de données via satellite. Une caméra vidéo à haute définition permet de surcroît au commandant des troupes au sol d'obtenir en temps réel des informations sur les zones ennemies par transmission de données. Le Predator est en mesure d'effectuer des missions par n'importe quel temps. Il a été étudié et optimisé spécialement pour le vol à faible vitesse et à des altitudes moyennes. Une version de ce drone dispose de systèmes spécialisés dans les fréquences radio afin de remplir des missions ELINT. Actuellement, une version armée procède à des essais; elle doit pouvoir emporter notamment des missiles antichars AGM-114 Hellfire accrochés à deux points d'ancrage sous la voilure. L'USAF teste, sous le nom de Predator B, une variante équipée d'un réacteur à double flux FJ44-2A (MQ-9A) ainsi qu'un autre modèle doté d'un turbopropulseur Honeywell TPE-331-10T (commandé à six exemplaires par l'USAF, voir photo) Les performances s'en trouvent bien sûr nettement améliorées dans tout le domaine de vol. Et un armement plus important peut être emmené.

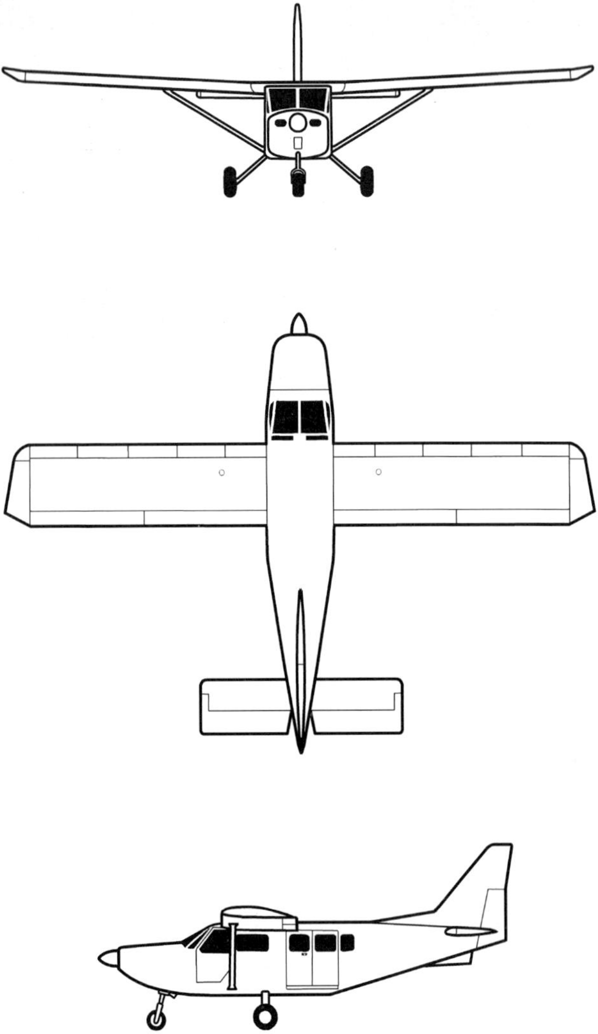

Dimensions
Envergure: 12,30 m
Longueur: 8,76 m
Hauteur: 3,66 m
Surface alaire: 19,20 m^2

GIPPSLAND AERONAUTICS GA-8 AIRVAN

Origine: Australie.
Constructeur: Gippsland Aeronautics, Morwell Victoria, Australie.
Catégorie: Avion de transport léger monomoteur polyvalent STOL.
Moteur: Un moteur six-cylindres boxer refroidi par air Textron Lycoming IO-540-K1A5 d'une puissance de 300 ch (223 kW).
Performances: Vitesse max. autorisée 259 km/h ; vitesse de croisière normale 240 km/h ; vitesse ascensionnelle initiale 4,0 m/sec ; plafond pratique 6100 m ; distance franchissable 1350, max. 1720 km.
Masses: A vide 997 kg ; max. au décollage 1814 kg.
Equipage, passagers et charge utile: Un pilote et jusqu'à sept passagers ; charge utile max. comme avion cargo 600 kg.
Etat du développement: Le prototype a entamé ses essais en vol le 3 mars 1995. L'Airvan a été certifié en décembre 2000. Quelque 40 machines sont commandées, dont 16 pour l'US Civil Air Patrol. Actuellement, le constructeur tente de trouver des partenaires pour la fabrication en franchise de l'avion hors de l'Australie.
Remarques: Cet avion polyvalent extrêmement robuste et construit de manière très simple, est tout spécialement conçu pour les pays en voie de développement. C'est ainsi que ce modèle est proposé à un prix sans concurrence pour cette catégorie de US$ 310 000.–. Il est capable d'effectuer des décollages et des atterrissages courts et peut opérer à partir de pistes non préparées. Le pilotage, l'avionique et l'aménagement intérieur sont volontairement modestes et se limitent à l'essentiel. Le train d'atterrissage n'est pas escamotable. On examine actuellement la possibilité de remplacer le moteur Lycoming par un moteur diesel Thielert TAE 135 de 135 ch (100 kW). Une variante allongée pour pouvoir contenir dix places et équipée d'une turbine Rolls-Royce 250 de 420 ch (310 kW) doit être développée. Une version dotée de flotteurs est aussi à l'étude. Une version dotée d'une hélice nouvelle sera disponible pour le marché européen en 2004.

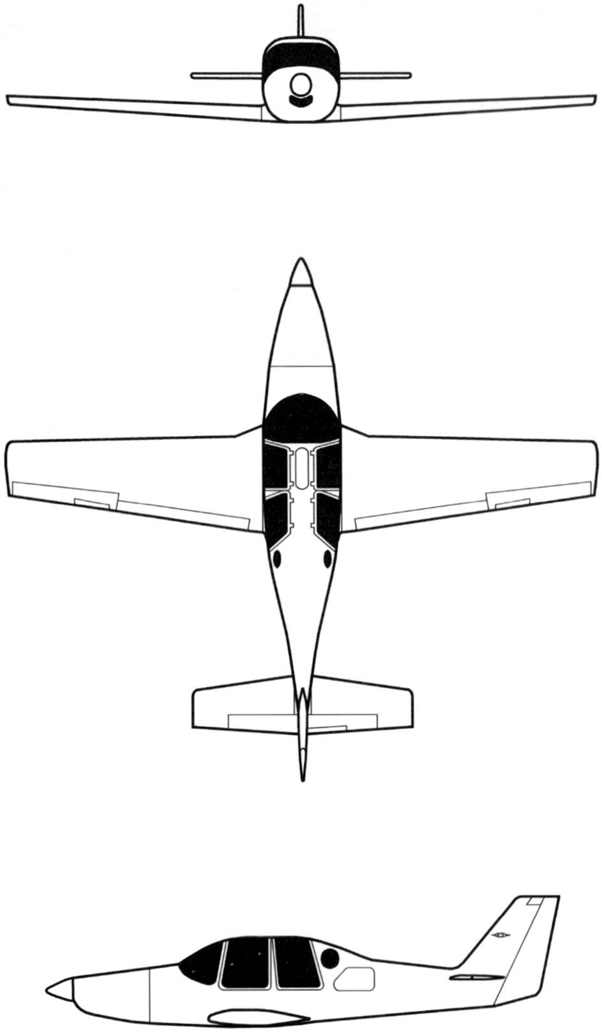

Dimensions
Envergure: 10,30 m
Longueur: 8,90 m
Hauteur: 2,80 m
Surface alaire: 13,30 m^2

GROB G 140TP

Origine: Allemagne.
Constructeur: Grob Luft- und Raumfahrt GmbH & Co. KG., Tussenhausen-Mattsies, Allemagne.
Catégorie: Avion léger polyvalent.
Moteur: Un turbopropulseur Rolls Royce 250 B17F d'une puissance de 450 ch (335 kW).
Performances: Vitesse de croisière max. 408 km/h à 3050 m d'altitude; vitesse de croisière normale 315 km/h; vitesse ascensionnelle initiale 13,70 m/sec; distance franchissable avec quatre passagers et 30 minutes de réserves 1065 km, distance max. 2130 km.
Masses: Max. au décollage (voltige) 1500 kg, sinon 1650 kg.
Equipage, passagers et charge utile: Quatre personnes, y compris le pilote; charge utile max. 550 kg.
Etat du développement: Le premier vol du prototype s'est déroulé le 12 décembre 2002. La certification était attendue pour la fin 2003. Aucun chiffre de ventes n'avait été rendu public à fin 2003.
Remarques: Le G 140TP est prévu pour remplir essentiellement une double mission: l'entraînement pour des utilisateurs civils et militaires. Ce qui fait que l'appareil et tout à fait apte à la voltige aérienne. Mais ce modèle est aussi indiqué pour les voyages d'affaires pas trop ambitieux et dans cette tâche il est d'un usage très économique. La cabine a des dimensions généreuses pour quatre personnes, ce qui la rend aussi agréable pour entreprendre des vols de plus longue distance. Le fuselage et les ailes sont entièrement en matériaux composites. Le G 140TP dispose d'un train rentrant et d'une hélice à cinq pales Mühlbauer MTV-5. Si le client le désire, le G 140TP peut être équipé d'une cabine pressurisée. Le prix de vente se situe, pour le modèle de base, autour de US$ 890 000.–.

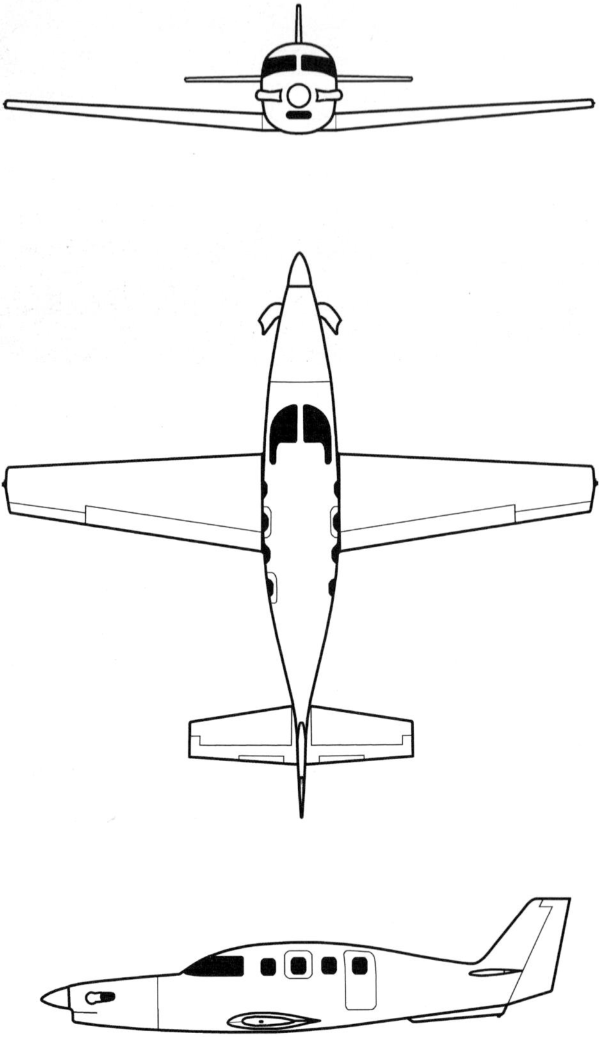

Dimensions
Envergure: 13,00 m
Longueur: 11,50 m
Hauteur: 3,40 m
Surface alaire: 20,50 m^2

GROB G 160TP RANGER

Origine: Allemagne.
Constructeur: Grob Luft- und Raumfahrt GmbH & Co. KG., Tussenhausen-Mattsies, Allemagne.
Catégorie: Avion d'affaires.
Moteur: Un turbopropulseur Pratt & Whitney PT6A-42A d'une puissance de 850 ch (640 kW).
Performances (estimations): Vitesse de croisière max. 500 km/h à 7620 m d'altitude; vitesse ascensionnelle initiale 12,0 m/sec; plafond pratique 9500 m; distance franchissable avec six personnes à 7620 d'altitude et 30 minutes de réserves 3300 km, max. 4000 km.
Masse: Max. au décollage 3300 kg.
Equipage, passagers et charge utile: Un ou deux pilotes dans un poste de pilotage séparé de la cabine; dans cette dernière, de quatre à six passagers max. peuvent normalement prendre place; charge utile max. 720 kg.
Etat du développement: Le prototype devait voler pour la première fois en 2004. Les livraisons doivent commencer en 2005. L'état du carnet de commandes n'est pas connu.
Remarques: Avec ce modèle, Grob entre sur le marché des avions d'affaires monomoteurs lourds équipés d'un turbopropulseur. L'accent a été mis sur le confort des passagers. A l'opposé de modèles analogues, le G 160 TP présente une section de fuselage ovale et non pas ronde. De plus, le plancher est plat sur toute la longueur. Les proportions généreuses de la cabine doivent aussi faciliter le travail pendant le vol. Tous les sièges sont équipés d'interfaces pour ordinateurs portables. En option, le Ranger est disponible avec une toilette ainsi que deux sièges supplémentaires; cette possibilité se réalise au détriment du compartiment à bagages. Comme c'est l'habitude chez Grob, le G 160 TP fait largement appel aux matériaux composites renforcés de fibres. Le tableau de bord ne comporte presque plus que trois grands écrans multifonctions Honeywell Apex. Le prix de vente du modèle de base est d'environ 2 Mio euros.

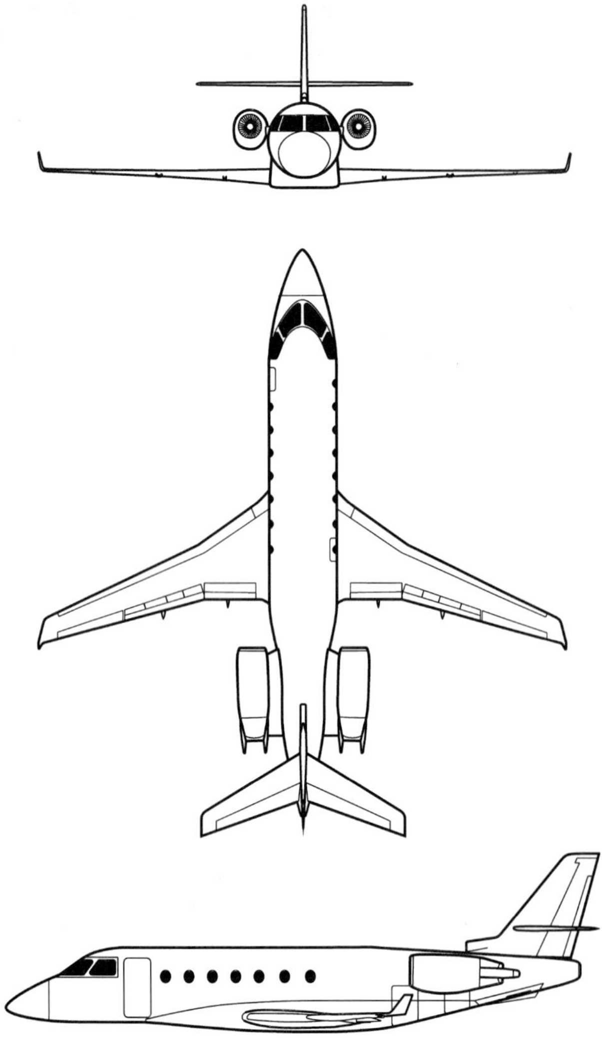

Dimensions
Envergure: 17,71 m
Longueur: 18,97 m
Hauteur: 6,53 m
Surface alaire: 34,28 m^2

GULFSTREAM G 200

Origine: Israël / USA.
Constructeurs: Gulfstream Aerospace Corp., (filiale de Daimler Chrysler Corp.), Savannah, Georgia, USA, et Israel Aircraft Industries Ltd, Ben-Gurion International Airport, Israël.
Catégorie: Avion d'affaires.
Moteurs: Deux réacteurs à double flux Pratt & Whitney Canada PW306A de 2740 kp (26,98 kN) de poussée chacun.
Performances: Vitesse max. 870 km/h ou Mach 0,85; vitesse de croisière longue distance 800 km/h (Mach 0,82); plafond pratique 13 716 m; distance franchissable avec quatre passagers et les réserves IFR 6660 km.
Masses: A vide 8981 kg; max. au décollage 16 080 kg.
Equipage, passagers et charge utile: Deux pilotes et normalement huit passagers dans d'excellentes conditions de confort ou jusqu'à 18 passagers par rangées (étroites) de trois personnes et couloir central; charge utile max. 1905 kg.
Etat du développement: Le premier des quatre prototypes a volé le 25 décembre 1997 suivi du deuxième appareil le 21 mai 1998. Les livraisons ont commencé début 1999. Plus de 100 exemplaires (+ des options) ont été commandés, dont plus de la moitié ont déjà été fabriqués. Chaque année, 24 machines sont produites en Israël; elles reçoivent leur équipement intérieur aux Etats-Unis.
Remarques: Connu précédemment sous le nom de Galaxy, le Gulfstream G 200 est le fruit d'une collaboration entre l'entreprise israélienne IAI et un groupe financier américain. Il est dérivé de l'Astra SPX/G 100. Tandis que les ailes sont largement empruntées à ce prédécesseur, le fuselage du G 200, sensiblement plus volumineux, est tout à fait nouveau. Son volume intérieur de 7,44 de long sur 2,18 m de large et 1,91 de haut correspond à des exigences plus élevées. A l'instar de la plupart des avions d'affaires de la nouvelle génération, le tableau de bord est équipé d'écrans multifonctions fournis par Rockwell Collins. Le prix de vente du G 200 complètement équipé est de US$ 17 Mio. A la suite d'une cure d'amaigrissement drastique d'environ 300 kg, les performances garanties concernant la charge utile et la distance franchissable devraient être atteintes.

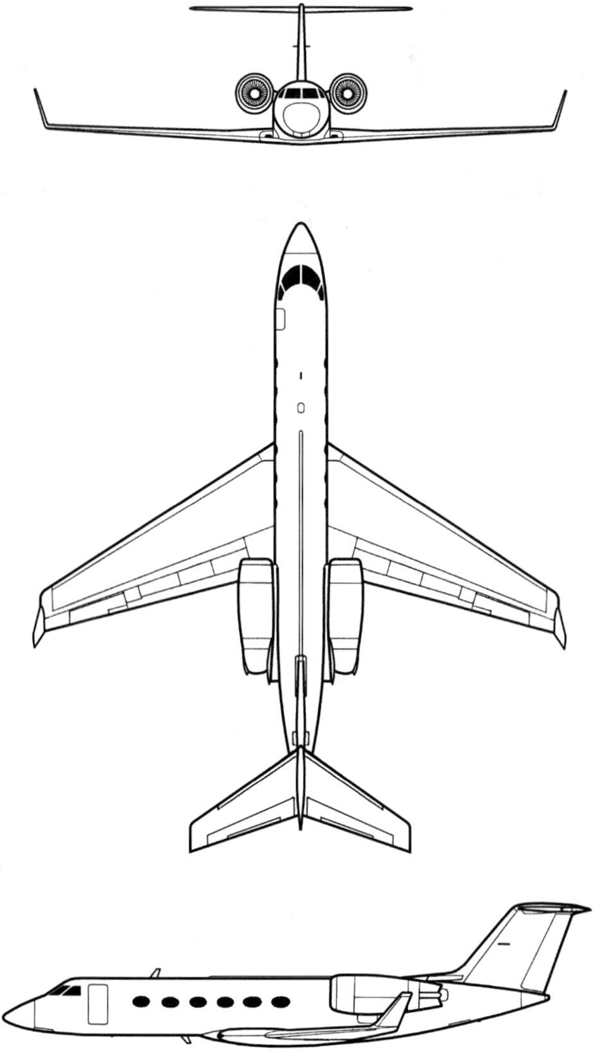

Dimensions
Envergure: 23,72 m
Longueur: (300) 26,90 m, (450) 27,23 m
Hauteur: 7,67 m
Surface alaire: 88,29 m^2

GULFSTREAM AEROSPACE GULFSTREAM 300/450

Origine: USA.
Constructeur: Gulfstream Aerospace Corp. (filiale de DaimlerChrysler Corp.), Savannah, Georgia, USA.
Catégorie: Avion d'affaires et avion polyvalent pour des tâches civiles et militaires.
Moteurs: Deux réacteurs à double flux Rolls-Royce (450) Tay 611-8C d'une poussée de 6282 kp (61,60 kN) chacun.
Performances (450): Vitesse de croisière max. Mach 0,88; vitesse de croisière longue distance 850 km/h; plafond pratique 13715 m; distance franchissable à Mach 0,80 8061 km.
Masses (450): Equipé 19504 kg; max. au décollage 33521 kg.
Equipage, passagers et charge utile: Deux pilotes dans un cockpit séparé de la cabine et, selon l'aménagement, 12, 14 voire 19 passagers; (450) charge utile avec le plein de carburant 816 kg, max. 2227 kg.
Etat du développement: A la surprise générale, Gulfstream a présenté en octobre 2003 le Gulfstream 450 qui avait effectué son premier vol le 30 avril précédent déjà. Le Gulfstream IV-SP vole depuis 1993. Fin 2003, quelque 450 Gulfstream IV avaient été livrés. Le Gulfstream 300 est immédiatement disponible, le 450 à partir de 2005.
Remarques: La famille Gulfstream se développe de façon cohérente. Après la version -SP (= Special Performance, désignée récemment Gulfstream 400), le Gulfstream 300 a suivi, précédant d'une année le Gulfstream 450. Tandis que le 300 représente une amélioration du modèle -SP (il est équipé d'une avionique Honeywell SPZ-8400, d'un aménagement intérieur retravaillé; il peut aussi franchir de plus longues distances) le 450 reprend des éléments substantiels du Gulfstream 500/550 (voir pages 204/205) qui est plus grand. C'est du grand frère qu'ont été repris le tableau de bord PlaneView de même que la pointe du fuselage. Grâce à des moteurs plus puissants, les distances franchissables ont été allongées et la cabine pressurisée a été améliorée. L'US Army et l'US Navy prévoient ensemble de s'équiper d'une version spéciale du Gulfstream 450, qu'elles désignent RC-20. Equipé d'une batterie de capteurs fabriqués par Northrop Grumman il serait engagé avant tout dans des missions de surveillance électronique (ACS, Aerial Common Sensor Intelligence). Plus de 50 exemplaires de ce modèle devraient être commandés.

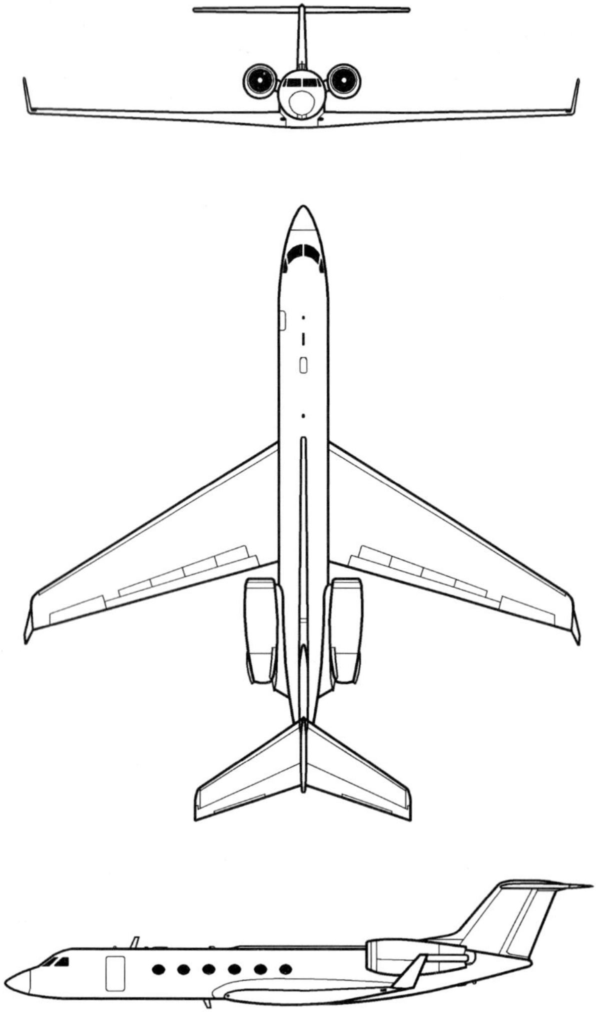

Dimensions
Envergure: 28,50 m
Longueur: 29,40 m
Hauteur: 7,90 m
Surface alaire: 105,63 m^2

GULFSTREAM AEROSPACE GULFSTREAM 500/550

Origine: USA.
Constructeur: Gulfstream Aerospace Corp. (filiale de DaimlerChrysler Corp.), Savannah, Georgia, USA.
Catégorie: Avion d'affaires longue distance.
Moteurs: Deux réacteurs à double flux BMW/Rolls-Royce BR 710 d'une poussée de (500) 6690 kp (65,6 kN), (550) 6980 kp (68,4 kN) chacun.
Performances: Vitesse de croisière max. (500) 904 km/h (Mach 0,85), (550) 940 km/h (Mach 0,885); vitesse de croisière longue distance 851 km/h; vitesse ascensionnelle initiale (500) 21,3 m/sec; plafond 15545 m; distance franchissable avec le plein de carburant, huit passagers et les réserves IFR (500) 10742 km, (550) 12500 km.
Masses: Equipé (500) 21682 kg, (550) 21919 kg; max. au décollage (500) 38601 kg, (550) 41277 kg.
Equipage, passagers et charge utile: Deux pilotes dans le poste de pilotage et normalement de 13 à 15 passagers max. Charge utile avec les réservoirs pleins 816 kg, max. (500) 3039 kg, (550) 2950 kg.
Etat du développement: Le prototype de ce qui était encore appelé Gulfstream V a volé pour la première fois le 28 novembre 1995. Les livraisons ont débuté mi-1997. A fin 2003, 200 exemplaires étaient opérationnels auprès de la clientèle. L'USAF dispose de 20 C-37A (désignation militaire du Gulfstream 500) pour le transport des VIP, l'US Army et l'US Coast Guard chacun un. La variante 550 a fait son premier vol le 18 juillet 2002. Quelque 40 exemplaires ont été commandés jusqu'ici. A peu près trente exemplaires des deux versions sont produits chaque année.
Remarques: Le Gulfstream IV qui a servi de base de travail a été complètement remanié. Le fuselage a été allongé de 2,40 m ce qui permet d'offrir aux passagers un confort nettement plus élevé et plus de place pour les bagages. La cabine mesure maintenant 15,30 m de long. Les ailes sont toutes nouvelles et optimisées pour les distances que l'avion doit franchir. Le poste de pilotage est équipé d'une avionique numérique Honeywell PlaneView avec six écrans multifonctions. Gulfstream propose, sous la désignation 550 (ex V-SP), une version améliorée disposant d'une distance franchissable de 12500 km et d'un tableau de bord nouveau. Le 550 a aussi des moteurs plus puissants. Israël a commandé quatre 550 (+ deux options) en deux variantes, l'une pour les missions ELINT-/SIGINT l'autre pour les missions AEW. Cette dernière version dispose d'un radar AEW Phalcon développé par IAI.

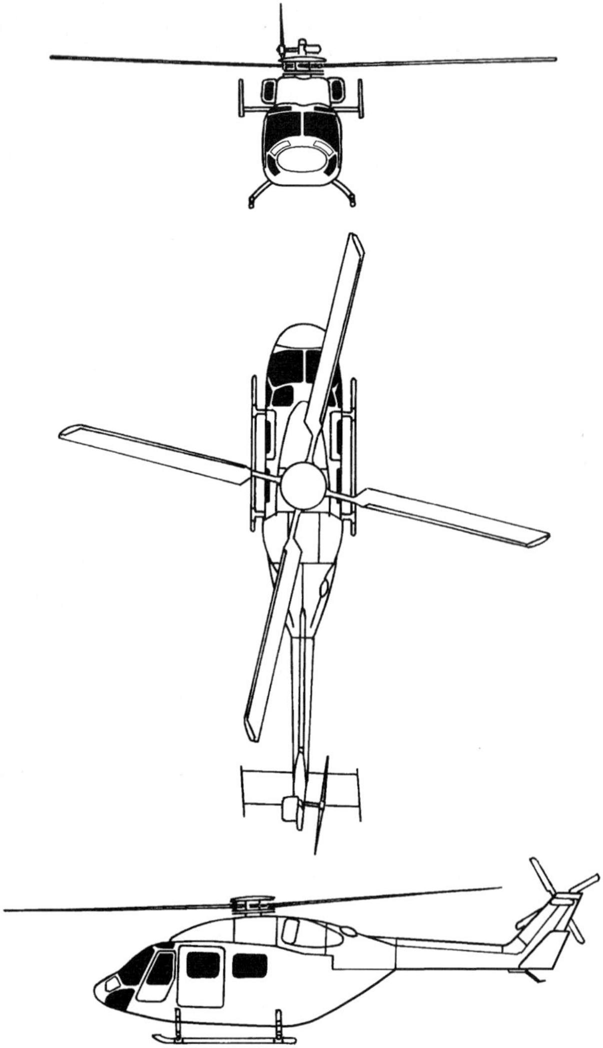

Dimensions
Diamètre du rotor principal: 13,20 m
Longueur du fuselage: 12,89 m
Hauteur y compris la tête de rotor: 3,76 m

HAL DRUV

Origine: Inde.
Constructeur: HAL Hindustan Aeronautics Ltd., Bangalore, Inde.
Catégorie: Hélicoptère polyvalent civil et militaire.
Moteurs: Deux turbines Turboméca TM 333-2B d'une puissance de 1000 ch (746 kW) chacune.
Performances: Vitesse max. 280 km/h au niveau de la mer; vitesse de croisière 245 km/h; vitesse ascensionnelle max. en vol oblique 9,0 m/sec; plafond pratique 6000 m; plafond en vol stationnaire sans effet de sol 3000 m+; distance franchissable avec une charge utile de 700 kg 400 km au niveau de la mer, distance franchissable max. 800 km.
Masses: A vide (version pour l'Armée de l'air) 2216 kg, (version pour la Marine) 2352 kg; max. au décollage (version pour l'Armée) 5500 kg, (version Armée de l'air) 4000 kg, (version Marine) 5000 kg.
Equipage, passagers et charge utile: Deux pilotes et jusqu'à 14 passagers; charge utile max. sous élingue 1500 kg.
Etat du développement: Le premier de quatre prototypes a commencé les essais en août 1992. Les Forces armées indiennes ont besoin de 300 ALH (Armée 120, Armée de l'air 60, Marine 120). Environ 65 exemplaires de différentes versions ont été commandés ferme. Fin 2003, quelque 20 Druv avaient été livrés. Au début, 24 exemplaires seront fabriqués annuellement; plus tard la production annuelle passera à 36 hélicoptères.
Remarques: Le Druv, connu auparavant sous le seul sigle ALH, existe en différentes variantes: (Armée) hélicoptère de transport de troupe et de ravitaillement, antichars et poseur de mines, tous modèles équipés de patins d'atterrissage; (Marine) missions de liaison et d'évacuation ainsi que les missions SAR et ASW, il est équipé d'un train tricycle escamotable, de rotors repliables et d'un sonar; (Armée de l'air) hélicoptère de sauvetage et de transports divers. Une version civile est aussi proposée qui peut transporter normalement jusqu'à 12 passagers (premier vol 1999). Le rotor principal et le rotor de queue n'ont pas d'articulation et sont faits en matériaux composite renforcés. Le fuselage, essentiellement en aluminium, est renforcé de fibres de carbone et de kevlar. Actuellement, la version Marine est testée avec des moteurs TM332C2 d'une puissance unitaire de 1200 ch (895 kW). D'une manière générale, il est envisagé d'utiliser des turbines plus puissantes pour améliorer les performances à haute altitude.

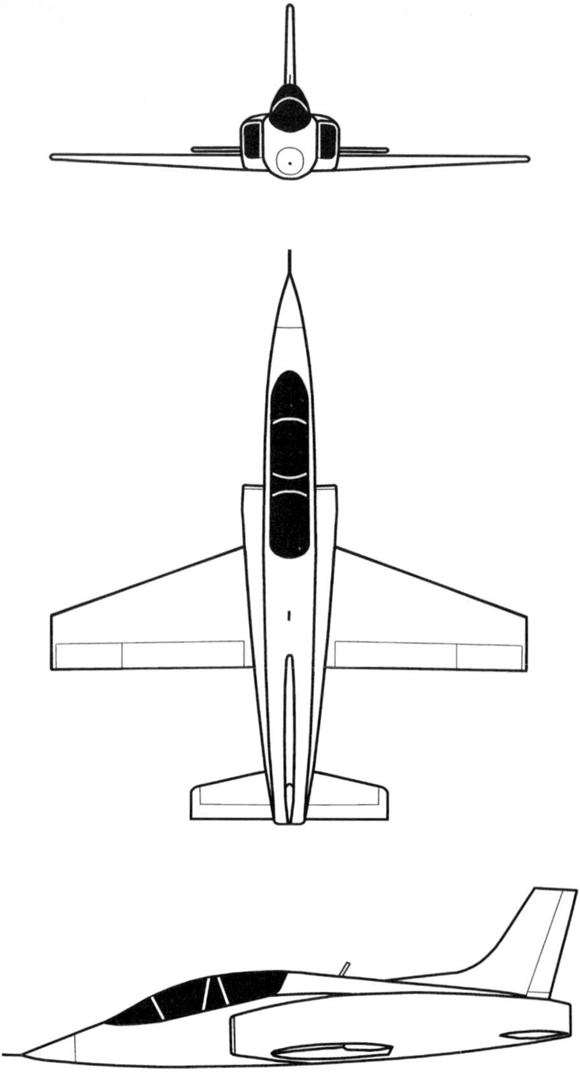

Dimensions

Envergure: 9,80 m
Longueur: 10,91 m
Hauteur: 4,13 m

HAL HJT-36

Origine: Inde.
Constructeur: HAL Hindustan Aeronautics Ltd., Bangalore, Inde.
Catégorie: Avion biplace d'entraînement de base.
Moteur: Un réacteur à double flux Snecma Larzac 04 H 20 d'une poussée de 1430 kp (14,03 kN).
Performances (estimations): Vitesse max. Mach 0,8 km/h en léger piqué soit 825 km/h; plafond 12 000 m; autonomie max. 3 h.
Masses: Norm. au décollage 3500 kg; max. au décollage 4500 kg.
Armement: Environ 1000 kg d'armement suspendu à des points d'ancrage sous les ailes.
Etat du développement: Le premier de deux prototypes a entamé les essais en vol le 7 mars 2003. L'Inde a besoin de 211 appareils pour son Armée de l'air et sa Marine. Les premiers 16 exemplaires sont commandés. Les livraisons vont commencer probablement fin 2005.
Remarques: La nouvelle génération d'avions de combat de l'Armée de l'air indienne exige aussi de nouveaux avions d'écolage qui prennent en compte les systèmes et les méthodes d'utilisation modernes. Le programme de nouvel avion d'entraînement destiné à l'écolage intermédiaire a été rendu public en 1999. Le premier prototype est un démonstrateur aérodynamique. Le second doit être déjà très proche de la version de série. Il sera par exemple équipé d'un «glascockpit» (écrans numériques) et d'une avionique à l'architecture ouverte. Un écran tête haute (HUD = Head Up Display) est aussi installé au poste avant. Pour le reste, la construction du HJT-36 est conventionnelle. La cellule est en grande partie en aluminium. Les matériaux composites sont utilisés en de rares endroits. Le moteur choisi est le réacteur français Larzac, éprouvé depuis de longues années puisqu'il propulse notamment en deux exemplaires l'avion d'entraînement avancé franco-allemand Alphajet.

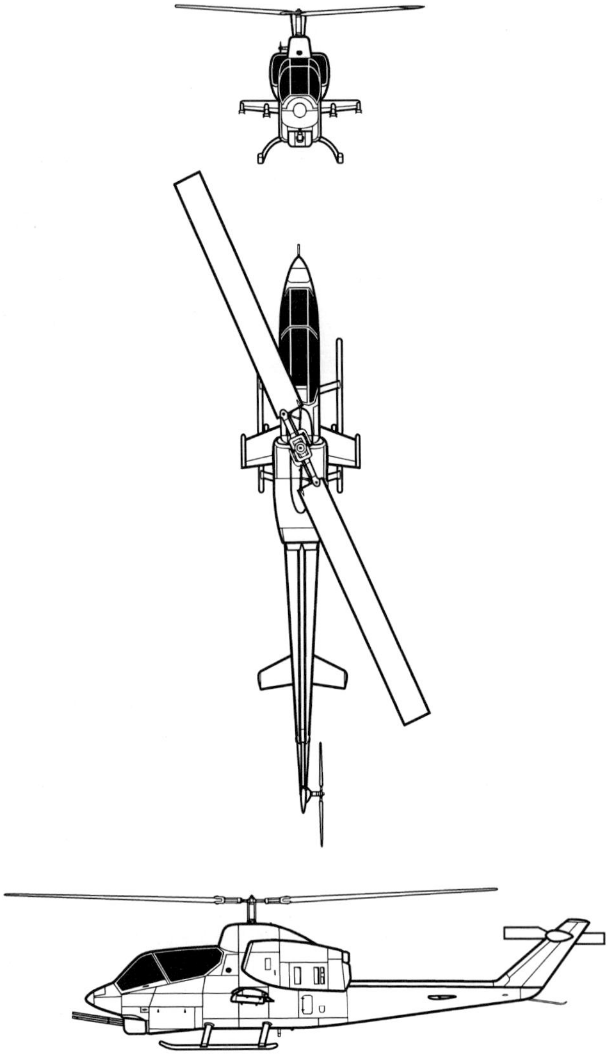

Dimensions
Diamètre du rotor: 13,41 m
Longueur du fuselage: 13,59 m
Hauteur: 4,14 m

HESA PROJECT 2091 (AH-1J)

Origine: Iran (USA).
Constructeur: HESA (Havapelmasazi Iran/Iran Aircraft Manufacturing Industries Company), Shahin Shar/Isfahan, Iran.
Catégorie: Hélicoptère de combat biplace.
Moteur: Une turbine double Pratt & Whitney T400-WV-402 d'une puissance de 1920 ch (1431 kW).
Performances: Vitesse max. 333 km/h; vitesse ascensionnelle verticale max. 5,5 m/sec; plafond opérationnel 3215 m; plafond en vol stationnaire avec effet de sol 3794 m, sans effet de sol 1365 m; rayon d'action 200 km; distance franchissable max. avec le plein des réservoirs internes 577 km.
Masses: Equipé 3140 kg; max. au décollage 4530 kg.
Armement: Un canon rotatif de 20 mm à trois tubes et 750 obus; quatre points d'ancrage sous les moignons d'aile pour l'emport de missiles antichars, des mitrailleuses en conteneur et des lance-roquettes.
Etat du développement: Quatre ex-Bell AH-1J modifiés volent actuellement. L'Armée iranienne envisage de s'en procurer une cinquantaine d'exemplaires. Dans les années 1970, l'Imperial Irani Army Aviation disposait de 202 AH-1J, dont environ 70 exemplaires sont encore opérationnels.
Remarques: Dans le cadre d'un programme désigné Project 2091, les appareils survivants de la série d'AH-1J vieillis sont résolument modernisés. Les modifications visibles de l'extérieur portent sur la verrière plate et plus aérodynamique du cockpit ainsi que sur l'installation d'un appareil FLIR dans le nez de l'hélicoptère. Le poste de pilotage est équipé d'écrans plats multifonctions. Simultanément, la cellule est révisée à 0 heure, autrement dit à l'état neuf. Dans une deuxième phase, un rotor quadripale en plastique remplacera l'ancien, bipale; il est prévu en outre de monter un FLIR au-dessus de la tête du rotor principal. Enfin, les moteurs seront dotés d'un dispositif de brouillage infrarouge.

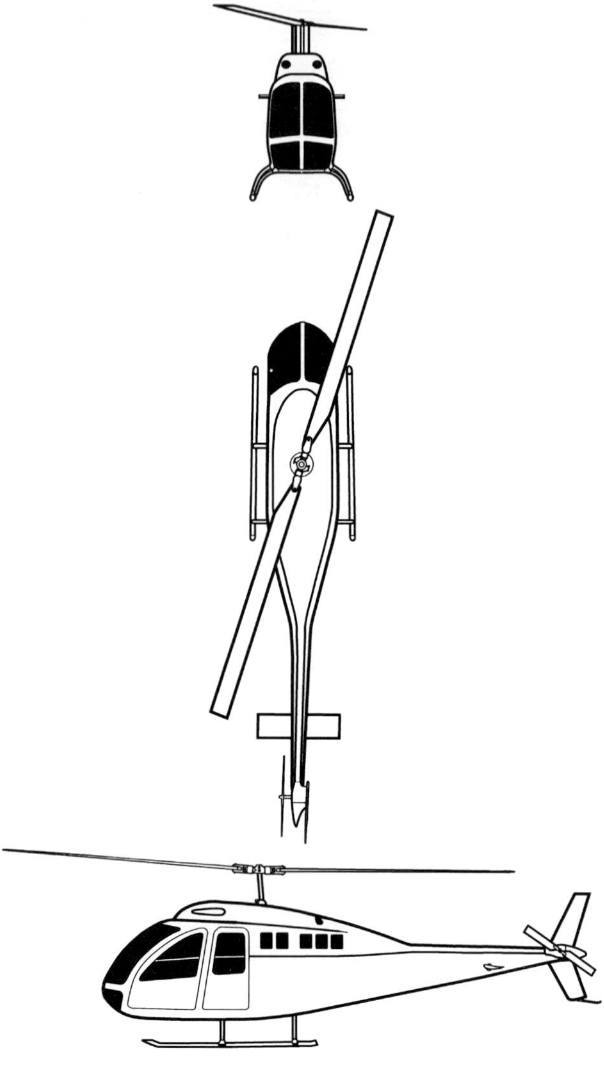

Dimensions
Aucune donnée disponible.

HESA SHAHED 278

Origine: Iran.
Constructeur: HESA (Havapelmasazi Iran/Iran Aircraft Manufacturing Industries Company), Shahin Shar/Isfahan, Iran.
Catégorie: Hélicoptère léger polyvalent.
Moteur: Une turbine de type inconnu, probablement d'une puissance de 600 ch (445 kW).
Performances: (Aucune donnée disponible).
Masse: (Aucune donnée disponible).
Occupants: Un pilote et de quatre à cinq passagers.
Etat du développement: La date du début des essais en vol du prototype n'a pas été révélée. Le Shahed 278 a été officiellement présenté au printemps 2003 à l'occasion d'une manifestation aéronautique en Iran.
Remarques: Le Shahed 278 (occasionnellement désigné Shahed 276 également) est un développement du Bell JetRanger. De nombreux exemplaires de ce type équipalent les forces armées iraniennes à la fin des années 1970. De toute évidence, le potentiel de ces machines, en particulier la cellule, atteint la limite basse, ce qui exige une révision totale. Ils en ressortent pratiquement à l'état neuf et avec un aspect modifié. Il est probable que les composants dynamiques correspondent à ceux du JetRanger. Aucune précision n'a été fournie concernant le moteur, s'il s'agit de la même turbine ou d'un nouveau modèle.

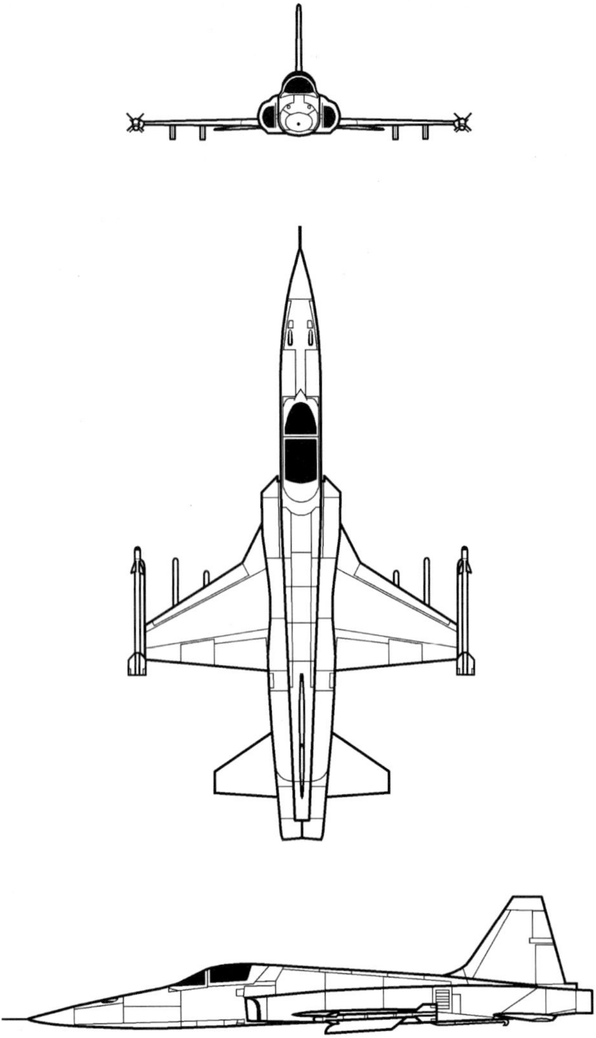

Dimensions
Envergure: 7,70 m
Longueur: 14,12 m
Hauteur: 4,01 m
Surface alaire: 15,79 m²

HESA SIMORGH NR. 1

Origine: Iran (USA).
Constructeur: HESA (Havapelmasazi Iran/Iran Aircraft Manufacturing Industries Company), Shahin Shar/Isfahan, Iran.
Catégorie: Avion biplace d'entraînement avancé.
Moteurs: Deux réacteurs General Electric J85-GE-13 d'une poussée de 1234 kp (12,10 kN) chacun sans réchauffe et 1851 kp (18,15 kN) avec réchauffe.
Performances (F-5A): Vitesse max. 1487 km/h ou Mach 1,4 à haute altitude, au niveau de la mer 1199 km/h (Mach 0,96); vitesse ascensionnelle initiale 145,8 m/sec; plafond opérationnel 15 250 m; distance franchissable réservoirs internes 2518 km.
Masses (F-5A): A vide 3667 kg; normale au décollage 6237 kg, max. au décollage 9124 kg.
Armement (F-5A): Deux canons M-39 de 20 mm de chaque côté de la pointe avant du fuselage et jusqu'à 2812 kg d'armement réparti sous quatre points d'ancrage sous le fuselage et au bout des ailes.
Etat du développement: L'Iran possédait, à la fin des années 1960, 104 monoplaces F-5A et 23 biplaces F-5B. La date du premier vol d'un F-5A transformé en Simorgh Nr. 1 n'a pas été révélée. Quelques-uns de ces appareils sont cependant opérationnels. Selon des informations récentes, une dizaine de F-5A auraient déjà été transformés.
Remarques: Pour satisfaire la demande de l'armée de l'air iranienne en moyens de formation avancée, HESA transforme d'anciens F-5A monoplaces en Simorgh Nr. 1 biplaces. Il s'agit en fait de modifications très importantes qui comprennent notamment l'allongement du fuselage. On ne sait pas encore pour l'instant si l'avionique et les systèmes subissent une cure aussi radicale. Un nouveau siège éjectable de fabrication russe remplace le siège Martin-Baker, précédemment installé sur le F-5A.

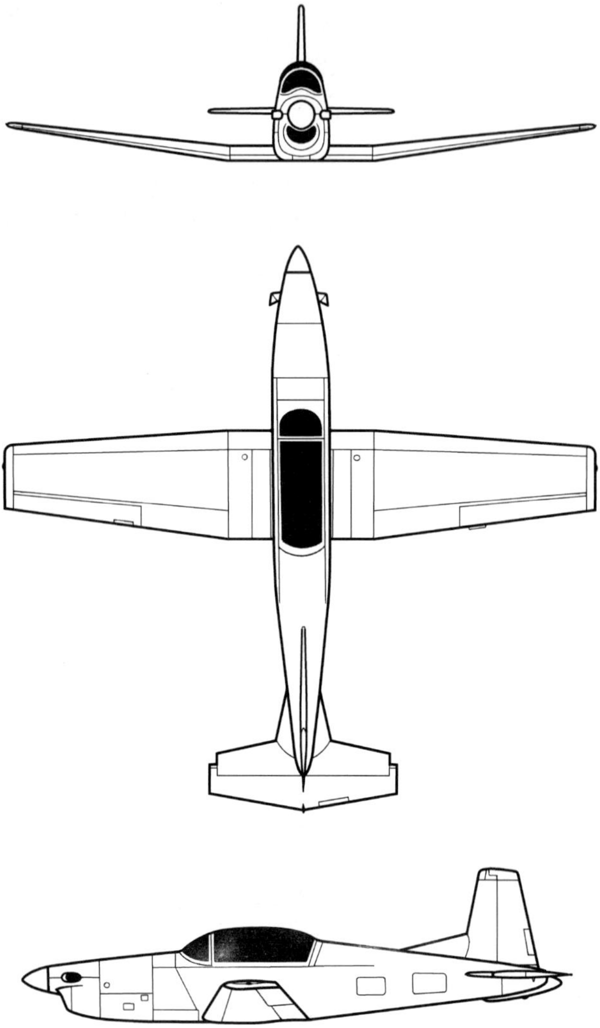

Dimensions
Envergure: 10,40 m
Longueur: 9,75 m
Hauteur: 3,21 m
Surface alaire: 16,60 m^2

HESA S-68

Origine: Iran (Suisse).
Constructeur: HESA (Havapelmasazi Iran/Iran Aircraft Manufacturing Industries Company), Shahin Shar/Isfahan, Iran.
Catégorie: Avion biplace d'entraînement de base.
Moteur: Une turbine Pratt & Whitney Canada PT6A-25A d'une puissance de 650 ch (485 kN), bridée à 550 ch (410 kN).
Performances (PC-7): Vitesse max. longue durée 411 km/h à 3050 m d'altitude, vitesse de croisière écon. 370 km/h à 6100 m; vitesse ascensionnelle initiale 10,4 m/sec; plafond opérationnel 9450 m; distance franchissable sur réservoirs internes 1047 km.
Masses (PC-7): A vide 1300 kg; au décollage pour des vols de voltige 1900 kg, max. au décollage 2700 kg.
Armement: Jusqu'à 1040 kg d'armement suspendu à six pylônes sous les ailes.
Etat du développement: L'Iran possédait au début des années 1980, selon diverses sources, entre 35 et 45 PC-7 pour l'écolage de base. Depuis quelque temps, ces avions commencent à recevoir une cure de rajeunissement. Plusieurs exemplaires transformés sont opérationnels mais le nombre d'appareils qui seront finalement reconstruits n'est pas connu.
Remarques: Le constructeur iranien HESA a commencé la reconstruction du PC-7 qui porte désormais la désignation S-68. L'embargo sur les armes à l'encontre de l'Iran a fait que ce pays n'a plus pu se procurer de nouvelles machines. On peut en déduire que le S-68 n'est pas une construction sous licence mais plutôt une copie non autorisée. On ne sait pas non plus jusqu'où vont les modifications du modèle de base. Les lignes extérieures laissent penser que le S-68 correspond largement à l'avion d'origine et que seuls quelques éléments et des systèmes – pour qui il était impossible de se procurer des pièces de rechange – sont nouveaux.

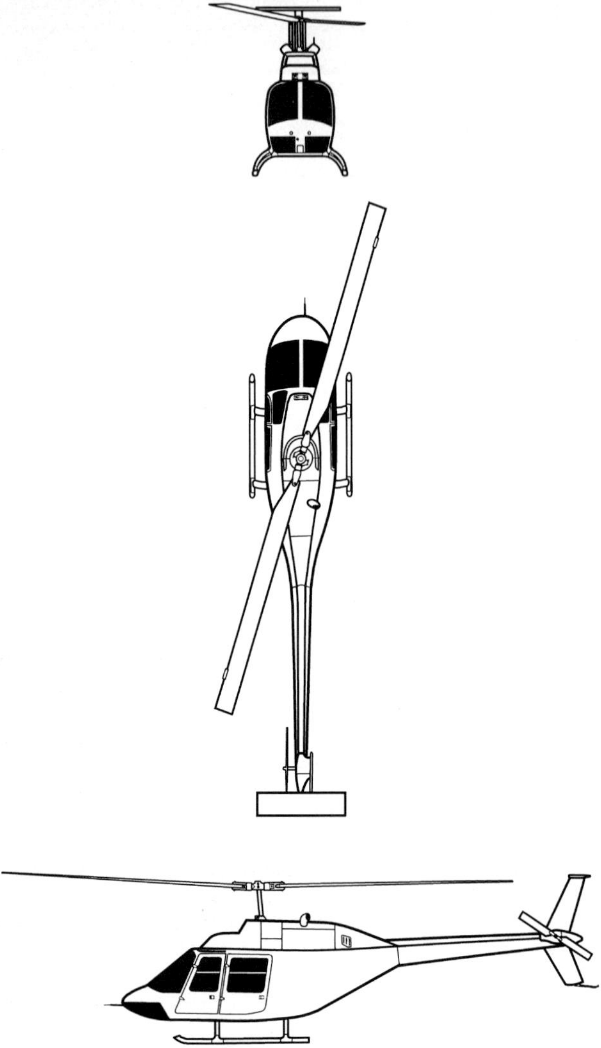

Dimensions
Aucune donnée disponible.

HESA SHAHED 274

Origine: Iran.
Constructeur: HESA (Havapelmasazi Iran/Iran Aircraft Manufacturing Industries Company), Shahin Shar/Isfahan, Iran.
Catégorie: Hélicoptère léger polyvalent, civil et militaire.
Moteurs: Deux turbines Allison 250-C20B d'une puissance de 420 ch (313 kW) chacune.
Performances (données très provisoires): Vitesse max. 180 km/h; plafond pratique 5181 m; distance franchissable avec le max. de carburant en interne 600 km.
Masse: (Aucune donnée disponible).
Occupants: Deux pilotes et jusqu'à cinq passagers.
Armement: Le Shahed 274 est en mesure, probablement, de transporter quelques armes légères.
Etat du développement: La date du début des essais en vol du prototype (désigné aussi Shahed X5) n'a pas été révélée. Le Corps révolutionnaire islamique (l'organisation qui a succédé à l'Armée de l'air impériale iranienne) doit en recevoir une trentaine d'exemplaires. Au moins trois machines ont déjà été livrées.
Remarques: Après un quart de siècle d'embargo, l'Iran s'est vu dans l'obligation d'une part de moderniser son arsenal d'hélicoptères de provenance américaine ou italienne et d'autre part de développer lui-même de tous nouveaux modèles. Le Panha 2061 (= Bell JetRanger) appartient à la première catégorie de même que les dérivés des modèles 205 (baptisé Shabaviz 2-75) et 212 de Bell. Le Shahed 274 est en revanche tout à fait nouveau. A l'exception des moteurs et d'une partie de l'avionique, il s'agit ici d'un développement entièrement iranien. Il est probable que le Bell 206 JetRanger a servi de référence de base. Le fuselage, les composants dynamiques et toute la partie arrière sont de conception indigène et nouvelle. Le constructeur iranien ayant respecté les normes internationales de fabrication en vigueur, il est en mesure de vendre ce modèle à l'étranger.

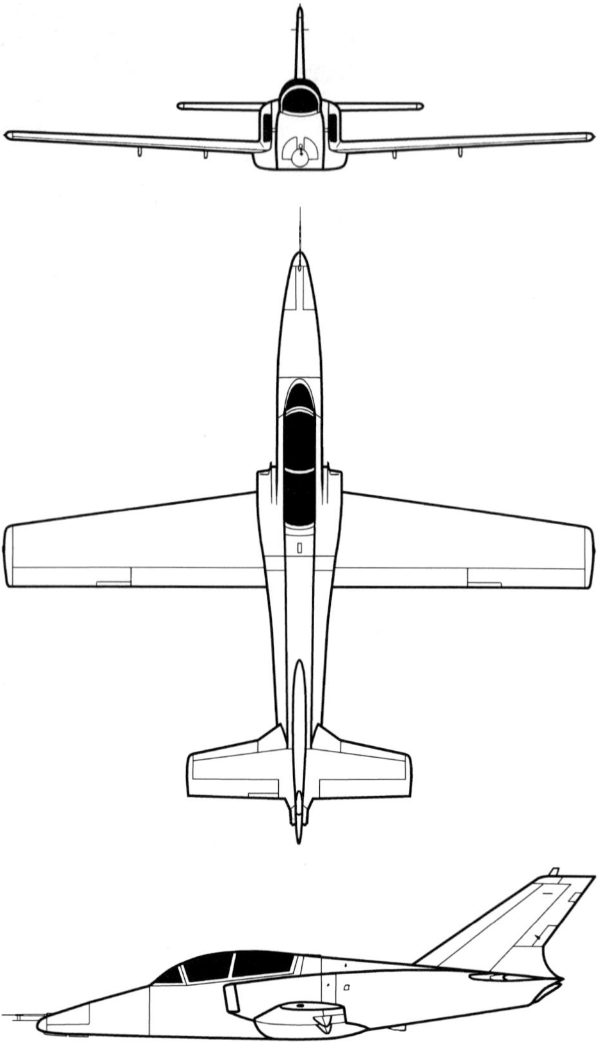

Dimensions
(Aucune donnée disponible)

IRAN RESEARCH/OWJ JT2-2 TAZARVE

Origine: Iran.
Constructeur: Iran Research Institute, OWJ Industrial Complex, usine de Tehran-Mehrabad, Iran.
Catégorie: Avion biplace d'entraînement avancé.
Moteur: Un réacteur General Electric J85-13 d'une poussée de 1850 kp (18,15 kN).
Performances (estimations): Vitesse de croisière max. 645 km/h; temps de montée au plafond opérationnel de 11 580 m 8 minutes.
Masse: Max. au décollage 4000 kg.
Armement: Tout armement nécessaire pour les besoins de la formation des futurs pilotes de combat.
Etat du développement: Le prototype a volé pour la première fois en 2000 avant d'être officiellement présenté deux ans plus tard. Actuellement, cinq avions destinés aux essais sont terminés ou en construction. Un premier lot de 25 appareils a été autorisé à la production par l'Armée de l'air iranienne.
Remarques: Le JT2-2 Tazarvé est un avion dont la construction a été maintenue au niveau le plus simple possible. Etant donné le choix plus que réduit en ce qui concerne la motorisation – un réacteur de conception relativement très ancienne équipe le Tazarvé – on a cherché à obtenir des performances acceptables en adoptant une fabrication légère pour cet avion de petites dimensions. Tandis que le fuselage est en aluminium, les ailes font largement appel aux matériaux composites. Le cockpit est apparemment repris du PC-7/S-68 (voir les pages 216/217). Le Tazarvé doit couvrir un très large spectre de formation entre l'écolage de base jusqu'à l'entraînement avancé. Par la suite, une version armée devrait être développée pour les missions d'attaque au sol.

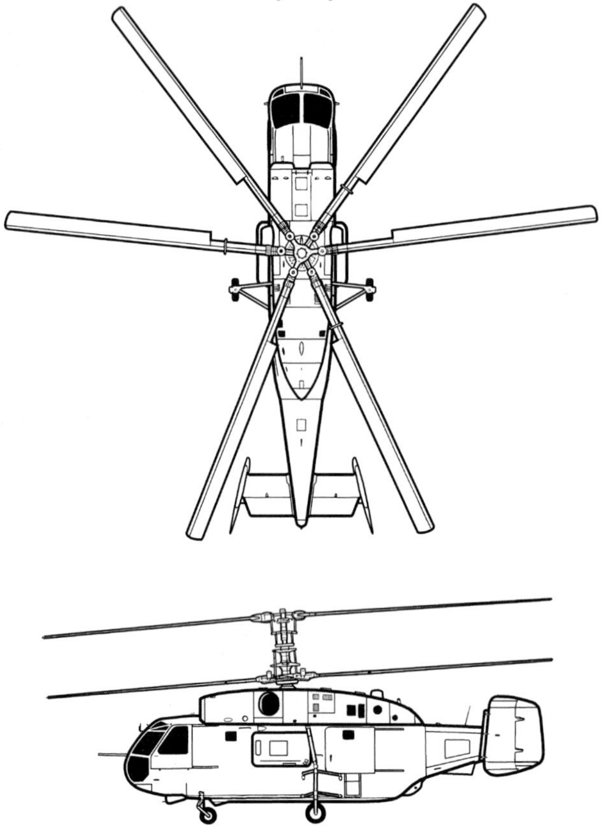

Dimensions
Diamètre de chacun des deux rotors coaxiaux: 15,90 m
Longueur du fuselage: 11,30 m
Hauteur au sommet du rotor: 5,40 m

KAMOV KA-31/-32

Origine: Russie.
Constructeur: Kamov Kompaniya, usine de Lyubertsy, Moscou, Russie.
Catégorie: (Ka-31) Hélicoptère AEW embarqué, (Ka-32) hélicoptère moyen, civil et polyvalent.
Moteurs (Ka-32A-11BC): Deux turbines Klimov TV3-117VMA d'une puissance de 2225 ch (1658 kW) chacune.
Performances (Ka-32 à 11000 kg): Vitesse max. 250 km/h au niveau de la mer; vitesse de croisière max. 230 km/h; plafond opérationnel 6000 m; plafond en vol stationnaire avec effet de sol 3500 m, sans effet de sol 1705 m; distance franchissable max. 800 km; autonomie max. 4,5 h.
Masses (Ka-32): A vide 6250 kg; normalement chargé 11 000 kg; max. au décollage 12 600 kg.
Equipage, passagers et charge utile (Ka-31): Deux pilotes et deux opérateurs systèmes; (Ka-32): Deux pilotes et 16 passagers sur des sièges le long des parois du fuselage ou une charge utile max. de 5000 kg.
Etat du développement: La version originelle du Ka-32 a volé pour la première fois en 1973; le développement proposé actuellement, le Ka-32A-11BC a obtenu sa certification en 2002. Quelque 150 de ces hélicoptères sont engagés dans des opérations civiles. Après plusieurs années d'interruption de la production, celle-ci a été relancée par une commande de dix exemplaires de la Corée du Sud. Le Ka-31 vole depuis 1988 mais la production a commencé tout récemment seulement. La Marine indienne en a commandé neuf exemplaires.
Remarques: Les deux modèles Ka-31 Ka-32, ainsi que leurs prédécesseurs Ka-27, -28, -29 se distinguent par un fuselage trapu et le double rotor coaxial et contre-rotatif. Le Ka-32, qui existe en plusieurs sous-variantes, remplit en priorité les missions de ravitaillement des plates-formes pétrolières et les postes situés dans des régions éloignées; il est aussi amené à effectuer des transports lourds sous élingue ainsi que des missions de recherche et de sauvetage. Il est particulièrement robuste et peut opérer par conditions météo très difficiles. Il existe actuellement un programme de modernisation des anciens Ka-27PL de la Marine russe. Outre une nouvelle électronique ASW, ils doivent recevoir des moteurs Klimow VK-2500 plus puissants. La version AEW Ka-31 dispose dans la partie inférieure du fuselage d'un radar de surveillance bidimensionnel 360° E-801 Oko qui peut être déployé en vol.

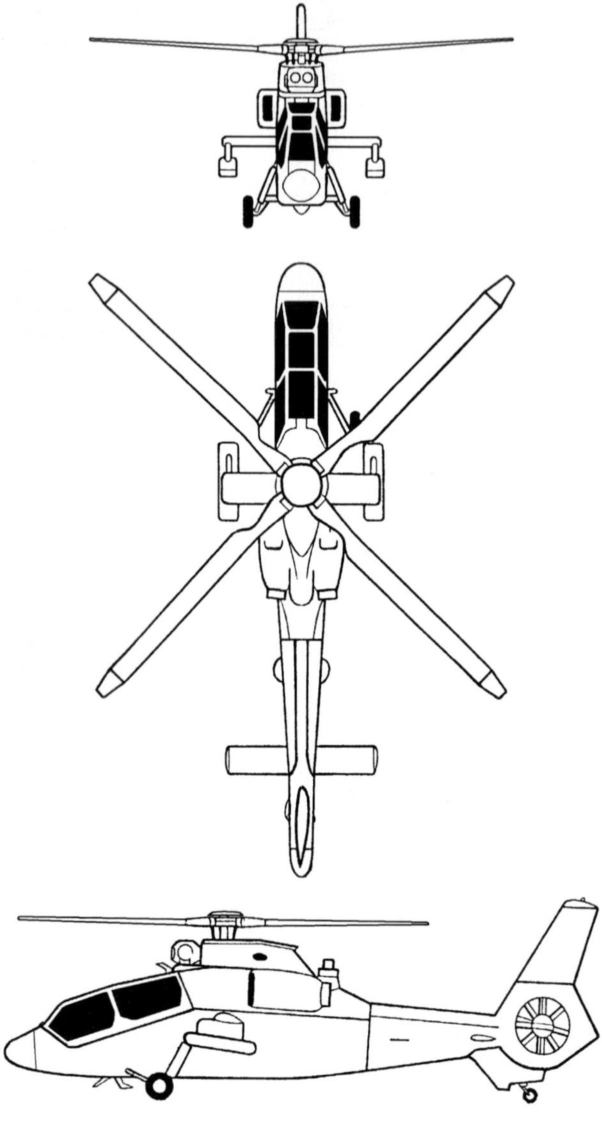

Dimensions
Diamètre du rotor: 11,60 m
Longueur du fuselage: 12,00 m
Hauteur: 3,80 m

KAWASAKI OH-1

Origine: Japon.
Constructeur: Kawasaki Heavy Industries Ltd., Tokyo, Japon.
Catégorie: Hélicoptère léger biplace d'observation et de combat.
Moteurs: Deux turbines Mitsubishi TS1-10 d'une puissance de 888 ch (663 kW) chacune.
Performances (données provisoires constructeur): vitesse max. en vol horizontal 270 km/h; rayon d'action sans réservoirs extérieurs 200 km, distance franchissable 550 km.
Masses: A vide 2450 kg; max. au décollage 4000 kg.
Armement: Accrochés à deux pylônes de part et d'autre du fuselage, quatre missiles air-air infrarouges à courtes distances Toshiba Type 91 ainsi que deux réservoirs additionnels de 160 l chacun.
Etat du développement: Le premier de six prototypes (dont deux destinés aux essais statiques qui ne voleront pas) a commencé les essais en vol le 6 août 1996. Les livraisons ont commencé en janvier 2000. Les forces armées terrestres japonaises ont exprimé leur intention d'obtenir environ 150 OH-1 pour remplacer le Kawasaki/MDD OH-6D; les 20 premiers sont commandés, un contrat pour 4 autres doit suivre en 2004.
Remarques: Fuji et Mitsubishi participent aussi pour chacun 20 %, aux côtés de Kawasaki, au développement de l'OH-1. La conception de l'hélicoptère – désigné au départ OH-X – suit la tendance actuelle: fuselage étroit, biplace en tandem, pilote dans le cockpit avant et opérateur systèmes/observateurs à l'arrière sur un siège surélevé. La cellule fait largement appel aux matériaux composites, le cockpit est blindé. Le rotor principal sans articulation est aussi en plastique et le rotor de queue est encastré pour des raisons de sécurité. L'électronique destinée au combat comporte notamment une caméra TV, un FLIR et un télémètre laser. Tous les systèmes sont pilotés par un ordinateur MIL-STD-1553B. Avec cet équipement, l'OH-1 est opérationnel de nuit et par tout temps.

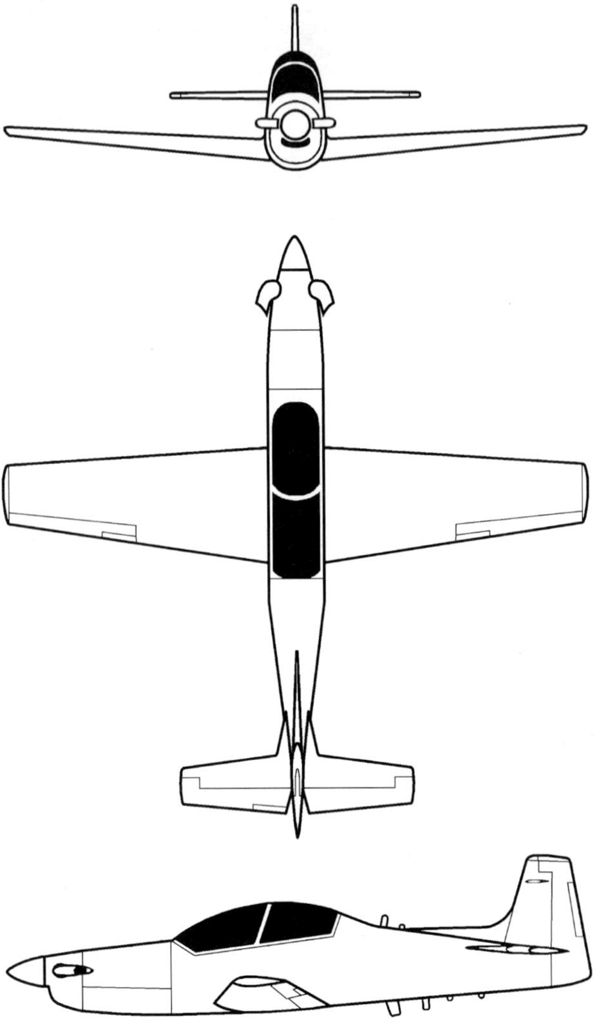

Dimensions
Envergure: 10,26 m
Longueur: 10,60 m
Hauteur: 3,40 m
Surface alaire: 15,50 m^2

KOREAN AEROSPACE INDUSTRIES (DAEWOO) KT-1 WOONG BEE

Origine: Corée du Sud.
Constructeur: Korean Aerospace Industries (KAI), Inchon, usine de Sachon, République de Corée du Sud.
Catégorie: Avion biplace d'entraînement de base.
Moteur: Une turbine Pratt & Whitney Canada PT6A-62 d'une puissance de 950 ch (710 kW).
Performances: Vitesse max. 650 km/h; plafond pratique 1580 m; autonomie max. 5,0 h.; distance franchissable 1700 km.
Masses: Equipé 1818 kg; max. au décollage 2830 kg.
Armement: Une grande variété d'armes en fonction des missions entraînées peuvent être suspendues à deux points d'ancrage sous les ailes, au max. 520 kg; (KO-1) quatre points d'ancrage pour conteneurs à mitrailleuses, réservoirs supplémentaires et roquettes de marquage.
Etat du développement: Le premier de quatre prototypes a entamé les essais en vol en décembre 1991. Un modèle de présérie a suivi en 1998. L'Armée de l'air sud-coréenne en a commandé 85 exemplaires qui ont commencé à être livrés à partir du printemps 2001. L'Indonésie a une commande en cours de 7 exemplaires, maintenant presque tous construits. Le KO-1 doit voler pour la première fois en 2004; 20 exemplaires seront opérationnels auprès de l'Armée de l'air sud-coréenne à partir de 2005.
Remarques: Le Woong Bee est le vainqueur du programme indigène « KORINT » de développement d'un avion léger d'entraînement qui a démarré en 1988. Le premier démonstrateur, baptisé KTX-1, a été repris et retravaillé par Daewoo qui en a fait le KT-1. Comparé au prototype, la version de série s'en distingue par des renforcements structuraux et des améliorations de caractère aérodynamiques au fuselage et aux ailes de manière à optimiser la stabilité et la manœuvrabilité. Le KT-1 dispose de deux sièges éjectables Martin Baker Mk.16. Une variante destinée à l'observation (FAC, **F**orward **A**ir **C**ontrol) est développée sous la désignation KO-1; elle peut emporter un armement léger. KAI planifie une troisième variante, le XKT-1C, équipé d'un tableau de bord à écrans plats de CMC Electronics. Le premier vol est attendu pour 2004.

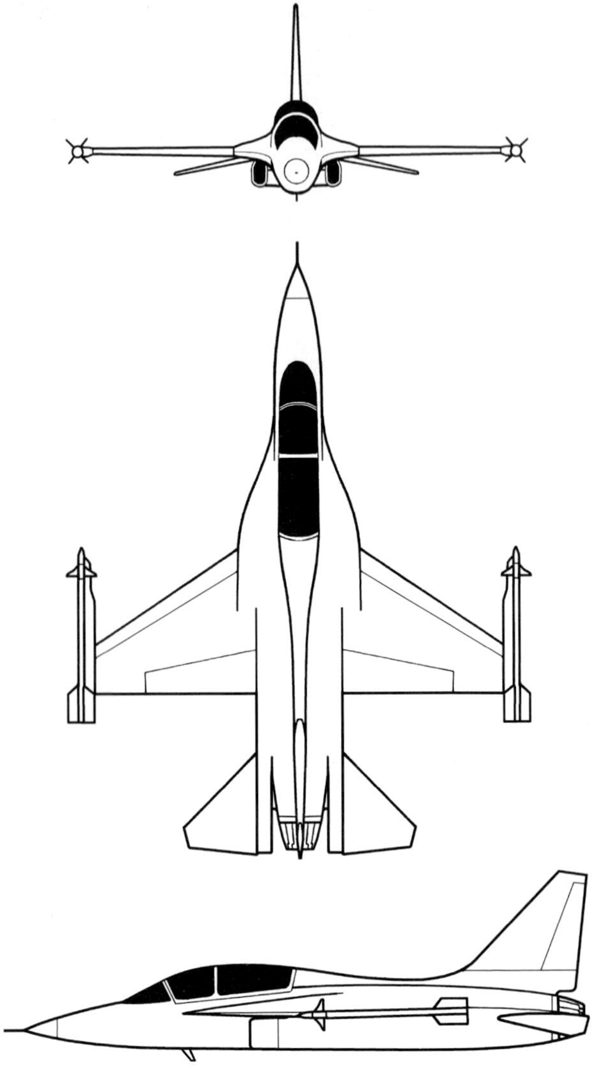

Dimensions

Envergure y compris missiles en bouts d'aile: 9,17 m
Longueur: 13,13 m
Hauteur: 4,90 m

KOREAN AEROSPACE INDUSTRIES T-50/A-50 GOLDEN EAGLE

Origine: Corée du Sud.
Constructeur: Korea Aerospace Industries (KAI), Inchon, usine de Sachon, République de Corée du Sud.
Catégorie: (T-50) Avion d'entraînement biplace; (A-50) avion de combat léger et polyvalent.
Moteur: Un réacteur à double flux General Electric F404-GE-402 d'une poussée de 5400 kp (53,9 kN) sans réchauffe et 8000 kp (78,7 kN) avec réchauffe.
Performances (données constructeur): Vitesse max. Mach 1,4; vitesse ascensionnelle initiale 165 m/sec; plafond pratique 14 630 m.
Masses: A vide 6441 kg; max. au décollage sans charges extérieures 8890 kg, avec charges extérieures 11 974 kg.
Armement: Un canon de 20 mm à l'avant du fuselage avec la bouche à feu sous le vortex de l'aile gauche. L'avion dispose de sept points d'ancrage – un sous le fuselage, quatre sous les ailes et deux en bouts d'aile – pour des missiles air-air et/ou air-sol ainsi que des bombes de toute sorte.
Etat du développement: Le premier de quatre prototypes a effectué son premier vol le 20 août 2002, suivi par le deuxième le 8 novembre de la même année. L'Armée de l'air sud-coréenne a planifié la commande de 47 appareils d'entraînement avancé T-50A, de 47 appareils d'entraînement à la chasse T-50B (premier vol 29 août 2003) et plus tard jusqu'à 100 avions de combat légers A-50. Récemment, un premier lot de 25 T-50A a été commandé ferme. Les livraisons doivent débuter en 2005.
Remarques: Samsung Aerospace est soutenu par Lockheed Martin dans le développement de cet appareil. Le constructeur américain s'est chargé de l'étude des ailes, des commandes de vol ainsi que de l'avionique. Trois versions sont prévues: l'avion d'entraînement avancé T-50A, le «Lead-in Fighter-Trainer» (avion d'entraînement d'introduction aux missions de chasse) T-50B équipé d'un radar APG-67 et enfin l'avion de combat léger monoplace A-50. Cette dernière version pourrait même éventuellement servir de chasseur léger polyvalent, sous la désignation F-50. Il disposerait alors d'un radar plus performant, d'une électronique de combat et d'une plus grande capacité en carburant. Mais ces trois versions ne se différencient guère sur le plan de la construction, seulement sur celui de leurs équipements. Tous trois disposent de commandes électriques (Fly-by-Wire) et d'une instrumentation de Honeywell comprenant un écran tête haute (HUD = **H**ead **U**p **D**isplay).

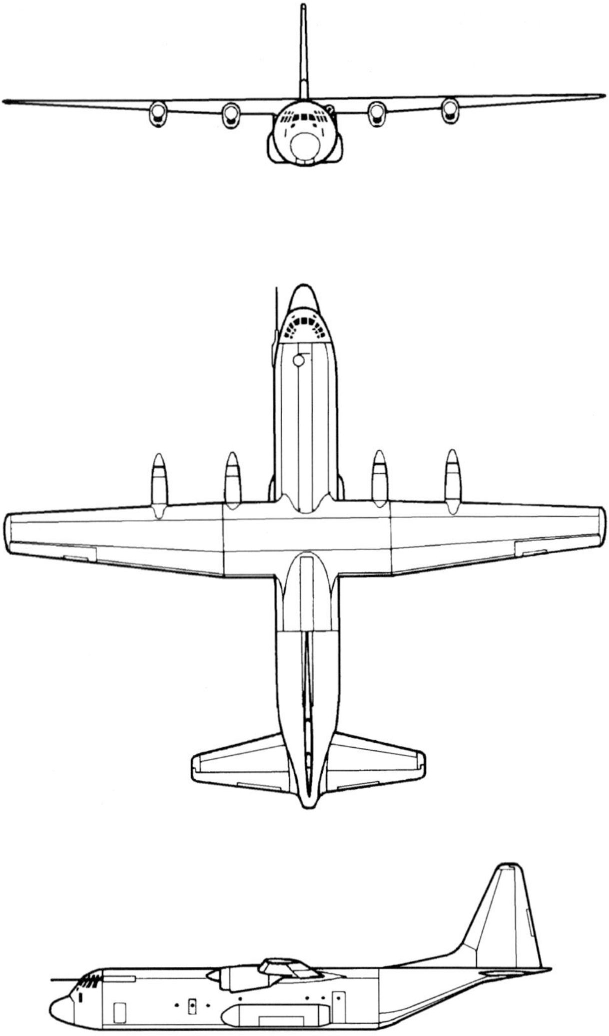

Dimensions

Envergure: 40,41 m

Longueur: (C-130J) 29,79 m, (C-130J-30) 34,36 m

Hauteur: 11,71 m

Surface alaire: 162,12 m^2

LOCKHEED C-130J HERCULES II

Origine: USA.
Constructeur: Lockheed Martin Marietta Corp., Marietta, Georgia, USA.
Catégorie: Avion de transport moyen, militaire et civil.
Moteurs: Quatre turbopropulseurs Allison AE2100 d'une puissance de 6000 ch (4500 kW) réduite à 4460 ch (3460 kW) chacun.
Performances: Vitesse de croisière max. 645 km/h, vitesse de croisière norm. 556 km/h; vitesse ascensionnelle initiale 10,7 m/sec; plafond opérationnel 9315 m; distance franchissable avec une charge utile de 21 625 kg plus de 2600 km, avec 18 144 kg 5250 km.
Masses: Equipé (J) 34 274 kg, (J-30) 35 965 kg; max. au décollage 79 380 kg.
Equipage et charge utile: Deux pilotes et une charge utile de 22 000 kg.
Etat du développement: Le premier C-130J vole depuis le 5 avril 1996. A fin 2003, les commandes portaient sur 178 exemplaires dont celles du Danemark 3, de la RAF 25, de la RAAF 12 C-130J-30, de l'Italie 22 C-130J/-30, de l'USAF 85 (59 C-130J/CC-130J, 10 WC-130J, 5 EC-130J), de l'USMC 35 KC-130J, de l'USCG 6 HC-130J. Les Etats-Unis veulent se procurer 168 nouveaux C-130J. Le C-130 est le seul avion à être produit depuis 48 ans sans interruption et en plusieurs versions. A fin 2003, 2190 exemplaires avaient été produits dont plus de 100 C-130J. La production est actuellement d'une douzaine de machines par année.
Remarques: Par rapport à la version précédente C-130H, la version C-130J a été retravaillée et améliorée sur des points très importants. En plus de turbopropulseurs nouveaux actionnant des hélices à six pales de technologie ultra-moderne, le poste de pilotage à deux pilotes a été complètement revu; le tableau de bord est équipé de quatre grands écrans LCD et d'un écran tête haute (HUD). De plus, pour améliorer les performances et simplifier la maintenance, Lockheed a repris à la base l'étude de tout le système électrique, de l'aménagement pour le ravitaillement en carburant et de l'électronique dans son ensemble, Toutes ces mesures ont permis de réduire la consommation de carburant de 17 %, d'obtenir une vitesse 15 % plus élevée et même un rapport charge utile/distance franchissable supérieur de 61 %. Certaines parties de la structure ont été renforcées. Les versions C-130J, C-130J-30 et. CC-130J se différencient seulement par la longueur du fuselage.

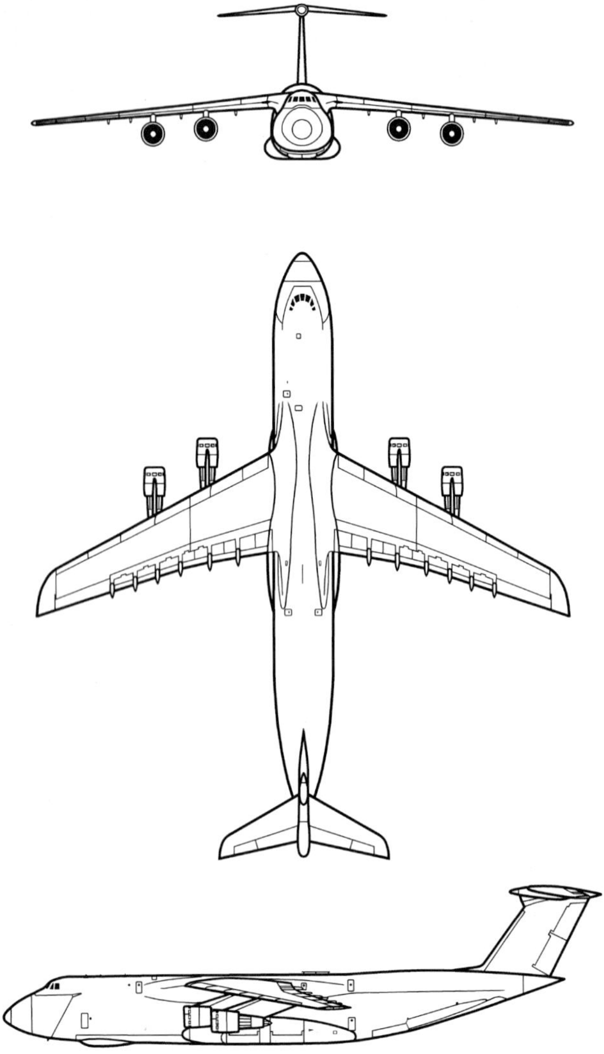

Dimensions
Envergure: 67,88 m
Longueur: 75,53 m
Hauteur: 19,34 m
Surface alaire: 575,98 m^2

LOCKHEED C-5M GALAXY

Origine: USA.
Constructeur: Lockheed Martin Marietta Corp., Marietta, Georgia, USA.
Catégorie: Avion de transport stratégique lourd.
Moteurs (C-5B): Quatre réacteurs à double flux General Electric TF39-GE-1C d'une poussée de 18643 kp (128,8 kN) chacun.
Performances (C-5B): Vitesse max. 919 km/h à 7620 m, vitesse de croisière 880 km/h à 7620 m; vitesse ascensionnelle initiale 8,75 m/sec; plafond 10900 m; distance franchissable avec la charge utile max. 4390 km, distance franchissable max. y compris les réserves 10411 km.
Masses (C-5B): Equipé 169643 kg; max. au décollage 379657 kg.
Equipage, passagers et charge utile: Cinq hommes d'équipage plus 15 personnes dans la partie avant de la cabine et 75 personnes dans la cabine arrière. Dans le compartiment fret, on peut installer au choix 270 sièges montés sur palettes ou des véhicules et du fret jusqu'à une masse max. de 118387 kg.
Etat du développement: Le C-5A vole depuis 1968, la version améliorée C-5B depuis 1985. En tout, 81 C-5A et 50 C-5B ont été construits. Sur ce nombre, jusqu'à 126 devraient être transformés dans des versions provisoirement désignées C-5M et C-5 RERP.
Remarques: Le Galaxy, qui entre-temps a pris de l'âge, continue d'être, pour des raisons stratégiques, un élément important de l'Armée de l'air américaine. Comme aucun remplaçant n'est programmé, des améliorations substantielles ne peuvent être obtenues que par des transformations. Celles-ci doivent intervenir par étapes. Une première étape concerne l'avionique et en priorité le poste de pilotage à deux pilotes dont le tableau de bord sera équipé d'écrans plats de Honeywell. Le système de navigation et de communication est nouveau et comprend un GPS et une liaison pour données Satcom et VHF. Un premier Galaxy modifié de la sorte vole depuis le 21 décembre 2002. A partir de 2005, des réacteurs nouveaux, plus puissants, General Electric CHF6-80C2 seront installés. Avec une poussée statique de 22680 kg (222,41 kN) ce sont les caractéristiques de décollage et de montée qui seront particulièrement améliorées, de même que le plafond opérationnel initial.

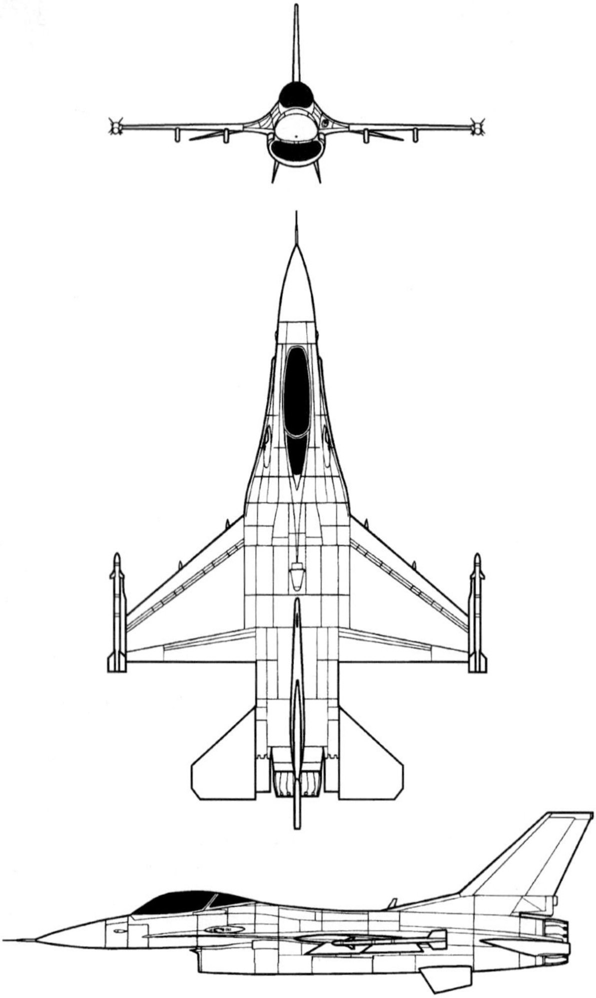

Dimensions

Envergure: 9,45 m
Longueur: 15,03 m
Hauteur: 5,09 m
Surface alaire: 27,87 m^2

LOCKHEED F-16C/D BLOCK 60 FIGHTING FALCON

Origine: USA.
Constructeur: Lockheed Martin Marietta Corp., Fort Worth Division, Fort Worth, Texas, USA.
Catégorie: Chasseur polyvalent monoplace polyvalent (F-16C) et biplace d'entraînement opérationnel (F-16D).
Moteur: Un réacteur à double flux General Electric F110-132 d'une poussée de 8075 kp (79,2 kN) sans réchauffe et 14514 kp (142,0 kN) avec réchauffe.
Performances (avec le F-100): Vitesse max. atteignable brièvement 2145 km/h à 12190 m (Mach 2,02), vitesse max. prolongée 2007 km/h (Mach 1,89); plafond 15240 m; (Block 50/52) rayon d'action tactique avec six bombes de 227 kg 580 km; distance franchissable en convoyage avec des réservoirs supplémentaires 3943 km.
Masses: A vide 9300 kg; max. au décollage 22700 kg.
Armement: Un canon rotatif à plusieurs tubes de 20 mm M61A-1 et, comme intercepteur, jusqu'à six missiles air-air AIM-9L/M, comme avion d'attaque au sol jusqu'à 5638 kg de charges extérieures.
Etat du développement: Le premier F-16C Block 60 a effectué son vol inaugural en décembre 2003. Les Emirats arabes unis, les seuls clients pour l'instant, disposeront de 80 exemplaires (55 monoplaces et 25 biplaces) à partir de 2005. Toutes versions confondues, 4350 F-16 (neufs ou d'occasion) sont entrés en service dans 20 armées de l'air. La production annuelle est actuellement d'environ 50 exemplaires.
Remarques: Les livraisons actuelles portent sur des modèles des blocs 50/52 et 60. Des différences substantielles séparent les avions de ces deux blocs. Outre le réacteur plus puissant, les systèmes et l'avionique sont nouveaux sur bien des points. On mentionnera en particulier le radar Northrop Grumman APG-80 qui fonctionne selon le principe de l'antenne active (« Active Array » = antenne à large bande avec déviation électronique du pinceau). Le poste de pilotage a encore été amélioré et un écran a été intégré dans le casque du pilote. La liaison entre les différents éléments de l'avionique est assurée par un réseau de transmission de données à grande vitesse. En raison de la masse opérationnelle plus élevée, la cellule a dû être retravaillée en plusieurs endroits. Enfin, Lockheed a augmenté la capacité des réservoirs de carburants (de 3986 l à 7390 l) grâce à deux réservoirs additionnels «conformés», placés de chaque côté et sur le haut du fuselage. D'autres réservoirs peuvent encore être accrochés à des pylônes sous les ailes.

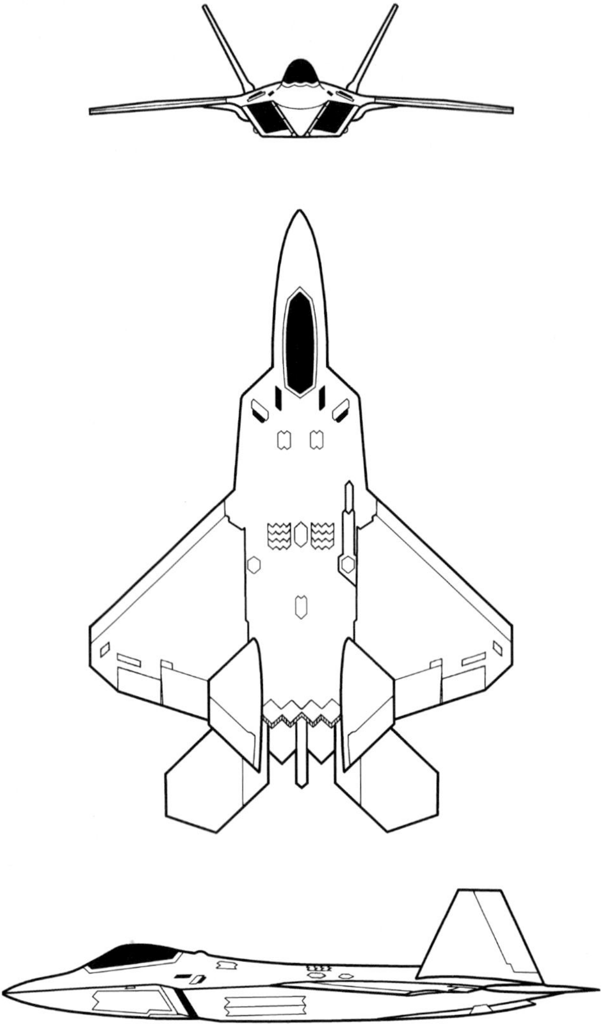

Dimensions
Envergure: 13,56 m
Longueur: 18,87 m
Hauteur: 5,05 m
Surface alaire: 77,1 m^2

LOCKHEED/BOEING F/A-22 RAPTOR

Origine: USA.
Constructeur: Lockheed Martin Marietta Corp., Marietta, Georgia et Boeing Military Airplanes, Seattle, Washington, USA.
Catégorie: Avion de combat polyvalent et de supériorité aérienne.
Moteurs: Deux réacteurs à double flux Pratt & Whitney YF119-PW-100 d'une poussée de 11 900 kp (116 kN) sans réchauffe et 15 900 kp (156 kN) chacun avec réchauffe et tuyère orientable.
Performances (estimations): Vitesse max. à basse altitude 1470 km/h (Mach 1,20) ou 1915 km/h au-dessus de 10 975 m d'altitude (Mach 1,80); vitesse max. longue durée 1595 km/h au-dessus de 10 975 m (Mach 1,50); plafond opérationnel 16 700+ m; rayon d'action avec le carburant des réservoirs internes et le nombre réglementaire de missiles air-air 1450 km.
Masses (estimations): A vide 14 365 kg; max. au décollage 27 216 kg.
Armement: Un canon rotatif M61A2 à six tubes de 20 mm et deux missiles air-air à courte portée AIM-9, chacun dans un compartiment spécial de chaque côté et à l'intérieur du fuselage, et jusqu'à six missiles air-air moyenne portée dans le compartiment d'armement central. Pour les missions d'attaque au sol des bombes spéciales de 450 kg ainsi que des missiles ou des réservoirs additionnels peuvent être suspendus à quatre points d'ancrage sous les ailes.
Etat du développement: Le prototype de série du F-22 a décollé pour la première fois le 7 septembre 1997, le premier exemplaire de série le 16 septembre 2002. A fin 2003, 23 F-22 participaient aux essais. La première unité à l'entraînement à Tyndall a reçu ses premiers F-22 en septembre 2003. La première escadrille opérationnelle de Langley suivra en 2005. L'USAF ne se procurera probablement que 276 appareils; 44 sont déjà commandés ferme, 22 sont inscrits dans le budget 2004.
Remarques: Le Raptor est aussi conçu pour les attaques à basse altitude et peut emporter l'armement adéquat dans les casiers à munition aussi bien que sous les ailes. C'est pourquoi le Raptor, initialement désigné F-22, a été récemment rebaptisé F/A-22. La furtivité (*stealth*), la maniabilité exceptionnelle, l'électronique ultra-moderne et la capacité de voler relativement longtemps à Mach 1,5 sans utiliser la réchauffe font du Raptor l'avion actuellement le plus performant au monde. Lockheed évalue le développement d'une variante biplace pour les attaques à longue portée.

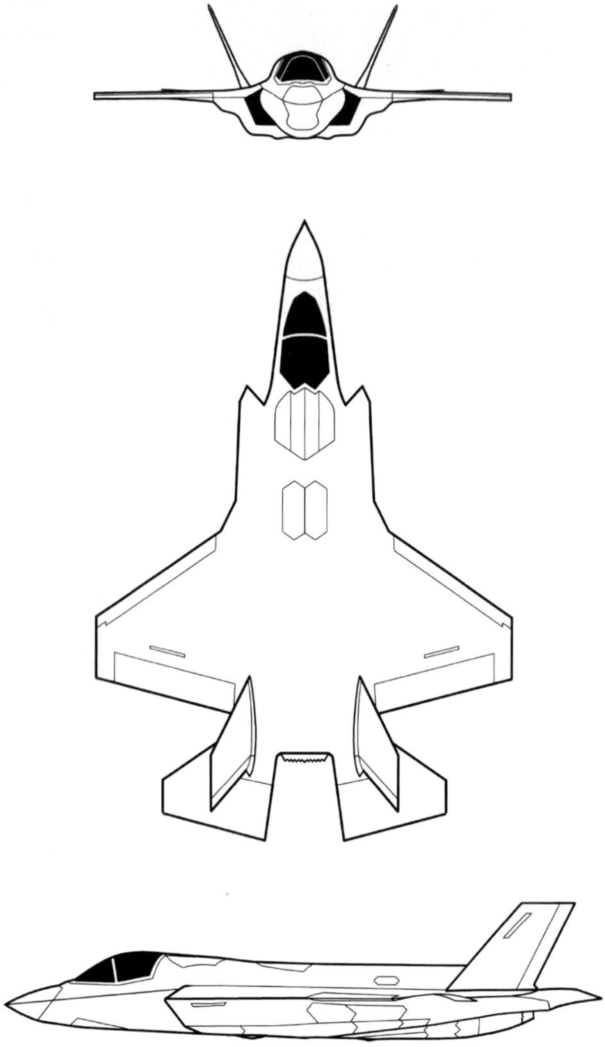

Dimensions
Envergure: (X-35A) 10,70 m, (X-35C) 12,19 m
Longueur: 15,47 m
Surface alaire: (X-35A) 42,70 m^2, (X-35C) 57,60 m^2

LOCKHEED MARTIN X-35A/C JOINT STRIKE FIGHTER

Origine: USA (et Grande-Bretagne).
Constructeur: Lockheed Martin Marietta Corp., Marietta, Georgia, usine de Fort Worth, Texas, USA.
Catégorie: Prototype d'évaluation technologique pour un avion de combat polyvalent terrestre (X-35A) ou embarqué (X-35C).
Moteur: Un réacteur à double flux Pratt & Whitney PW611 (dérivé du F119) d'une poussée de 11 400 kp (111,20 kN) sans réchauffe et de 15 910 kp (156,06 kN) avec réchauffe et (X-35A) tuyère orientable. Le réacteur à double flux General Electric YF-120-FX offre une alternative avec des performances et une disposition à peu près semblables.
Performances: Vitesse max. environ Mach 1,5; plafond opérationnel 15 240 m+; rayon d'action env. 1500 km.
Masses: A vide 11 340 kg; max. au décollage 22 280 kg.
Armement: Un canon Mauser BK-27 de 27 mm et env. 7000 kg d'armements divers.
Etat du développement: Le prototype d'évaluation X-35C a décollé pour la première fois le 16 décembre 2000; mais la version terrestre X-35A l'avait précédé le 24 octobre de la même année. Gagnant de la compétition pour le programme baptisé Joint-Strike-Fighter (JSF) l'X-35 sera développé jusqu'à la production en série. L'USAF voudrait disposer de 1763 F-35A tandis que l'USN espère obtenir 480 F-35C. Les premières livraisons sont attendues en 2008.
Remarques: La version terrestre (CTOL) 230A (X-35A) est destinée à l'USAF tandis que la version 230C/X-35C est un avion de combat polyvalent embarqué destiné à l'USN. Toutes les versions ont en commun (y compris l'X-35B, voir les pages 240/241) les ailes, les empennages de direction et de profondeur (ces derniers sont toutefois de plus grandes dimensions sur le 230C afin d'améliorer les performances au décollage et à l'atterrissage). A côté de Lockheed Martin, Northrop Grumman et British Aerospace sont parties prenantes dans le développement du programme JSF, de même que l'Australie, le Danemark et le Canada. Sur le plan de la construction, les variantes sont identiques à 90 %. Le poste de pilotage ultra-moderne comprend des écrans à très haute résolution. Nombre de fonctions sont commandées à la voix ou via le viseur intégré dans le casque du pilote.

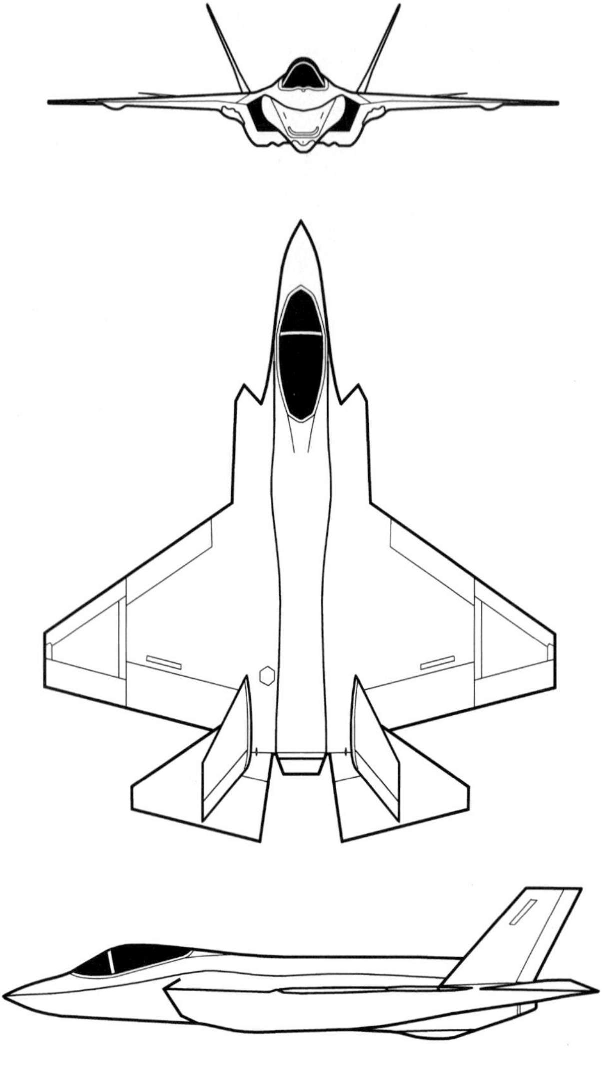

Dimensions
Envergure: 10,70 m
Longueur: 15,47 m
Surface alaire: 42,70 m^2

LOCKHEED MARTIN X-35B JOINT STRIKE FIGHTER

Origine: USA (et Grande-Bretagne).
Constructeur: Lockheed Martin Marietta Corp., Marietta, Georgia, usine de Fort Worth, Texas, USA.
Catégorie: Prototype d'évaluation technologique pour un avion de combat polyvalent STOVL embarqué.
Moteur: Un réacteur à double flux Pratt & Whitney PW611(dérivé du F119) de 11'400 kp (111,2 kN) à sec et 15'910 kp (156,06 kN) avec réchauffe et tuyère orientable vers le bas jusqu'à 110° max. Le réacteur à double flux General Electric YF-120-FX offre une alternative avec des performances et une disposition à peu près semblables.
Performances: Vitesse max. environ Mach 1,5; plafond opérationnel 15 240 m+; rayon d'action environ 1500 km.
Masses: A vide 11 340 kg; max. au décollage 22 280 kg.
Armement: Un canon Mauser BK-27 de 27 mm et env. 7 000 kg d'armements divers.
Etat du développement: L'X-35B résulte d'une modification assez radicale de l'X-35C. Il a volé pour la première fois dans cette configuration le 24 juin 2001. L'USMC voudrait se procurer 609 F-35B de série tandis que la RAF et la RN en veulent ensemble 150 exemplaires. Les premières livraisons sont attendues en 2008 pour l'USMC et en 2010 pour la RAF et la RN.
Remarques: Sur la version (STOVL) X-35B le réacteur est couplé par un arbre de transmission à une soufflante verticale; l'entrée d'air de celle-ci est située sur le dos et à l'avant du fuselage, la tuyère débouchant dans la partie inférieure. Sur le plan de la construction, les trois versions X-35A, B et C sont identiques à 90 %. Le poste de pilotage ultra-moderne comprend des écrans à très haute résolution. Nombre de fonctions sont commandées à la voix ou via le viseur intégré dans le casque du pilote. A côté de Lockheed Martin, Northrop Grumman et British Aerospace sont parties prenantes dans le développement du programme. Contrairement à l'USN qui veut équiper ses porte-avions de F-35C (CTOL), la RN s'est prononcée pour le modèle STOVL (F-35B) pour des missions identiques.

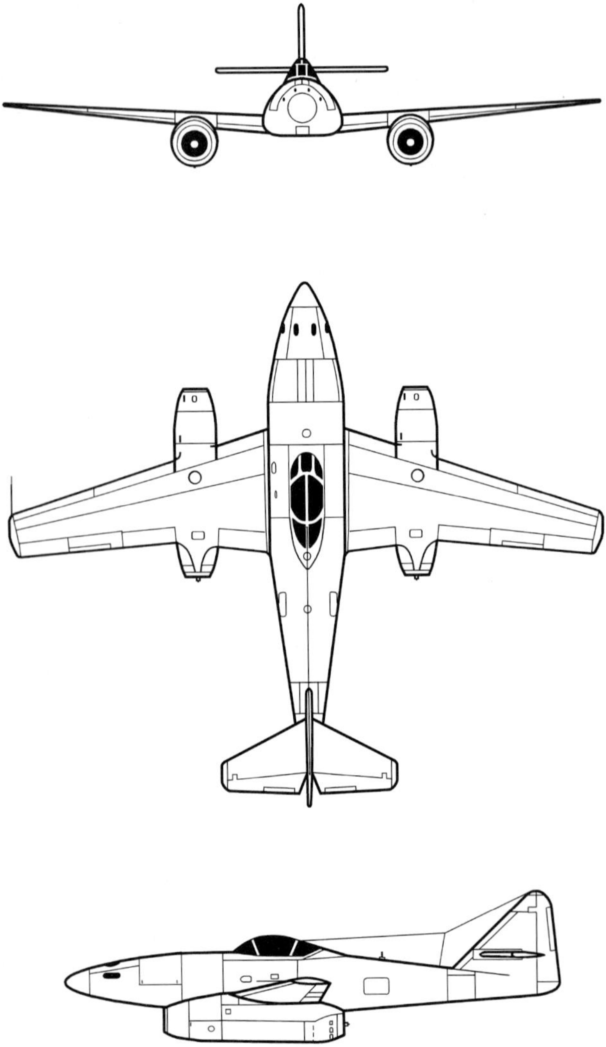

Dimensions
Envergure: 12,52 m
Longueur: 10,50 m
Hauteur: 3,83 m
Surface alaire: 21,73 m^2

MESSERSCHMIDT ME 262

Origine: Allemagne/USA.
Constructeur: WMTF Entreprise commune, Paine Field, Everett, Washington, USA.
Catégorie: Copie d'un avion de chasse historique monoplace (Me 262A) et biplace (Me 262B).
Moteurs: Deux réacteurs General Electric J85-13 d'une poussée de 1285 kp (12,6 kN) chacun.
Performances (extrapolées de celles du Me 262 d'origine équipé de réacteurs Junkers Jumo 004 d'environ 900 kg de poussée): Vitesse max. 870 km/h à 6000 m d'altitude; vitesse ascensionnelle initiale 20 m/sec; plafond opérationnel 11 450 m; distance franchissable max. 1050 km.
Masses (Me 262 d'origine): A vide 3800 kg; max. au décollage 6400 kg.
Armement: Il n'est pas prévu d'armement.
Etat du développement: Le 25 novembre 2002 une copie moderne du Me-262 a pris l'air pour la première fois. Il est prévu d'en construire cinq exemplaires dont deux sont déjà vendus. Etant donné l'accident intervenu à l'atterrissage au début des essais, on ne sait pas quand ces Me-262 pourront être livrés. De la version d'origine du premier chasseur à réaction opérationnel construit en grande série il a été produit 1430 exemplaires entre 1944 et 1945.
Remarques: Presque 60 ans après le premier vol du Me-262 d'origine, la fabrication de cet avion mythique a repris. On s'en est tenu le plus possible à l'original là où c'était possible. Mais étant donné que cet avion doit avant tout être montré et présenté en vol dans des meetings aériens il a été nécessaire d'intégrer des systèmes modernes et efficients. Mais pas trop. C'est ainsi par exemple que les réacteurs sont des J-85, moteurs conçus dans les années 1960; ils fournissent une poussée grosso modo 50 % plus élevée que les réacteurs Jumo 004. Malgré tout, les performances doivent être le plus proche possible de l'avion d'origine. Le prix de vente d'une copie du Me-262, sans moteurs et sans avionique, se situe vers US$ 2 Mio.

Dimensions
Envergure: 11,99 m
Envergure ailes repliées: 8,48 m
Longueur: 17,32 m
Hauteur: 5,18 m
Surface alaire: 42,00 m^2

MIKOYAN MIG-29K

Origine: Russie.
Constructeur: RSK-MiG et MAPO, Moscou, Russie.
Catégorie: Avion de combat polyvalent monoplace embarqué.
Moteurs: Deux réacteurs à double flux Klimov/Sarkisov RD-33 (Mod) d'une poussée de 5035 kp (49,40 kN) chacun sans réchauffe et de 9300 kp (91,00 kN) avec réchauffe.
Performances (MiG-29SMT): Vitesse max. avec quatre missiles air-air 2445 km/h à 11 000 m d'altitude (Mach 2,3) ou 1500 km/h au niveau de la mer (Mach 1,3); vitesse ascensionnelle initiale max. 330 m/sec; plafond opérationnel 17 000 m; rayon d'action (mission d'interception avec deux réservoirs additionnels de 1500 l et quatre missiles air-air) 1015 km; distance franchissable max. avec réservoirs additionnels 3500 km.
Masses: Norm. au décollage 18 500 kg; max. au décollage 22 400 kg.
Armement: Un canon rotatif GSh-301 de 30 mm et une charge max. d'armement de 5500 kg sous dix pylônes. Huit différents types de missiles air-air ou 25 modèles de missiles air-sol peuvent être emportés de même que des missiles antiradar ou encore des bombes guidées par TV.
Etat du développement: La version transformée du MiG-29SMT vole depuis le 20 avril 1998. Quelque 200 exemplaires de versions anciennes de l'Armée de l'air russe doivent être amenés à ce niveau. Toutes versions confondues, environ 1200 exemplaires ont été fabriqués pour 31 armées de l'air. La production se poursuit mais à un rythme réduit. Les commandes les plus récentes sont celles du Yémen et de la Tanzanie (6).
Remarques: Les appareils commandés par la Marine indienne sont des MiG-29K dotés d'ailes un peu plus grandes que celles de la version terrestre et repliables, d'un train d'atterrissage renforcé et d'autres équipements en rapport avec les missions prévues. L'avionique reste en gros celle du MiG-29SMT. Les commandes de vol sont électriques, numériques et triplexées (Fly-by-Wire) mais doublées par un dispositif mécanique en cas de panne. Un certain nombre de MiG-29KUB biplaces font partie de la commande indienne pour l'entraînement au décollage et à l'atterrissage sur porte-avions. Le constructeur propose une version de combat biplace polyvalente, désignée MiG-29M2 (premier vol 26 septembre 2001); cet avion dispose d'une partie avant nouvelle abritant un radar multifonctions Phazotron Zhuk-M. A ce jour, aucune commande n'a encore été enregistrée.

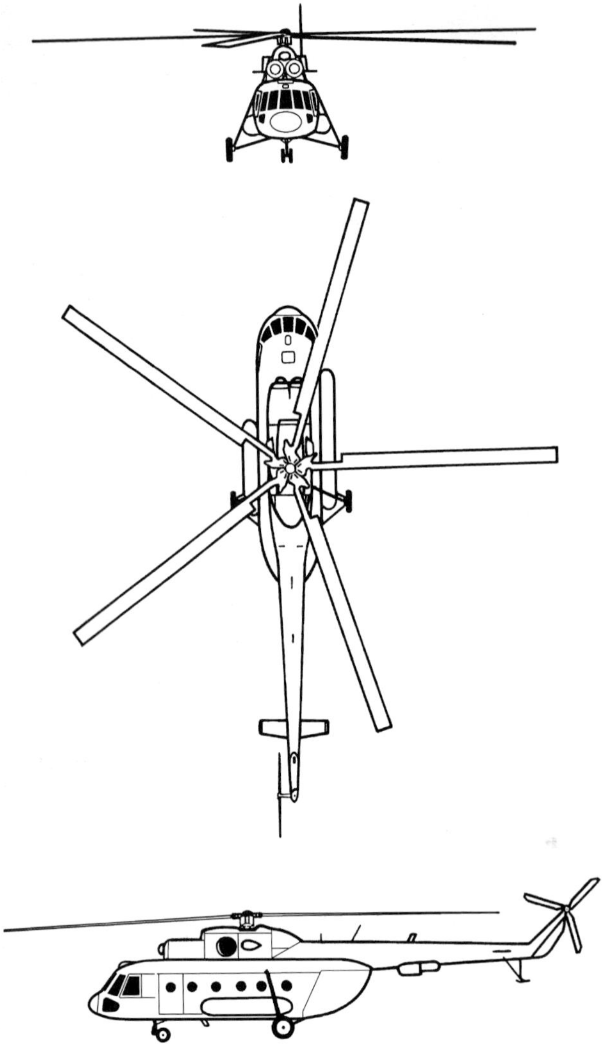

Dimensions

Diamètre du rotor: 21,29 m
Longueur du fuselage sans le rotor de queue en mouvement: 18,50 m
Hauteur y compris la tête de rotor: 4,75 m

MIL/KAZAN MI-17M/MD

Origine: Russie.
Constructeur: Mil/Kazan Helicopters, Moscou/Kazan, Russie.
Catégorie: Hélicoptère moyen polyvalent militaire et civil.
Moteurs: Deux turbines Klimov TV3-117VM d'une puissance de 2200 ch (1620 kW) chacune.
Performances: Vitesse max. à 1000 m d'altitude 250 km/h; à la masse max. de décollage 230 km/h; vitesse de croisière 220 km/h; plafond opérationnel 6000 m; plafond en vol stationnaire avec effet de sol 4000 m, sans effet de sol 1760 m; distance franchissable avec une charge normale 500 km, avec quatre réservoirs additionnels externes jusqu'à 1600 km.
Masses: Equipé 7100 kg; normale au décollage 11 000 kg, max. au décollage 13 000 kg.
Equipage, passagers et charge utile: Deux pilotes dans le cockpit et jusqu'à 36 soldats ou 40 passagers; charge utile max. en interne 4000 kg, en externe jusqu'à 5000 kg.
Etat du développement: Un prototype de la version MD vole depuis 1995. Le Mi-17 dans ses différentes versions bénéficie d'une demande toujours aussi forte. C'est ainsi qu'en 2003, les commandes et les renouvellements de commandes suivants ont été enregistrés: police indienne des frontières 6 Mi-17, Malaisie 10 Mi-171Sh.
Remarques: La version provisoirement la plus récente de cet hélicoptère produit à environ 11 500 exemplaires est le Mi-17MD resp. Mi-171 de l'usine de Kazan. Elle se distingue extérieurement d'autres modèles par un avant de fuselage différent qui abrite un radar météo couleurs. Autres caractéristiques: un équipement d'amerrissage d'urgence à l'aide de ballons gonflables, grandes portes de chargement coulissantes des deux côtés du fuselage, équipement mécanique pour le chargement du fret dans la queue, place pour quatre passagers supplémentaires. En option, un treuil pour le sauvetage, capable de soulever 300 kg, peut être installé. Une version vole actuellement sous la désignation Mi-172; elle offre un tableau de bord à écrans Honeywell, un traitement de données 1553, un système optoélectronique et un système de gestion des missions de BAE en option. D'autres variantes améliorées sont examinées; l'Armée russe envisage actuellement la modernisation de ses nombreux Mi-8 en les équipant de moteurs plus puissants, d'un nouveau rotor et d'une avionique modernisée comme le Mi-17.

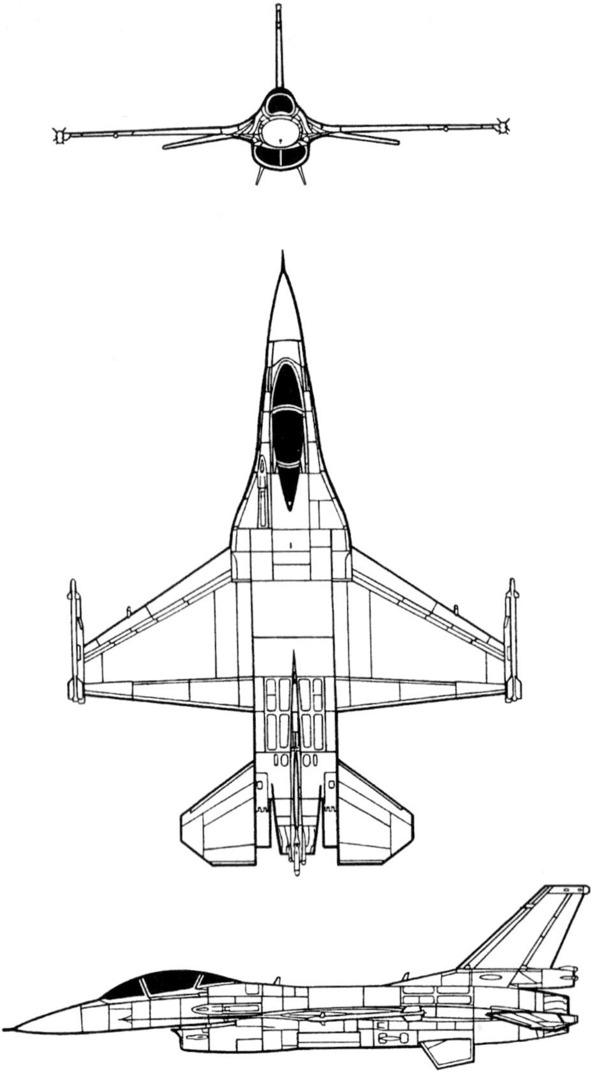

Dimensions

Envergure: 11,13 m

Longueur: 15,52 m

Hauteur: 4,96 m

Surface alaire: 34,84 m^2

MITSUBISHI F-2

Origine: Japon (USA).
Constructeur: Mitsubishi Heavy Industries Ltd., usine de Nagoya, Tokyo, Japon.
Catégorie: Avion de chasse polyvalent monoplace (F-2A) ou biplace (F-2B).
Moteur: Un réacteur à double flux General Electric F110-GE-129 d'une poussée de 7711 kp (75,5 kN) sans réchauffe et de 13 880 kp (131,7 kN) avec réchauffe.
Performances (estimations): Vitesse max. à hautes altitudes Mach 2,0, plus de Mach 1,0 à proximité du sol; vitesse ascensionnelle initiale 255 m/sec; plafond 17 900 m; rayon d'action avec des missiles antinavires > 830 km; distance franchissable en convoyage 3500 km.
Masses: A vide 9527 kg; norm. au décollage 18 500 kg, max. au décollage 22 000 kg.
Armement: La charge max. en armements doit atteindre 9000 kg, notamment les engins de production nationale comme le missile air-air Mitsubishi AAM-3 ou le missile air-mer XASM-2 antinavires.
Etat du développement: Le premier de quatre prototypes FS-X a effectué son premier vol le 7 octobre 1995, le quatrième le 24 mai 1996. Les livraisons aux Forces aériennes japonaises ont commencé en septembre 2000. Au début 2004, 75 exemplaires avaient été commandés et environ 45 livrés. La première escadrille a été opérationnelle au cours de l'année 2001. Au total, 130 F-2 (y compris 47 biplaces) devraient être commandés.
Remarques: Le F-2 est dérivé du Lockheed F-16. Au cours du développement, il s'est éloigné de plus en plus sur le plan technique de son modèle si bien qu'on peut aujourd'hui parler d'un avion presque nouveau. L'avant du fuselage et la queue sont un peu plus longs tandis que les ailes en matériaux composites sont tout à fait nouvelles. Fruit de la coopération américano-japonaise, un nouveau radar de bord polyvalent a été réalisé; cet équipement, qui dispose d'un guidage actif et d'une portée de 190 km max., est capable d'engager dix objectifs simultanément. Le reste de l'électronique est de provenance japonaise comme l'écran tête haute (HUD = Head Up Display) à grand angle, les cinq écrans à cristaux liquides du tableau de bord de même qu'un système intégré complet pour la conduite électronique du combat. Plusieurs éléments du fuselage sont faits de matériaux absorbant les ondes radar. Actuellement, Mitsubishi examine la possibilité de développer une version de chasse pure du F-2 doté d'une électronique plus complète pour la gestion de l'armement.

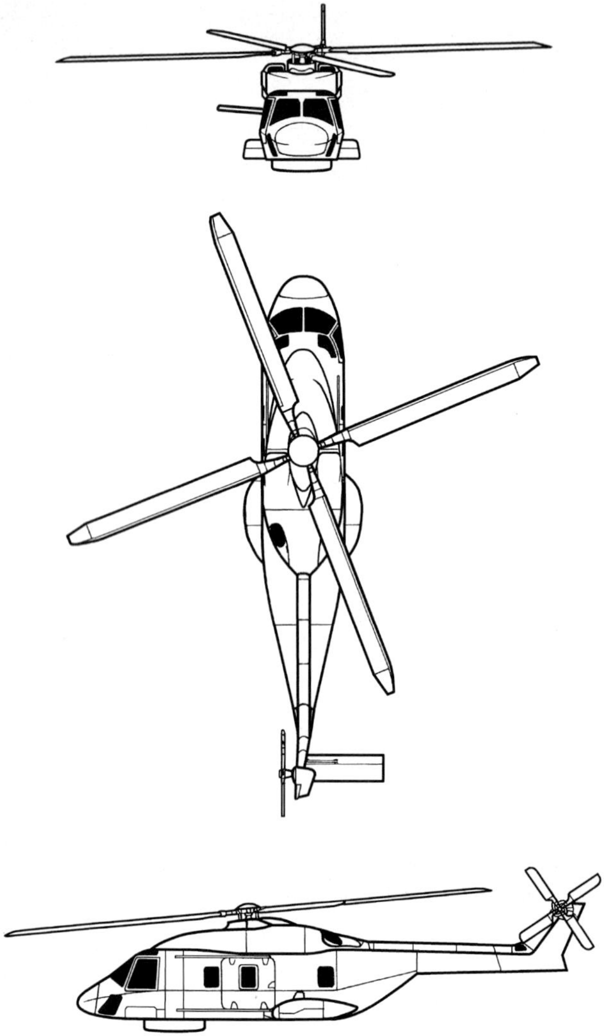

Dimensions

Diamètre du rotor: 16,30 m
Longueur du fuselage: 15,88 m
Hauteur sur le rotor de queue: 5,44 m

NH INDUSTRIES NH90

Origine: Allemagne, France, Italie, Pays-Bas.
Constructeur: NH Industries, Aix-en-Provence, France.
Catégorie: Hélicoptère moyen militaire polyvalent (TTH) et hélicoptère embarqué de chasse anti-sous-marine (NFH).
Moteurs: Deux turbines Rolls-Royce-Turboméca RTM322-01/9 ou General Electric T700-T6E d'une puissance unitaire de 1680 ch (1253 kW).
Performances: Vitesse max. près de 300 km/h; vitesse de croisière normale 260 km/h; plafond 6000 m; vitesse ascensionnelle en vol oblique 11 m/sec; plafond en vol stationnaire avec effet de sol > 3500 m, sans effet de sol 2900 m; rayon d'action avec 2000 kg de charge utile > 250 km; distance franchissable en convoyage > 1200 km; autonomie 4 heures.
Masses: A vide entre 5400 et 6400 kg; normale au décollage entre 8700 et 9300 kg, max. au décollage 10 000 kg.
Equipage, passagers et charge utile (TTH): Deux pilotes et 20 soldats ou 12 blessés; charge utile 2500 kg; (NFH): deux pilotes et jusqu'à quatre opérateurs systèmes.
Armement (NFH): Au choix, deux torpilles ou deux missiles air-mer antinavires suspendus à des pylônes de part et d'autre du fuselage.
Etat du développement: Le premier de cinq prototypes (quatre TTH, un NFH) vole depuis le 18 décembre 1995. Dotation planifiée: Allemagne 215 au total, France 133/27, Italie 150/46, Pays-Bas 0/20. A fin 2003, 325 hélicoptères des deux versions avaient été commandés ferme; les livraisons doivent commencer en 2004. Autres clients: Finlande 20 TTH, Grèce 20 TTH, Norvège 14 NFH, Portugal 10 TTH, Suède 18 TTH + NFH.
Remarques: Deux versions sont proposées, très semblables dans leur conception de base. Le TTH conçu pour des missions tactiques, est doté d'une rampe de chargement arrière tout comme la version marine du NFH. L'autre renonce à la rampe au profit de rotors pliables, d'un fuselage arrière repliable de côté et de deux flotteurs. L'avionique comprend notamment un radar tactique, un FLIR, un sonar ainsi que nombreux autres systèmes de détection. Dans l'arrière du fuselage se trouve un système d'éjection de leurres métalliques ou infrarouges et de balises sonar. La cellule du NH90 fait largement appel aux matériaux composites et les commandes de vol sont électriques (Fly-by-Wire).

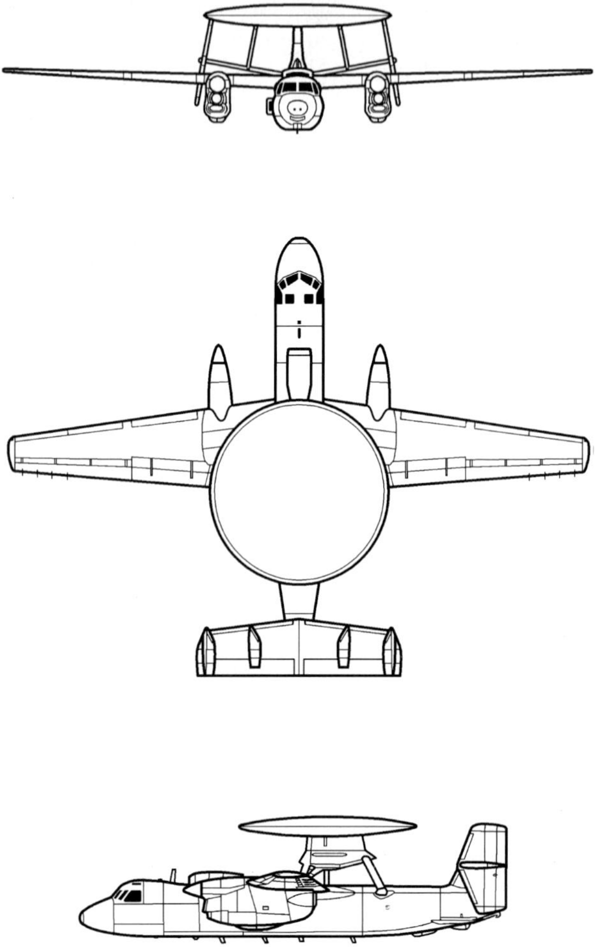

Dimensions
Envergure: 24,56 m
Longueur: 17,55 m
Hauteur: 5,69 m
Surface alaire: 65,03 m^2

NORTHROP GRUMMAN HAWKEYE 2000

Origine: USA.
Constructeur: Northrop Grumman Corporation, usine de St. Augustine, Floride, Los Angeles, Californie, USA.
Catégorie: Avion embarqué d'alerte avancée et de surveillance ainsi que centrale de commandement volante.
Moteurs: Deux turbopropulseurs Rolls-Royce (Allison) T56-A-427 d'une puissance de 5250 ch (3917 kW) chacun.
Performances: Vitesse max. 598 km/h; vitesse de croisière max. 576 km/h; vitesse ascensionnelle initiale 12,8 m/sec; plafond opérationnel 9390 m; autonomie 4 heures pour un rayon d'action de 370 km; autonomie max. 6,1 h.; distance franchissable max. en convoyage 2580 km.
Masses: A vide 17 265 kg; max. au décollage 24 494 kg.
Equipage: Cinq hommes d'équipage dont deux pilotes et trois ingénieurs dans un compartiment servant de centrale d'engagement.
Etat du développement: L'US Navy a reçu 148 appareils de type Hawkeye jusqu'en 1995. Après une interruption de deux ans dans la production, la fabrication a repris et les livraisons annuelles se font par tranches de trois à quatre E-2C. Le Hawkeye est aussi engagé en différentes versions dans les forces armées des pays suivants: Egypte 6, France 3, Israël 4, Japon 13, Singapour 4 et Taïwan 4. Les garde-côtes américains en alignent 4 et les autorités douanières américaines 1 E-2C, loués par l'US Navy pour la lutte contre le trafic de drogue.
Remarques: La version la plus récente, connue aujourd'hui sous le nom de Hawkeye 2000, a effectué son premier vol le 11 avril 1998. De 2001 à 2005, 21 exemplaires neufs ont été ou seront livrés à l'USN. Jusqu'en l'an 2010, 54 autres appareils anciens seront amenés au niveau de l'Hawkeye 2000. Par rapport au standard de l'E-2C Groupe 2, le Hawkeye 2000 présente les différences suivantes: nouvel ordinateur central dit « à architecture IT ouverte » qui simplifie beaucoup les mises à jour ultérieures, nouvelles, stations de travail plus conviviales, communications par satellites, systèmes de navigation améliorés, possibilité de ravitaillement en vol et un capteur infrarouge pour la surveillance passive. Les moteurs de tous les Hawkeyes 2000 reçoivent aussi des hélices nouvelles à huit pales. En 2003, le feu vert a été donné au développement d'une version nouvelle, baptisée « Advanced Hawkeye », équipée d'un radar moderne, l'ADS-18; l'US Navy pourrait s'en procurer 75 exemplaires à partir de 2011.

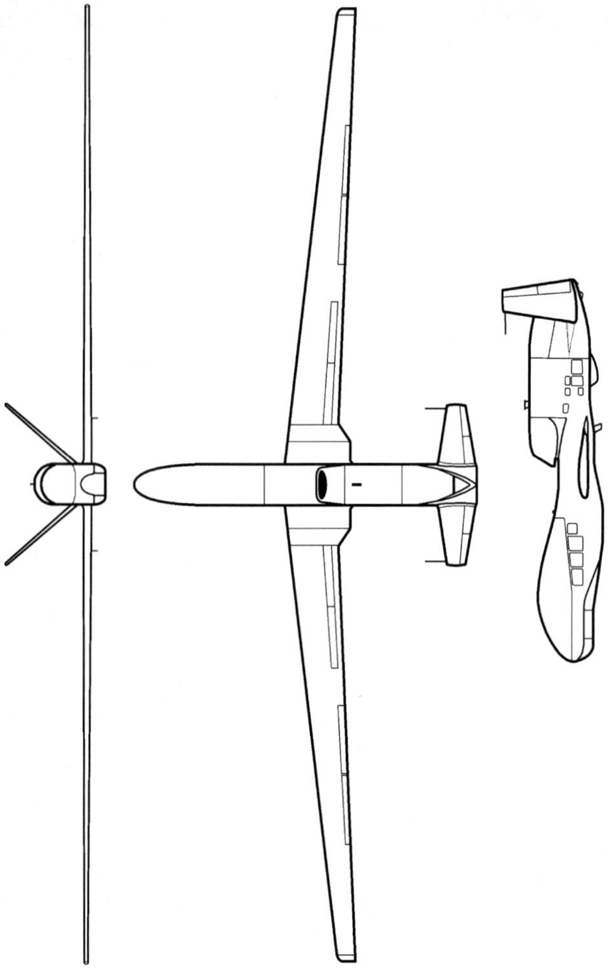

Dimensions
Envergure: 35,42 m
Longueur: 13,53 m
Hauteur: 4,63 m
Surface alaire: 50,1 m^2

NORTHROP GRUMMAN RQ-4A GLOBAL HAWK

Origine: USA.
Constructeur: Northrop Grumman Corp., usine de San Diego, Californie, USA.
Catégorie: Avion sans pilote pour la reconnaissance à longue distance et haute altitude.
Moteur: Un réacteur à double flux Rolls-Royce Allison AE3007H d'une poussée de 2900 kp (28,5 kN).
Performances: Vitesse max. env. Mach 0,60, vitesse de croisière en patrouille 635 km/h; plafond opérationnel 19800 m; autonomie max. 36 h.; rayon d'action avec un positionnement de 24 h. au-dessus de la zone surveillée 5500 km, distance franchissable max. 25015 km.
Masses: A vide 4173 kg; max. au décollage 11612 kg.
Charge utile: Systèmes de reconnaissance d'un poids total de 907 kg.
Etat du développement: Le premier de deux prototypes a entamé les vols d'essai le 28 février 1998. Huit systèmes, dont le premier avion de série, ont déjà été livrés. Sur des besoins estimés à 51 exemplaires, l'USAF en a commandé ferme 17 et l'USN 2. A partir du neuvième exemplaire de série, la commande en cours sera probablement transférée sur la version RQ-4B, plus performante.
Remarques: Le Global Hawk sans pilote est en mesure de surveiller de 20 km d'altitude en 24 h. un territoire grand comme la Grèce et transférer online, via satellites, partout dans le monde les données récoltées. Pour remplir ce type de missions, le RQ-4A est équipé des systèmes les plus modernes, notamment un radar tout temps à visée latérale, une caméra CCD pour des images à haute définition, des capteurs infrarouges etc. Tandis que le fuselage est construit en aluminium de manière assez conventionnelle, les ailes sont fabriquées entièrement en fibres de carbone; malgré leur grande envergure, elles sont d'une extraordinaire rigidité. Sous charge, elles ne se courbent que de 60 cm max. aux extrémités. Tout le gouvernail de direction est aussi en matériaux composites. Afin d'atteindre un haut degré de sécurité en cas de panne, l'ensemble des commandes de vol est redondant – une caractéristique qui vaut aussi pour presque toute l'informatique de bord. Une variante ELINT, baptisée EuroHawk est actuellement testée pour le remplacement des Bréguet Atlantic ELINT allemands. Le RQ-4B de plus grandes dimensions (envergure 40 m, longueur 14,5 m, charge utile 1360 kg, masse au décollage 14640 kg) sera construit à partir de 2005.

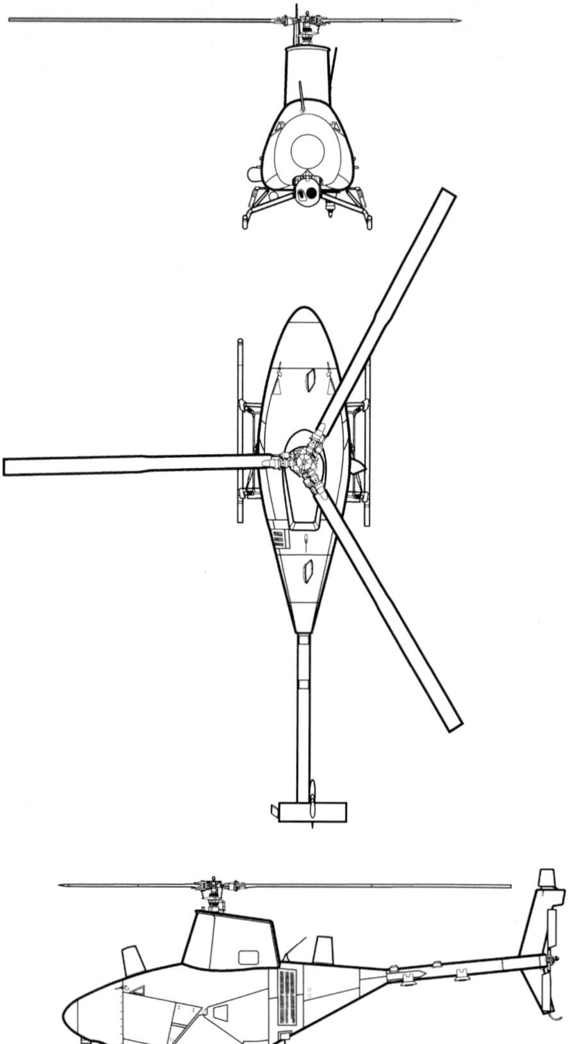

Dimensions
Diamètre du rotor: 8,38 m
Longueur du fuselage: 7,01 m
Hauteur: 2,87 m

NORTHROP GRUMMAN RQ-8A FIRE SCOUT

Origine: USA.
Constructeur: Northrop Grumman Corp., Los Angeles, Californie, USA.
Catégorie: Hélicoptère sans pilote pour la surveillance et la reconnaissance.
Moteur: Une turbine Rolls-Royce 250-C20W d'une puissance de 420 ch, bridée à 250 ch (186,3 kW).
Performances: Vitesse max. 230 km/h; plafond 6100 m; autonomie max. en stationnaire 6 h., autonomie à 200 km de distance de la base (norm. un navire) 4 h.
Masse: Au décollage 1200 kg.
Charge utile: Moyens de reconnaissance, équipements électroniques et capteurs d'un poids max. de 57 kg.
Etat du développement: Un prototype appartenant au constructeur a volé pour la première fois le 19 mai 2002. Actuellement, trois machines se trouvent dans la phase des essais en vol. Après que l'USN et l'USCG ont manifesté les premiers leur intérêt pour cet hélicoptère, c'est l'US Army qui s'est décidée à s'en procurer. Un développement du Fire Scout doit entrer en service opérationnel au niveau de la brigade à partir de 2010.
Remarques: Le RQ-8A sans pilote est un dérivé de l'hélicoptère léger Schweizer 333 (voir pages 286/287). Son domaine opérationnel comprend les missions de surveillance et de reconnaissance en temps réel ainsi que de désignation des objectifs dans un rayon de 200 km à partir de petits bateaux. Il dispose pour cela de capteurs électro-optiques, d'un équipement infrarouge et d'un appareil laser permettant de désigner des cibles ennemies aux tireurs amis. A côté de l'hélicoptère, un autre élément capital du système est une station sol ou navire S-280 en conteneur; cette station sert à la conduite de la mission et à la réception des informations. L'hélicoptère et la station peuvent être très rapidement déplacés par un avion cargo militaire C-17. Dans le futur, des missions armées légères sont imaginables. Il est prévu que des essais soient effectués avec le missile air-sol AGM-114 Hellfire. La version de l'US Army, désignée RQ-8B, dispose d'un rotor à quatre pales, d'une plus grande capacité en carburant et autorise une masse au décollage de 1425 kg.

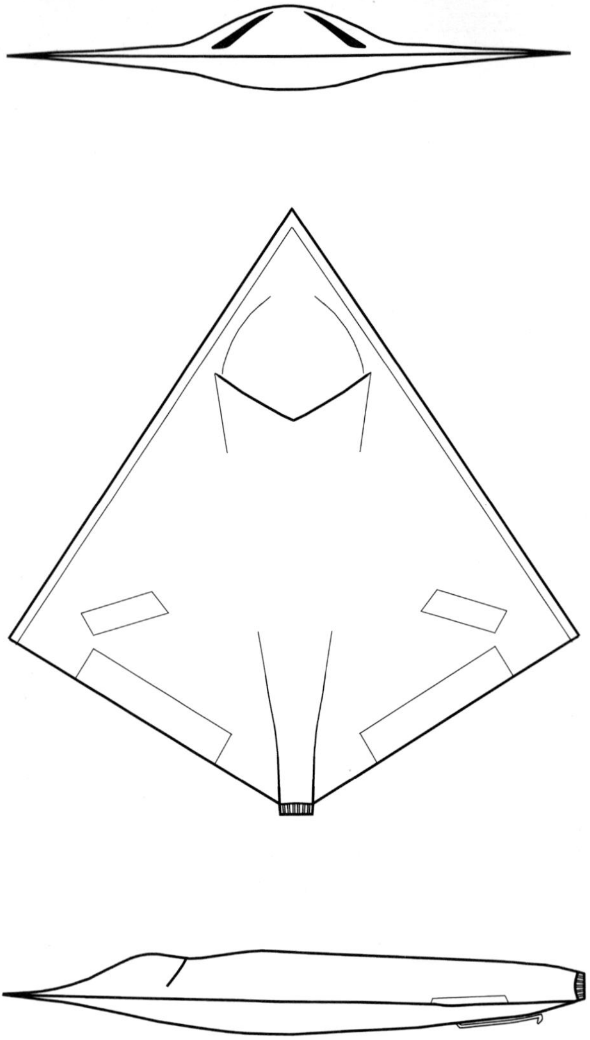

Dimensions
Envergure: 8,50 m
Longueur: 8,45 m

NORTHROP GRUMMAN X-47A PEGASUS

Origine: USA.
Constructeur: Northrop Grumman Corporation, usine de San Diego et Scaled Composites Corp., Mojave, Californie, USA.
Catégorie: Prototype d'avion sans pilote embarqué sur porte-avions.
Moteur: Un réacteur à double flux Pratt & Whitney JT15D-5C d'une poussée de 1450 kp (14,2 kN).
Performances: (Aucune donnée n'est encore disponible pour l'instant.)
Masse: Max. au décollage 1750 kg.
Etat du développement: Le démonstrateur X-47A, construit par Northrop Grumman à ses propres risques, a débuté les essais en vol le 23 février 2003. Un seul prototype a été fabriqué pour l'instant.
Remarques: Northrop Grumman a fait développer le X-47A par Scaled Composites à Mojave. Fabriqué en majeure partie en matériaux composites, le Pegasus doit avant tout servir aux essais de décollage et d'atterrissage d'engins sans pilote sur des porte-avions. Tout le dessin extérieur de ce démonstrateur lui donne d'excellentes caractéristiques de furtivité (*stealth*). Etant donné l'absence d'empennage de profondeur, le pilotage est possible grâce à six volets. Une version un peu plus grosse du X-47A, le X-47B est en construction. Cette variante est conçue dans la perspective des missions de combat et de reconnaissance dite « de la première heure », c'est-à-dire pour des missions particulièrement dangereuses comme le sont souvent celles que l'on rencontre au début d'un conflit. Elle doit pouvoir emporter 1800 kg d'armement et effectuer des engagements d'une durée max. de 12 heures. L'électronique de BAE Systems, conçue comme un système ouvert, permet notamment des atterrissages d'une précision extrême sur le pont des porte-avions. La fabrication du prototype a commencé début 2002. Le premier vol est prévu pour 2004.

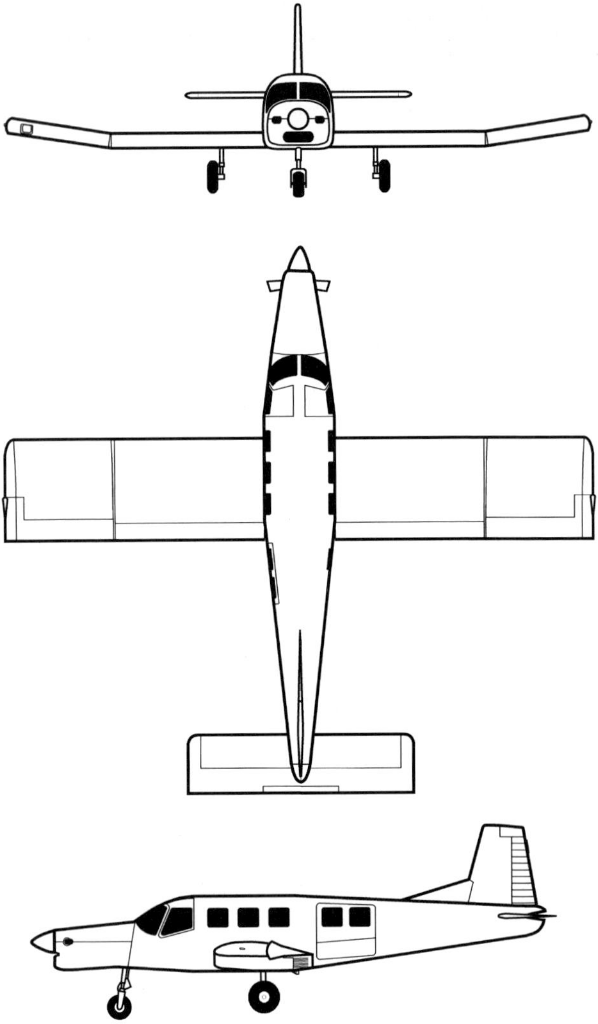

Dimensions
Envergure: 12,80 m
Longueur: 11,58 m
Hauteur: 3,63 m
Surface alaire: 27,31 m^2

PACIFIC AEROSPACE PAC-750XL

Origine: Nouvelle-Zélande.
Constructeur: Pacific Aerospace Corp. Ltd., Hamilton, Nouvelle-Zélande.
Catégorie: Avion de transport léger polyvalent.
Moteur: Un turbopropulseur Pratt & Whitney Canada PT6-34 d'une puissance de 750 ch (559 kW).
Performances: Vitesse max. 326 km/h; vitesse de croisière 287 km/h; vitesse ascensionnelle initiale 8,64 m/sec; plafond pratique 9144 m; distance franchissable à 75 % de la puissance 1098 km; autonomie max. 4,4 h.
Masses: A vide 1393 kg; max. au décollage 3402 kg.
Equipage, passagers et charge utile: Un à deux pilotes et dans la configuration standard 9 passagers, voire 17 parachutistes max. sans les sièges, charge utile comme avion cargo 2008 kg.
Etat du développement: Le prototype, jusqu'ici unique, a volé pour la première fois le 5 septembre 2001. Après la certification, les premiers exemplaires ont été livrés en 2003. Une vingtaine d'appareils seraient commandés ferme, les options sont au nombre de 260.
Remarques: Le PAC-750XL a repris des éléments importants de l'avion agricole Aerospace Fletcher FU-24. On mentionnera surtout les ailes, l'empennage ainsi que le moteur. Le fuselage en revanche est tout à fait nouveau. Toute la structure est essentiellement en aluminium; elle est très robuste et bien adaptée aux missions multiples que l'avion est censé remplir. Les tâches principales qu'on lui destine sont les transports de fret et en tout genre ainsi que le largage de parachutistes. Une large porte de chargement derrière l'aile facilite le travail. Le PAC-750XL peut opérer à partir de pistes non préparées grâce à un robuste train fixe et à des caractéristiques de décollage et atterrissage courts. D'une manière générale, cet avion est conçu pour une exploitation très économique dans des conditions de confort convenables. Le prix de base se situe autour de US$ 925 000.–. Une version dotée de flotteurs est en préparation.

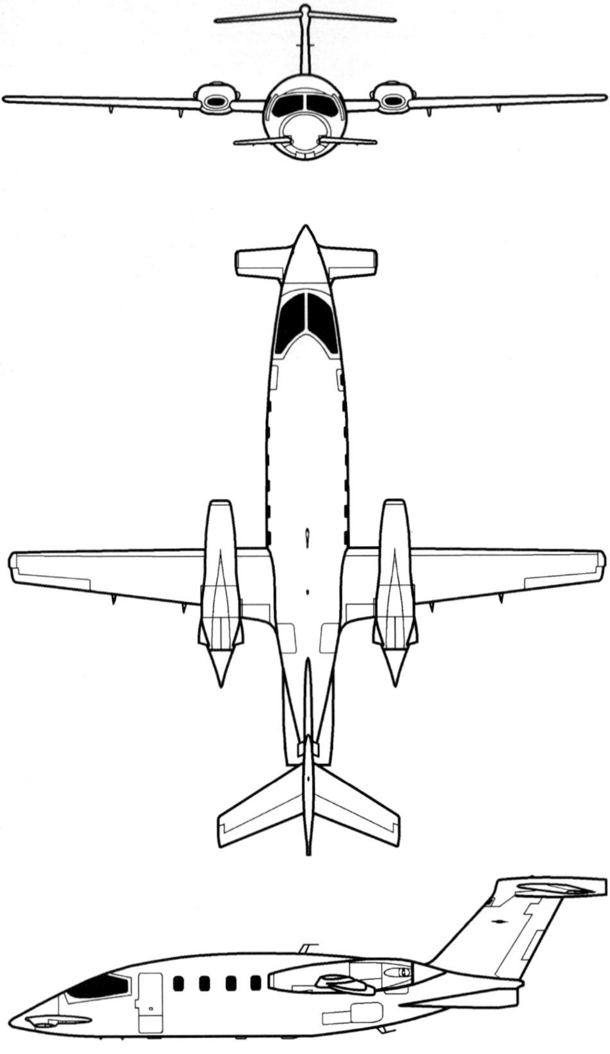

Dimensions
Envergure: 14,03 m
Longueur: 14,41 m
Hauteur: 3,98 m
Surface alaire: 16,00 m^2

PIAGGIO P180 AVANTI

Origine: Italie.
Constructeur: Rinaldo Piaggio S.p.A., Gênes-Sestri, Italie.
Catégorie: Avion d'affaires et militaire polyvalent.
Moteurs: Deux turbopropulseurs Pratt & Whitney Canada PT6A-66 d'une puissance (bridée) de 850 ch (634 kW) chacun.
Performances: Vitesse max. 732 km/h à 8625 m d'altitude; vitesse max. de croisière longue durée 644 km/h à 11 885 m; vitesse ascensionnelle initiale 15,0 m/sec; plafond opérationnel 11 890 m, distance franchissable avec six passagers et les réserves IFR (règles de vol aux instruments) 2637 km; distance franchissable max. avec les réserves VFR (règles de vol à vue) 3148 km.
Masses: Equipé 3402 kg; max. au décollage 5239 kg.
Equipage, passagers et charge utile: Un ou deux pilotes et sept ou huit passagers dans l'aménagement intérieur standard. Pour les missions de sauvetage (EMS = Emergency Medical Service) deux blessés couchés, comme avion cargo max. 1860 kg.
Etat du développement: Premier vol du premier de deux prototypes le 23 septembre 1986; le premier avion de série a volé le 29 janvier 1990. Fin 1998, 36 Avantis avaient été produits et la fabrication a été provisoirement suspendue. Après des rentrées de commandes dépassant les 80 exemplaires, dont 9 pour l'Armée de l'air italienne, la production a repris durant l'année 2000. Actuellement, 18 appareils sont construits chaque année.
Remarques: L'Avanti, avec son aspect toujours futuriste, repose sur le concept dit des « trois surfaces » (three-surface-concept); les petites ailes «canard» placées à l'avant du fuselage servent à équilibrer l'avion dans toutes les phases du vol tandis que la gouverne de profondeur à l'arrière ne sert que pour les changements de direction. L'aile possède un profil laminaire et un grand allongement mais avec une surface alaire relativement réduite. L'Avanti est fait en grande partie en métal léger mais des éléments en plastique sont cependant utilisés pour l'empennage, les capots moteurs, la pointe du fuselage, pour le canard et dans l'aile principale. Le dessin peu conventionnel de l'Avanti lui assure une des plus grandes cabines parmi les avions de sa catégorie (4,55 m de long, 1,85 m de large et 1,75 de haut) et permet de le traverser dans toute sa longueur sans avoir à trop baisser la tête. Il est donc aussi bien adapté au transport ambulance. Les exemplaires de la nouvelle série disposent d'une plus grande capacité en carburant.

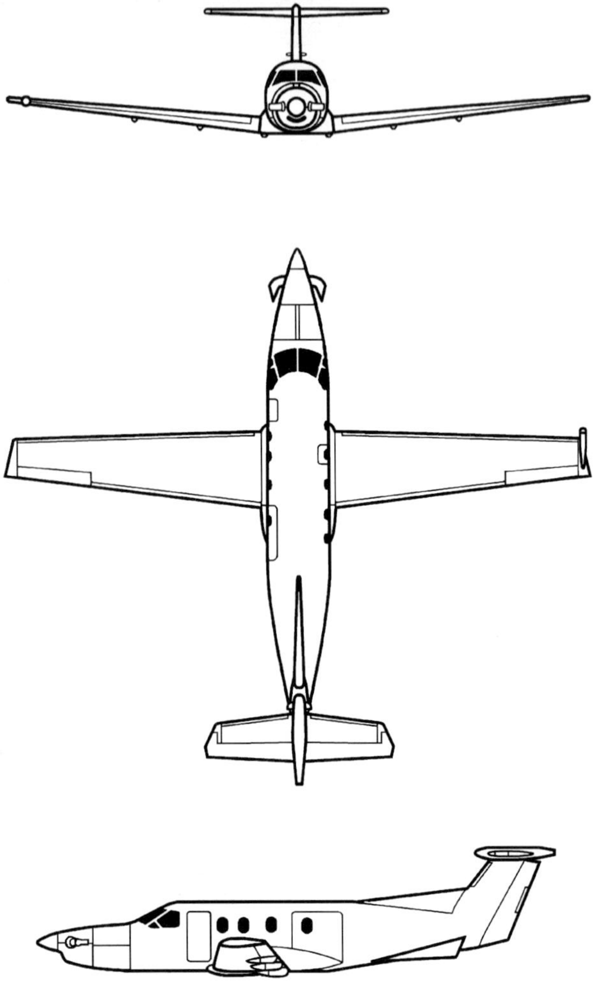

Dimensions
Envergure: 16,23 m
Longueur: 14,40 m
Hauteur: 4,26 m
Surface alaire: 25,81 m^2

PILATUS PC-12/45

Origine: Suisse.
Constructeur: Pilatus Flugzeugwerke AG, Stans, Suisse.
Catégorie: Avion de transport léger polyvalent et avion d'affaires.
Moteur: Une turbine Pratt & Whitney Canada PT6A-67B avec une puissance de 1605 ch bridée à 1200 ch (895 kW).
Performances: Vitesse de croisière max. 498 km/h à 7620 m d'altitude; vitesse ascensionnelle initiale 8,50 m/sec; plafond opérationnel 9150 m; distance franchissable à 9150 m 4260 km, avec neuf passagers 3020 km.
Masses: A vide comme avion cargo 2484 kg, avec l'aménagement passagers 2600 kg; max. au décollage 4500 kg.
Equipage, passagers et charge utile: Un pilote et un copilote ou un passager dans le poste de pilotage et jusqu'à neuf passagers en sièges individuels; comme avion d'affaires, de six à huit passagers; charge utile avec les réservoirs pleins jusqu'à 800 kg, charge utile max. 1410 kg.
Etat du développement: Le premier de deux prototypes a décollé pour la première fois le 31 mai 1991. Les premières livraisons à la clientèle ont commencé en mai 1994. A fin 2003, 430 appareils avaient été livrés.
Remarques: Cet avion polyvalent est apte aussi bien aux vols d'affaires qu'aux transports de fret. La cellule du PC-12 monomoteur est plus longue et plus large par exemple que celle du bimoteur Beech King Air et peut recevoir jusqu'à 9,34 m^3 de fret. Une variante combinée pour quatre passagers et 5,95 m^3 de fret est aussi proposée. Une porte passagers à l'avant et une grande porte pour le fret à l'arrière facilitent les manœuvres d'embarquement et de débarquement. Le PC-12 est équipé d'une avionique complète d'AlliedSignal Bendix/King. Le PC-12/45, version actuellement en production, dispose d'un train d'atterrissage renforcé et de roues plus grosses. En 2003, une nouvelle variante désignée PC-12 Spectre (voir photo) a été présentée; elle est destinée à des missions spéciales et dispose notamment d'une plate-forme de capteurs escamotable sous le fuselage.

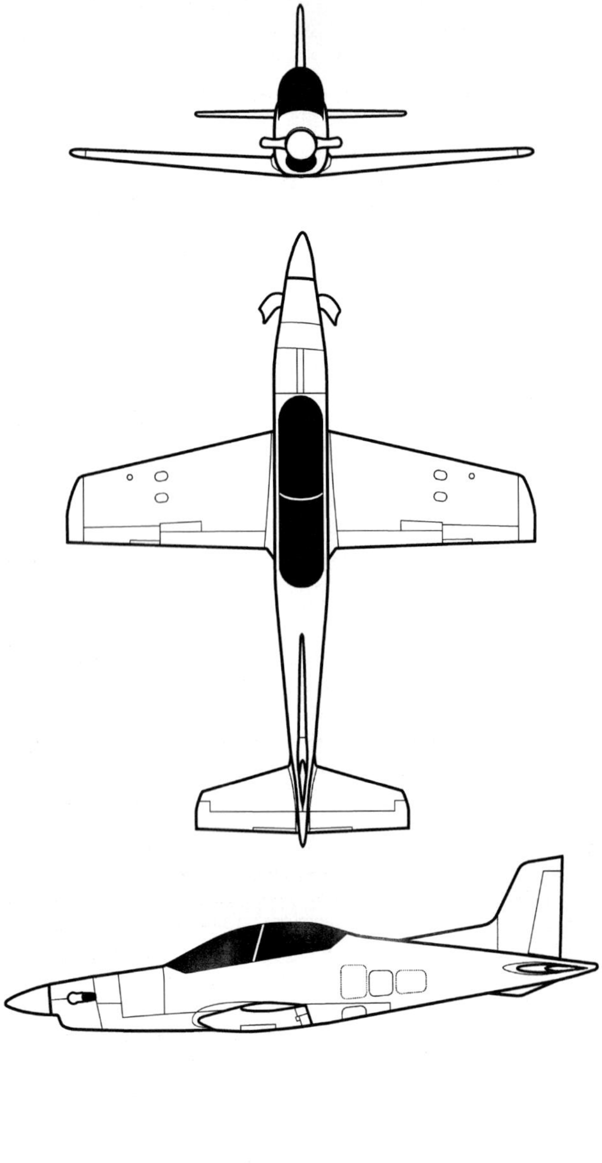

Dimensions
Envergure: 8,77 m
Longueur: 11,19 m
Hauteur: 3,91 m
Surface alaire: 14,90 m^2

PILATUS PC-21

Origine: Suisse.
Constructeur: Pilatus Flugzeugwerke AG, Stans, Suisse.
Catégorie: Avion d'entraînement biplace pour la formation de base, la formation avancée et le « Fighter-Lead-In-Training » (introduction à la chasse).
Moteur: Une turbine Pratt & Whitney Canada PT6A-68B d'une puissance de 1609 ch (1200 kW).
Performances: Vitesse max. 778 km/h; vitesse de croisière 685 km/h; vitesse ascensionnelle initiale 22 m/sec; plafond opérationnel 11 400 m; distance franchissable 1200 km.
Masses: A vide 2250 kg; max. au décollage 4250 kg.
Etat du développement: Un démonstrateur technologique vole depuis mai 2001, le prototype proprement dit a entamé les essais en vol le 1er juillet 2002. En plus, un modèle de présérie doit être terminé à mi-2004. La certification est prévue pour la fin 2004. Aucune commande n'avait encore été passée à fin 2003.
Remarques: Pilatus a développé, sous la désignation PC-21, un avion tout à fait nouveau pour succéder aux PC-7/9. La particularité du système d'entraînement intégré et flexible du PC-21 est qu'il couvre tout le spectre de la formation aérienne, de l'écolage de base jusqu'à la formation avancée avec un seul type d'appareil. Les logiciels d'engagement sont programmés de telle façon que différentes catégories de types d'avions peuvent être programmées et exercées. Chacun des deux postes de pilotage, équipé de trois grands écrans EFIS, est tout numérique et compatible NVG (vision de nuit). La place avant dispose d'un écran tête haute (HUD = Head Up Display). L'introduction des données se fait notamment par le HOTAS. Comparé au PC-9, le PC-21 se distingue par une nouvelle cellule, un moteur plus puissant à réglage électronique, une hélice à cinq pales, une aile très performante en légère flèche et équipée de spoilers, une cabine pressurisée à climatisation automatique et un système anti-g. L'avion est aussi doté des sièges éjectables les plus récents de Martin Baker, le modèle Mk.16L capable d'éjections zéro-zéro (altitude zéro, vitesse zéro).

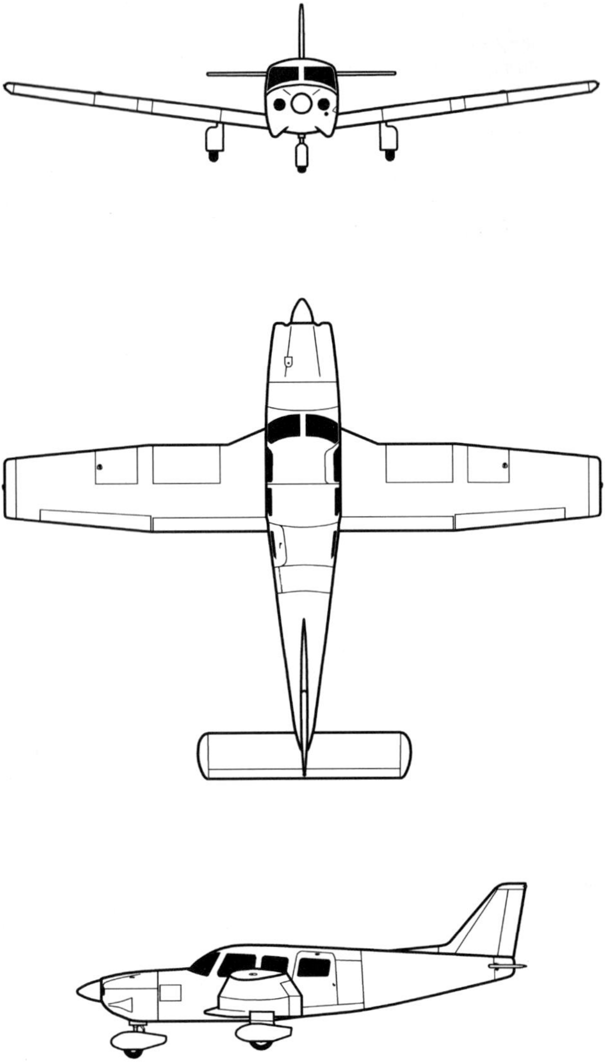

Dimensions
Envergure: 10,97 m
Longueur: 8,53 m
Hauteur: 2,43 m
Surface alaire: 16,56 m^2

PIPER 6X/6XT

Origine: USA.
Catégorie: Avion de tourisme.
Constructeur: New Piper Aircraft, Vero Beach, Floride, USA.
Moteur: Un moteur à piston 6-cylindres boxer à refroidissement par air Lycoming (6X) IO-540-K1G5 d'une puissance de 300 ch (222,8 kW); (6XT) TIO-540-AH1A de 300 ch (222,8 kW).
Performances: Vitesse max. (6X) 283 km/h, (6XT) 306 km/h; vitesse de croisière max. (6X) 278 km/h (6XT) 285 km/h; plafond pratique (6X) 4572 m (6XT) 6096 m; distance franchissable avec 45 minutes de réserves (6X) à 3650 m d'altitude 1537 km, (6XT) à 4572 m d'altitude 1574 km.
Masses (Saratoga IITC): A vide 1118 kg; max. au décollage 1633 kg.
Equipage, passagers et charge utile: Six personnes y compris le pilote; charge utile avec le plein des réservoirs 375 kg, charge utile max. 653 kg.
Etat du développement: Ces deux développements, 6X et 6XT, du Piper Saratoga ont été présentés en 2003. Le premier vol du 6X a eu lieu le 24 février 2003, suivi peu après par celui du 6XT. Le constructeur a commencé les livraisons aux clients la même année.
Remarques: Sur le plan de la construction, les deux modèles sont identiques pour l'essentiel. Contrairement au Saratoga II, ils sont dotés d'un train d'atterrissage fixe. Le 6XT est équipé d'un moteur avec turbocompresseur, tandis que le 6X n'en a pas. Les performances de vol s'en ressentent, surtout en ce qui concerne le plafond opérationnel. Avec ces deux appareils, le constructeur voulait proposer une alternative plus simple et moins coûteuse que le Saratoga II. C'est ainsi que le prix de départ du 6X est de US$ 336000.–, celui du 6XT 356000.–. En plus du prix d'achat, les primes d'assurance sont aussi sensiblement plus basses.

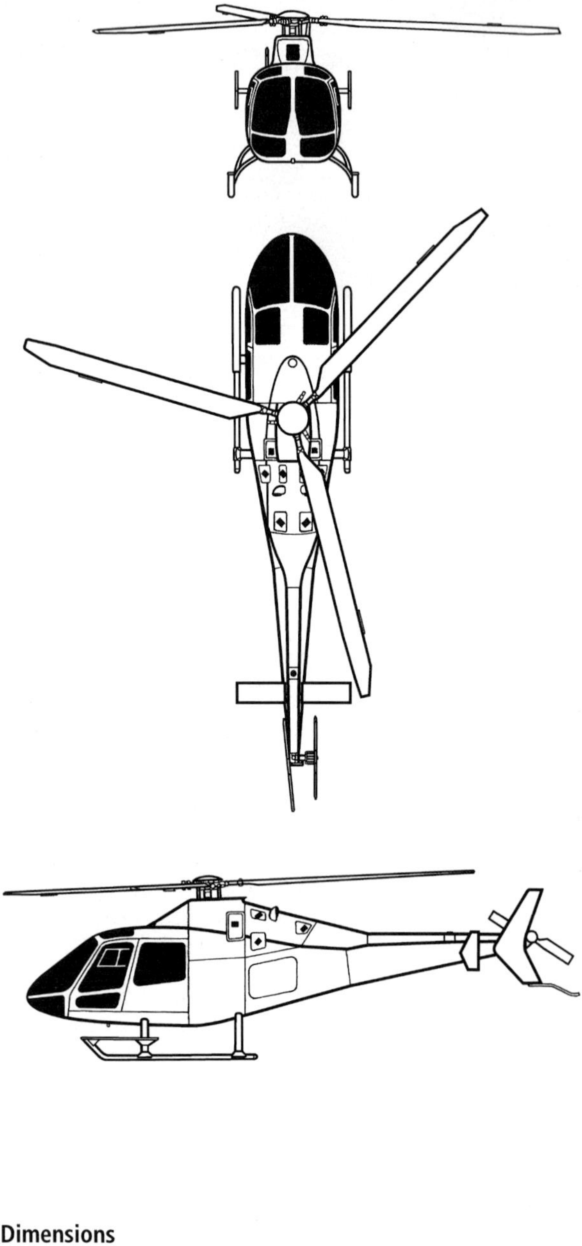

Dimensions
Diamètre du rotor: 9,00 m
Longueur du fuselage y compris le rotor: 10,54 m
Hauteur: 2,95 m

PZL SWIDNIK SW-4

Origine: Pologne.
Constructeur: PZL Swidnik, Swidnik, Pologne.
Catégorie: Hélicoptère léger polyvalent.
Moteur: Une turbine Rolls-Royce 250-C20R d'une puissance de 475 ch (354 kW).
Performances: Vitesse max. 288 km/h; vitesse de croisière normale 230 km/h; vitesse ascensionnelle max. en vol oblique 11 m/sec; plafond pratique 7000 m; plafond en vol stationnaire avec effet de sol 3500 m, distance franchissable avec le max. de carburant dans les réservoirs env. 760 km; autonomie 5,5 h.
Masses: A vide 850 kg; max. au décollage 1700 kg.
Equipage, passagers et charge utile: Un pilote et quatre passagers; charge utile interne 400 kg, externe 600 kg.
Etat du développement: Le premier de deux prototypes a finalement commencé ses essais en vol le 26 octobre 1996 après un long retard dû à des problèmes techniques. La certification a été obtenue en novembre 2002. Les livraisons ont débuté mi-2003 à l'Armée de l'air polonaise qui souhaite acquérir jusqu'en 2010 47 SW-4 comme hélicoptères d'entraînement.
Remarques: Avec le SW-4, PZL propose une alternative intéressante sur le plan du coût aux modèles concurrents déjà bien implantés; le prix d'achat est en effet d'environ US$ 700 000.–. Le rotor tripale en fibre de verre/résine époxy est de conception classique. Les 20 % du fuselage sont réalisés en matériau composites (fibre de verre et carbone). Le SW-4 est équipé d'une avionique AlliedSignal Bendix/King; il est donc en mesure de voler selon les règles IFR. En plus des missions de liaison qui lui sont propres, il est aussi apte à être engagé dans le transport de blessés et dans des missions de patrouille. En option, il peut être équipé aussi d'une turbine Pratt & Whitney Canada PW206 d'une puissance de 615 ch (459 kW), qui est fabriquée sous licence en Pologne.

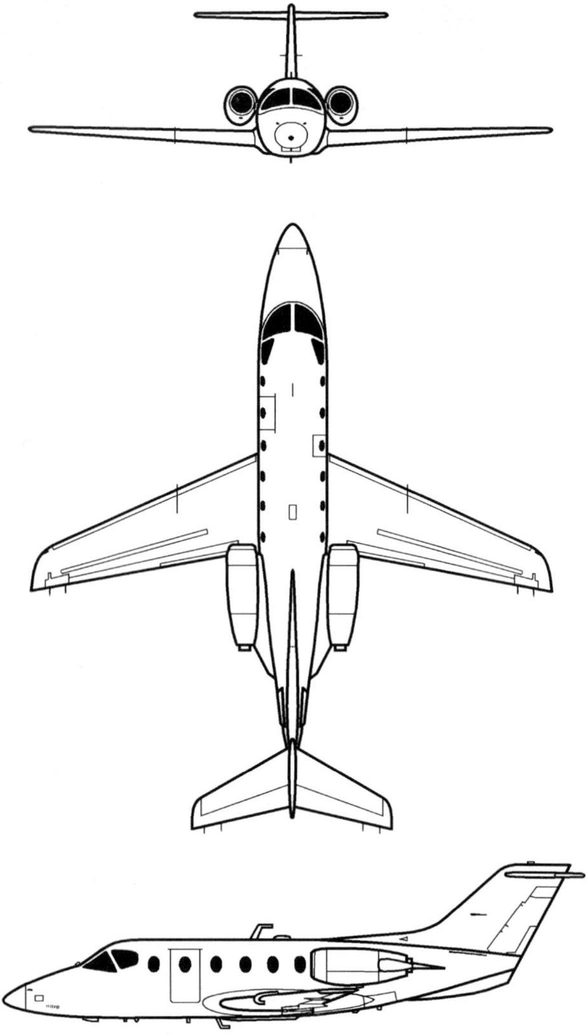

Dimensions
Envergure: 13,26 m
Longueur: 14,76 m
Hauteur: 4,24 m
Surface alaire: 22,43 m^2

RAYTHEON HAWKER 400 XP

Origine: USA.
Constructeur: Raytheon Aircraft, Beech Aircraft Division, Wichita, Kansas, USA.
Catégorie: Avion d'affaires.
Moteurs: Deux réacteurs à double flux Pratt & Whitney Canada JT15D-5B d'une poussée de 1345 kp (13,19 kN) chacun.
Performances: Vitesse max. 865 km/h à 12 495 m d'altitude (Mach 0,78); vitesse de croisière écon. 767 km/h à 12 495 m; vitesse ascensionnelle initiale 20,12 m/sec; plafond 13 715 m; distance franchissable avec la charge utile max. 1619 km, distance franchissable max. 3125 km.
Masses: Equipé 4886 kg; max. au décollage 7394 kg.
Equipage, passagers et charge utile: Deux pilotes et normalement quatre, au max. neuf passagers; charge utile max. 930 kg.
Etat du développement: Premier vol d'un modèle 400A, la version d'origine, le 22 septembre 1989, celui du 400XP début 2003. Plus de 700 appareils ont été fabriqués pour des tâches aussi bien civiles que militaires. Les livraisons de la dernière variante ont commencé dans le courant de 2003. Cinquante exemplaires (+ 50 options) ont été commandés par NetJet au printemps 2004.
Remarques: Cet avion, conçu à l'origine par Mitsubishi qui l'a lui-même construit pendant quelques années, a été perfectionné de manière continue. Après que Beechcraft (et par la suite Raytheon) a repris la production, sont apparus les Beechjet 400 et 400A. La provisoirement toute dernière version de la série a été lancée sous l'appellation de Hawker 400XP (= e**X**tra **P**ayload). Comparé au modèle précédent, le 400XP permet une masse au décollage 90 kg plus élevée; cela entraîne soit une distance franchissable plus importante, soit l'emport d'un passager supplémentaire. En plus, des éléments de l'avionique, qui étaient auparavant offerts en option, sont compris désormais dans le standard de série. Le 400XP est aussi équipé d'inverseurs de poussée.

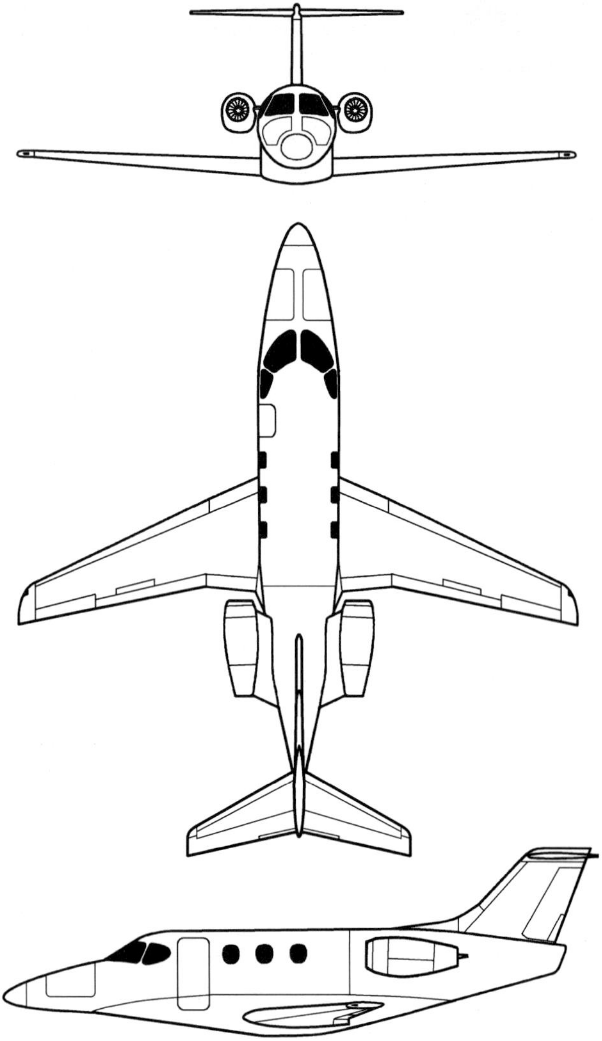

Dimensions
Envergure: 13,56 m
Longueur: 14,02 m
Hauteur: 4,81 m
Surface alaire: 20,90 m^2

RAYTHEON BEECHCRAFT 300 PREMIER I

Origine: USA.
Constructeur: Raytheon Aircraft, Beechcraft Division, Wichita, Kansas, USA.
Catégorie: Avion d'affaires.
Moteurs: Deux réacteurs à double flux Williams/Rolls-Royce FJ44-2A d'une poussée de 1050 kp (10,23 kN) chacun.
Performances: Vitesse de croisière max. 850 km/h; vitesse de croisière normale 680 km/h; plafond pratique 12 500 m; distance franchissable avec quatre passagers et les réserves IFR 2600 km.
Masses: Equipé 3740 kg; max. au décollage 5760 kg.
Equipage, passagers et charge utile: Un ou deux pilotes et jusqu'à six passagers dans la version Club standard; charge utile avec le max. de carburant 365 kg.
Etat du développement: Le premier des quatre appareils participant aux essais a décollé pour la première fois le 22 décembre 1998. A fin 2003, les commandes dépassaient les 300 exemplaires. Après des retards dus à des problèmes techniques, les livraisons ont débuté en juillet 2001. Environ 100 Premier 1 avaient été produits fin 2003 dont 49 pour cette seule année.
Remarques: L'ensemble du fuselage est en matériaux composites (une combinaison de nid d'abeille en Nomex et de fibres de carbone). En revanche, l'aile en flèche est encore en aluminium; sur la base de nouvelles évaluations, il va falloir la modifier pour atteindre les performances garanties. La construction de l'avion est volontairement très simple de manière à permettre une grande automatisation de la production. De cette façon et aussi grâce à de nouvelles technologies de fabrication, le Premier I peut être proposé au prix très favorable de US$ 5,26 Mio. Comparé aux modèles de la concurrence, le volume intérieur de la cabine est sensiblement plus grand (4,10 m de long, 1,70 m de large, 1,60 m de haut). Le poste de pilotage, doté d'une avionique ProLine 21, est conçu pour être géré par un seul homme d'équipage. Le Premier I doit être le modèle de base de toute une famille d'avions d'affaires.

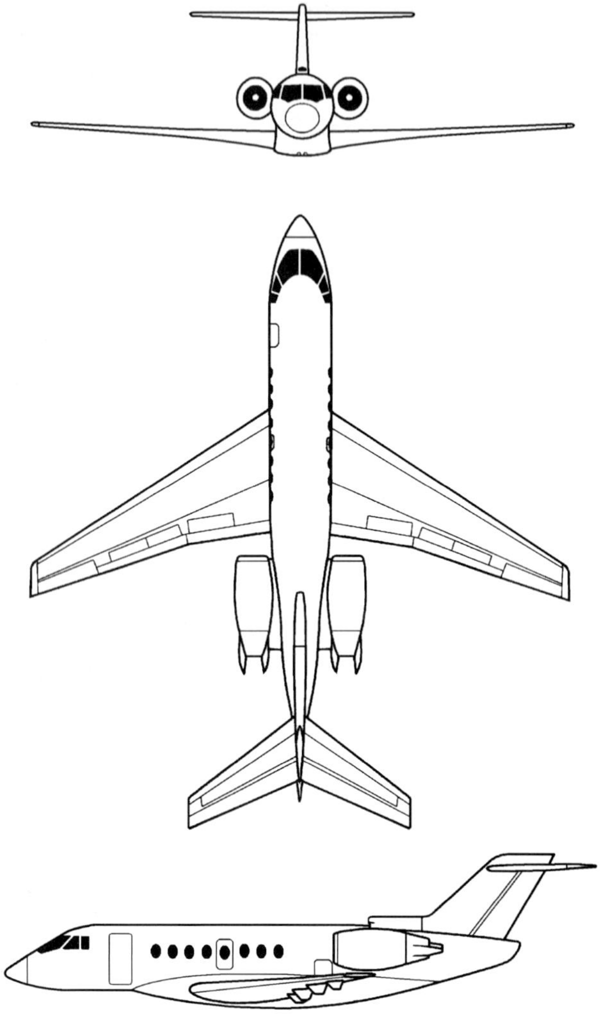

Dimensions
Envergure: 18,80 m
Longueur: 21,08 m
Hauteur: 5,97 m

RAYTHEON HAWKER HORIZON

Origine: USA.
Constructeur: Raytheon Corporate Jets, Hawker Division, Wichita, Kansas, USA.
Catégorie: Avion d'affaires.
Moteurs: Deux réacteurs à double flux Pratt & Whitney PW308A d'une poussée de 2950 kp (28,9 kN) chacun.
Performances (données constructeur): Vitesse de croisière max. Mach 0,84; plafond pratique 13 716 m; distance franchissable avec réserves IFR 5750 km, max. 6300 km.
Masses: Equipé 9494 kg; max. au décollage 16 330 kg.
Equipage, passagers et charge utile: Deux pilotes et normalement huit passagers en fauteuils club, mais au max. 12 personnes; charge utile 1619 kg.
Etat du développement: Les essais en vol ont commencé le 11 août 2001. Un second prototype vole depuis le 10 mai 2002. Le volume des commandes qui était de 100 exemplaires au départ a passé à 30. Le contrat le plus important, celui de NetJet – qui avait commandé 50 machines ferme et pris 50 options – a été entre-temps annulé et remboursé. Après de nouveaux retards, la livraison des premiers exemplaires est maintenant prévue pour mi-2004. Trois exemplaires doivent en principe sortir chaque mois des chaînes de montage final.
Remarques: Bien que subsistent quelques ressemblances avec le Hawker 800XP, l'Horizon est un avion tout à fait nouveau. Raytheon voudrait établir, avec cet avion, de nouveaux critères de confort dans le segment médian des avions d'affaires. La cabine est vraiment très spacieuse pour cette catégorie (8,87 m de long, 2,01 m de large, 1,83 m de haut). L'élément central de l'aile est complètement en dehors du fuselage de telle sorte que le compartiment passagers n'est nulle part interrompu. A l'instar du Premier I, l'Horizon a un fuselage en matériaux composites tandis que l'aile est en aluminium; celle-ci est du reste pour l'essentiel en une seule pièce fraisée dans la masse. Dans le poste de pilotage, le tableau de bord comprend cinq grands écrans plats LCD; le système de gestion de vol Honeywell Primus Epic est installé pour la première fois dans un avion. L'ensemble de l'avionique se trouve derrière le cockpit; elle est de ce fait très accessible. Le prix de base de l'Horizon se monte à US$ 15,8 Mio. Les essais ont mis en évidence le fait que quelques changements importants dans la construction étaient indispensables.

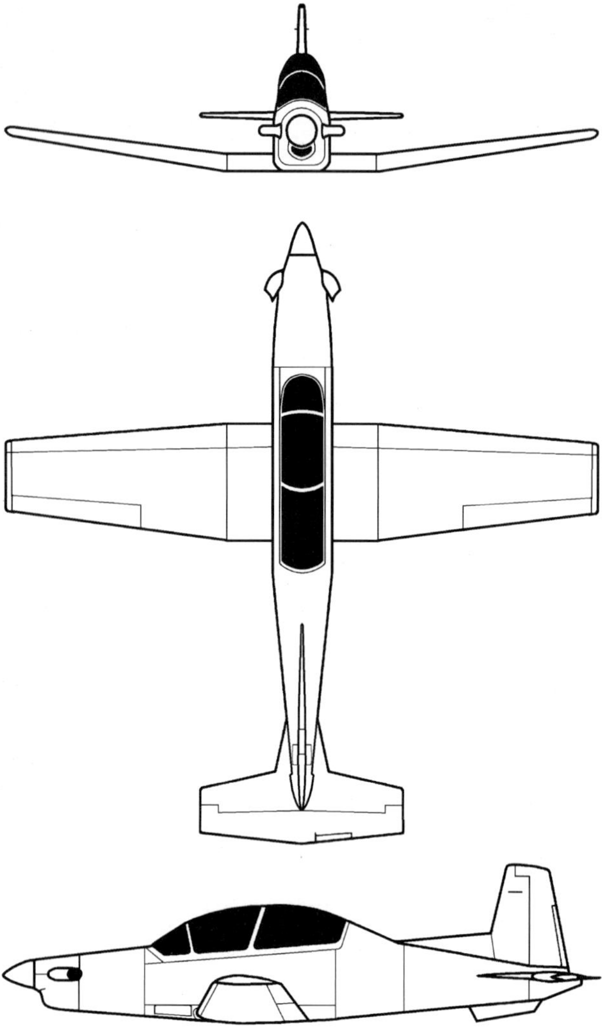

Dimensions
Envergure: 10,15 m
Longueur: 10,14 m
Hauteur: 3,26 m
Surface alaire: 16,29 m^2

RAYTHEON BEECHCRAFT T-6A TEXAN II

Origine: USA/Suisse.
Constructeur: Raytheon Aircraft/Beech Aircraft Division/Pilatus, usine de Wichita, Kansas, USA.
Catégorie: Avion d'entraînement de base et avancé.
Moteur: Un turbopropulseur Pratt & Whitney Canada PT6A-68 d'une puissance de 1708 ch (1275 kW), bridée à 1100 ch sur l'arbre (820 kW).
Performances: Vitesse max. à haute altitude 575 km/h, au niveau de la mer 500 km/h, vitesse de croisière à 2285 m 426 km/h; vitesse ascensionnelle initiale 20,3 m/sec; plafond opérationnel 10 670 m; distance franchissable 1574 km; autonomie max. 3 h.
Masses: A vide 2087 kg; max. au décollage 2857 kg.
Etat du développement: Le premier démonstrateur (un PC-9 modifié) a volé pour la première fois en septembre 1992. En sus, Beech a fabriqué deux prototypes de préproduction (premier vol le 23 décembre 1993), suivi du premier avion de série le 15 juillet 1998. Les forces armées américaines ont prévu de se procurer en tout 782 exemplaires: USAF 454, USN 328. A fin 2003, 230 exemplaires avaient fait l'objet d'une commande ferme (USAF 200, USN 30). Les livraisons ont commencé en 1999 à l'USAF, suivies dès 2003 par celles destinées à l'USN. Autres clients: la Grèce 45, le NATO Flying Training (NFTC) 24. Au début 2004, 145 exemplaires avaient été construits.
Remarques: Bien que le PC-9 lui ressemble beaucoup, 70 % de la construction ont été redéfinis. Les principales différences sont: le renforcement de la structure et de la canopée, la cabine pressurisée, le siège éjectable zéro-zéro (hauteur 0 m/vitesse 0 km/h) nouvelle électronique numérique (GPS, MLS, avertisseur anticollision, écran tête haute HUD), ravitaillement en carburant en un seul point. Le T-6A est un élément d'un système d'entraînement intégré qui comprend aussi des simulateurs et d'autres aspects logistiques. Beech Aircraft, filiale de Raytheon, fonctionne comme entrepreneur général de ce programme. Une version capable d'effectuer de petites missions d'attaque au sol est en cours de développement; elle est équipée d'un écran tête haute (HUD) et de six points d'ancrage pour l'armement sous les ailes. Vingt des 45 Texans II commandés par la Grèce seront livrés dans cette configuration.

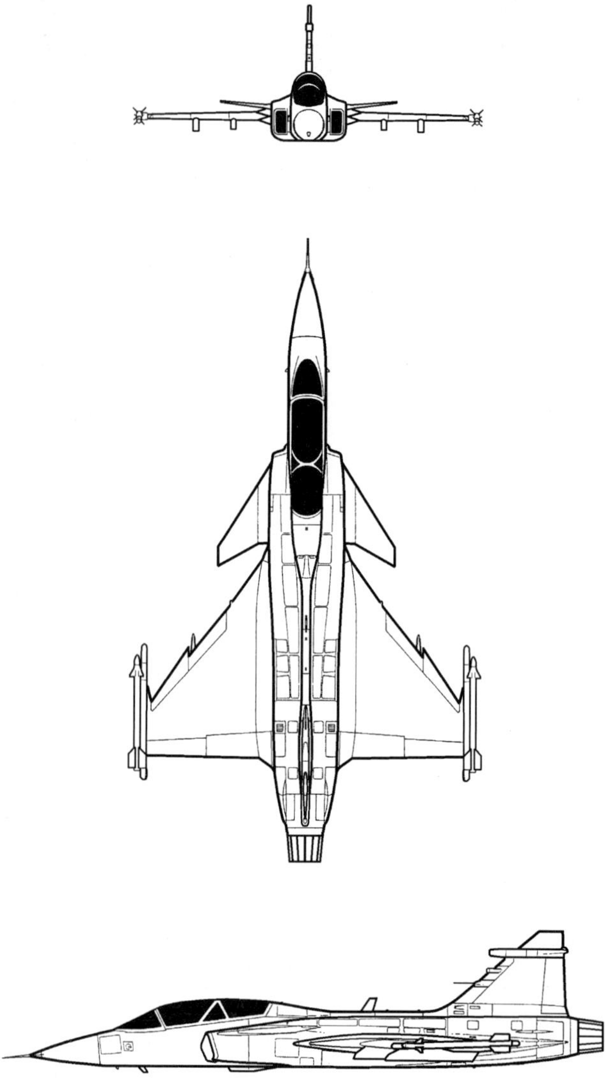

Dimensions

Envergure: 8,40 m

Longueur: (monoplace) 14,10 m, (biplace) 14,80 m

Hauteur: 4,50 m

Surface alaire: 30 m^2

SAAB JAS 39 GRIPEN

Origine: Suède.
Constructeur: Saab-Scania Aktiebolag, Linköping, Suède.
Catégorie: Avion de chasse polyvalent monoplace ou biplace.
Moteur: Un réacteur à double flux General Electric/Volvo Flygmotor RM12 d'une poussée de 5510 kp (54 kN) sans réchauffe et de 8210 kp (80,5 kN) avec réchauffe.
Performances: Vitesse max au niveau de la mer 1470 km/h (Mach 1,2) resp. Mach 2,0 à 11 000 m d'altitude; plafond opérationnel env. 20 000 m; rayon d'action comme intercepteur avec deux Rb24 Sidewinder et Rb72 Sky Flash 800 km; distance franchissable en convoyage 3000 km.
Masses: Equipé 6622 kg; max. au décollage 14 000 kg.
Armement: Un canon Mauser BK27 de 27 mm; six points d'ancrage sous les ailes (y compris deux en bouts d'aile) pour au max. quatre missiles air-air Rb72 Sky Flash et deux Rb24 Sidewinder resp. AIM-120 AMRAAM. Des missiles air-sol ou air-mer antinavires peuvent être transportés sous les ailes. Charge max. en armement 4200 kg.
Etat du développement: Le premier de cinq prototypes a entamé les essais le 9 décembre 1988. Le premier avion de série a été remis à l'Armée de l'air suédoise le 8 juin 1993. Actuellement, 130 machines ont été livrées sur 218 commandées par la Suède (190 monoplaces et 28 biplaces JAS 39B). Une vingtaine de Gripen sortent chaque année des usines SAAB. L'Armée de l'air sud-africaine veut acquérir provisoirement 9 biplaces (+ 19 monoplaces en option). La Hongrie a pris en leasing 14 JAS 39C/D pour 12 ans avec option d'achat. La Tchéquie en loue 14.
Remarques: Avec le Gripen ou le JAS 39 (Jakt/Attack/Spaning = Chasse/Attaque au sol/Reconnaissance) il n'est plus nécessaire de disposer d'une version spéciale pour remplir une mission donnée. Tous les Gripens ont en permanence dans leur ordinateur de bord les logiciels nécessaires pour l'accomplissement de n'importe quelle mission. Et les équipements correspondants sont modulaires et facilement échangeables. La variante biplace d'entraînement JAS 39B sert à la formation des pilotes. Le troisième lot de 84 machines, désigné JAS 39C se signale par quelques améliorations, en particulier le système de gestion numérique du réacteur FADEC, les écrans couleur multifonctions et le dispositif de ravitaillement en vol en option.

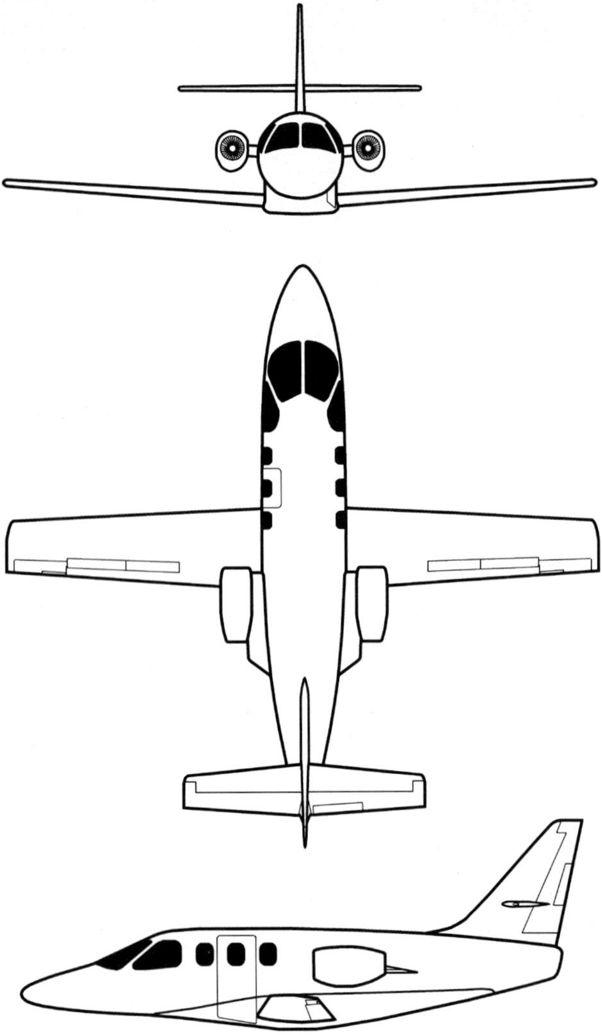

Dimensions

Envergure: 11,98 m
Longueur: 11,05 m
Hauteur: 4,57 m

SAFIRE S-26

Origine: USA.
Constructeur: Safire Aircraft Company, Opa Locka/Miami, Floride, USA.
Catégorie: Avion d'affaires léger.
Moteurs: Deux réacteurs à double flux Williams FJ33-4 d'une poussée de 500 kp (4,89 kN) chacun.
Performances (données constructeur): Vitesse de croisière max. 703 km/h; vitesse ascensionnelle initiale 14,7 m/sec; plafond pratique 12 500 m; distance franchissable avec une charge utile de 360 kg 1690 km, distance franchissable max. 2090 km.
Masses: A vide 1654 kg; max. au décollage 2835 kg.
Equipage, passagers et charge utile: Un pilote et cinq passagers en fauteuils club; charge utile max. 635 kg.
Etat du développement: Après de longs retards, le premier de deux prototypes devrait, selon des informations récentes, commencer ses essais en vol mi-2004. La certification est attendue pour 2006. Le carnet de commande s'est apparemment rétréci de 900 à 300 exemplaires.
Remarques: Avec le S-26, le constructeur veut proposer un avion d'affaires qui offre les performances et le confort habituels dans cette catégorie d'avions mais à peu près au prix des appareils de sport et de tourisme de haut de gamme. Le prix de vente de US$ 1,4 Mio est assez audacieux puisqu'il ne représente que le tiers de celui du Cessna Citation CJ1. Les coûts d'exploitation devraient s'élever à US$ 280.– par heure de vol. L'essentiel de la construction est en aluminium. Les matériaux composites ne sont utilisés que de manière limitée. Le poste de pilotage offre l'instrumentation EFIS, aujourd'hui très répandue. Bien que le cockpit soit équipé pour deux pilotes, le Safire S-26 doit être certifié pour la gestion par un seul pilote. La phase actuelle du développement est financée par un groupe d'investisseurs suisses.

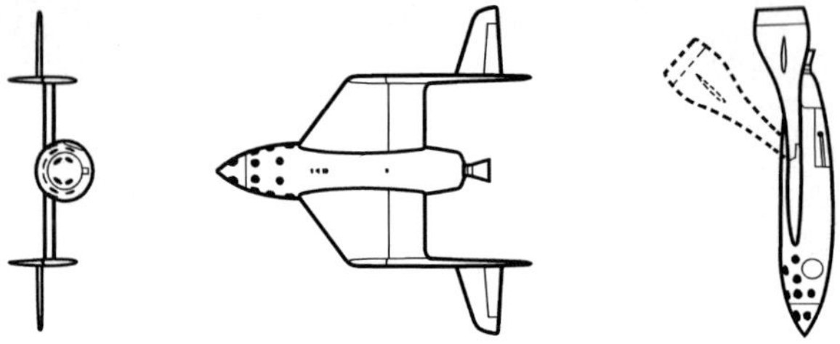

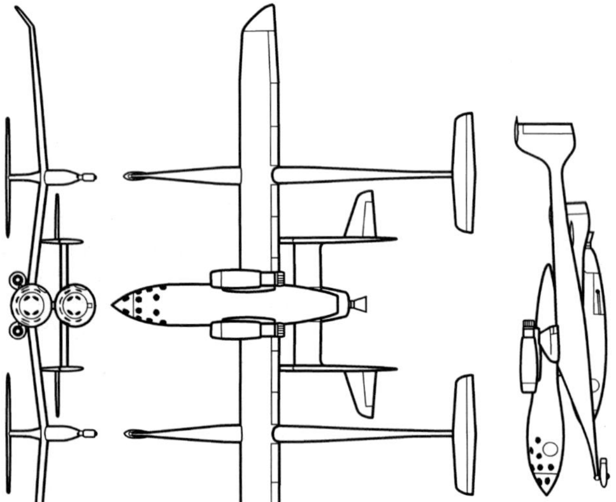

Dimensions

White Knight: envergure 25,00 m, extensible à 28,40 m
Space Ship: envergure 5,00 m
Surface alaire: 14,97 m^2
Autres dimensions non précisées.

SCALED COMPOSITES WHITE KNIGHT/SPACESHIP ONE

Origine: USA.
Constructeur: Scaled Composites, Mojave Airport, Californie, USA.
Catégorie: Avions expérimentaux pour vols suborbitaux.
Moteurs (White Knight): Deux réacteurs General Electric J85-GE5 d'une poussée de 1750 kp (17,16 kN) avec réchauffe. (Spaceship One): un moteur fusée hybride d'une poussée encore inconnue.
Performances (White Knight): plafond opérationnel 16 100m. (Spaceship One): vitesse max. Mach 3,5; plafond max. 100 000 m; distance franchissable 65 km.
Masses (White Knight avec le Spaceship One): Au décollage entre 8165 et 8620 kg; (Spaceship seul): env. 3000 kg.
Equipages et passagers: (White Knight): un pilote. (Spaceship One): un pilote et deux passagers.
Etat du développement: Ce curieux couple d'aéronefs, désigné Tier One System, a été développé dans la discrétion la plus totale par l'ingénieur américain Burt Rutan. L'avion porteur White Knight a commencé ses essais en vol le 1er août 2002. Le premier vol plané de Spaceship One à partir de White Knight s'est déroulé un an plus tard, le 16 août 2003. Le premier vol supersonique s'est déroulé le 17 décembre 2003 et a atteint Mach 1,2 et 20 400 m d'altitude. Le début des essais suborbitaux n'a pas encore été annoncé.
Remarques: L'ensemble expérimental se compose de deux éléments principaux, l'avion porteur à réaction (Model 318 White Knight) et le planeur équipé d'un moteur fusée (Model 316 Spaceship One). Ce dernier est suspendu sous le White Knight qui le largue à une altitude d'environ 15 km. Aussitôt après, le moteur fusée est mis à feu et fonctionne pendant 92 secondes, amenant Spaceship One et ses trois occupants jusqu'à 100 km d'altitude. L'engin rabat ensuite ses empennages à 90° vers l'avant pour la traversée des couches encore peu denses de l'atmosphère; puis il reprend sa configuration habituelle et plane un peu à la manière des navettes spatiales jusqu'à l'atterrissage qui se fait de manière classique. La solution mise au point par Rutan est une de celles qui devrait permettre l'accès à l'espace aux passagers commerciaux. Si le coût du programme est estimé entre US$ 20-30 Mio, un vol pourrait coûter seulement US$ 80'000.– à ses passagers dans l'hypothèse d'une exploitation commerciale hebdomadaire (ce qui exigerait une certification très coûteuse du tandem). Ce couple d'aéronefs est l'un des premiers programmes spatiaux au monde, lancés et financés par des intérêts privés et non gouvernementaux (en l'occurrence par Paul G. Allen, co-fondateur de Microsoft). Il représente une des formules en compétition dans le cadre de X-Prize, un concours dont le vainqueur doit réaliser deux vols suborbitaux à une altitude de 100 km avec deux passagers en l'espace de 15 jours.

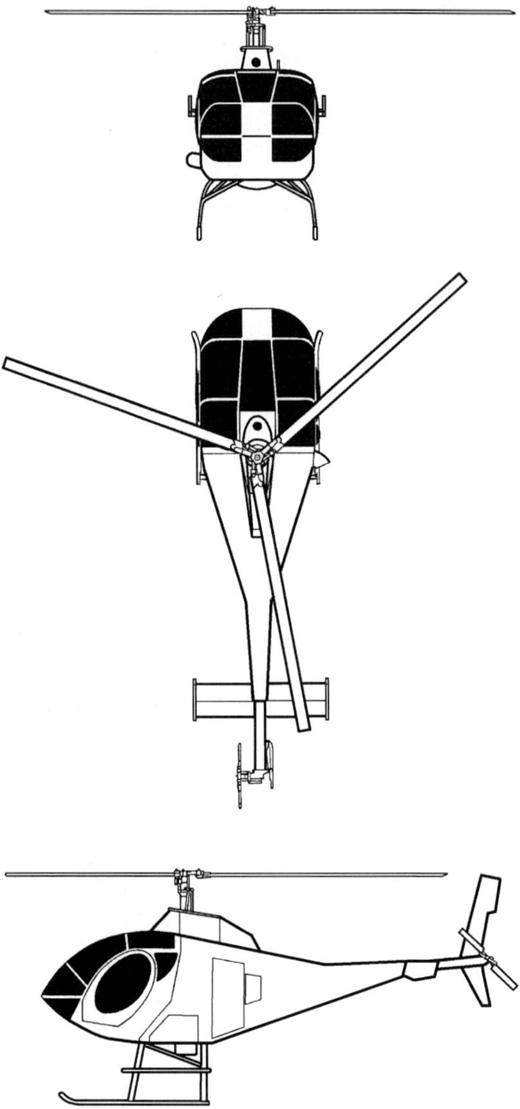

Dimensions
Diamètre du rotor: 8,39 m
Longueur du fuselage (+ rotor tournant): 9,51 m
Hauteur y compris le mât du rotor: 3,34 m

SCHWEIZER MODEL 333

Origine: USA.
Constructeur: Schweizer Aircraft Corporation, Elmira, New York, USA.
Catégorie: Hélicoptère léger polyvalent et d'entraînement.
Moteurs: Une turbine Rolls-Royce Allison 250-C20W d'une puissance de 250 ch (186 kW).
Performances: Vitesse max. 222 km/h; vitesse de croisière normale 190 km/h; plafond en vol stationnaire avec effet de sol 3414 m, sans effet de sol 2591 m; distance franchissable 556 km; autonomie 4,1 h.
Masses: A vide 567 kg; max. au décollage 1157 kg.
Equipage, passagers et charge utile: Un pilote et deux, au max. trois passagers; charge utile max. 590 kg.
Etat du développement: A l'Heliexpo de janvier 2000, Schweizer créa la surprise en présentant le Model 333, sa réalisation la plus récente. La date du premier vol n'est pas connue. Les livraisons ont commencé au premier semestre 2000. Depuis lors, plus d'une douzaine d'exemplaires ont été construits. L'Armée pakistanaise envisage de s'en procurer dix exemplaires. Le Model 330 qui l'a précédé, vole depuis 1988 et a été fabriqué à environ 30 exemplaires.
Remarques: Dérivé du Model 330, le Model 333 offre de bien meilleures performances. La charge utile a été augmentée de 30 % à une masse totale aussi plus élevée. La vitesse et le taux de montée ont été également améliorés de manière sensible. Le système motopropulseur a été revu; les trois pales du rotor, de la technologie la plus récente, sont en matériaux composites. Une grande attention a été portée à la sécurité. Grâce à la structure renforcée, aux réservoirs assurés contre les chocs, aux patins équipés d'amortisseurs télescopiques absorbant l'énergie, etc. le constructeur est parvenu à obtenir une meilleure prévention contre les risques encourus lors d'atterrissages en catastrophe. En option, le Model 333 peut être livré avec la double commande pour les activités d'entraînement. Comparé aux modèles concurrents, il se distingue par un prix et des coûts d'exploitation très favorables. Schweizer mentionne qu'il proposera aussi une version à cinq places.

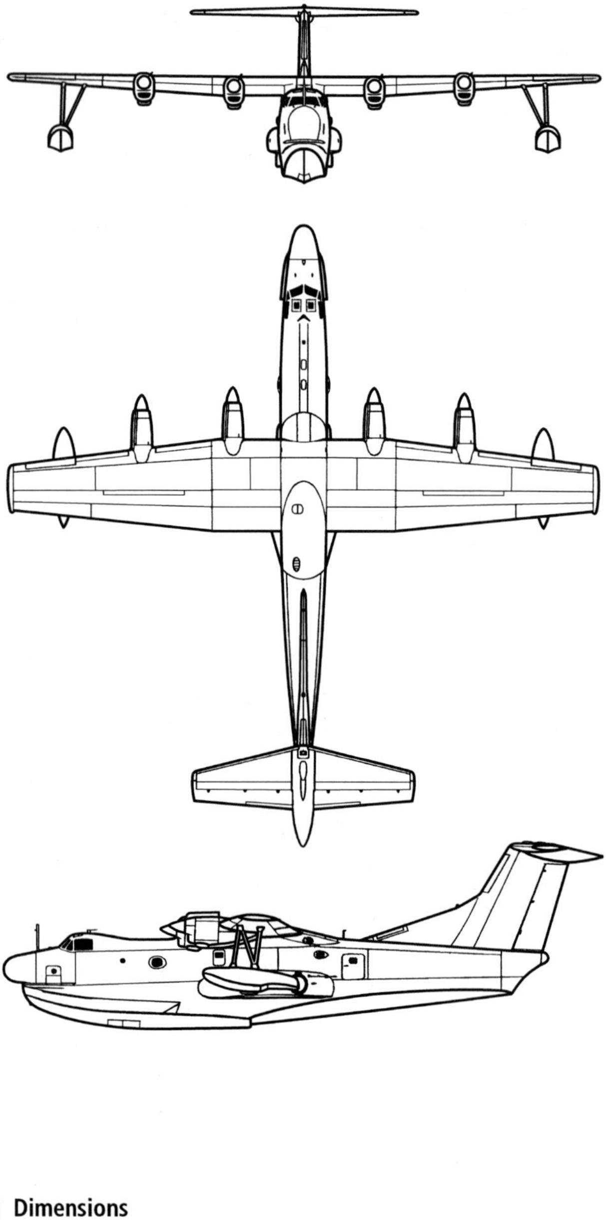

Dimensions
Envergure: 33,10 m
Longueur: 33,50 m
Hauteur: 9,90 m

SHIN MEIWA US-1A KAI

Origine: Japon.
Constructeur: Shin Meiwa Industries Ltd., usine de Konan, Chiyoda-ku, Tokyo, Japon.
Catégorie: Hydravion amphibie SAR (recherche et sauvetage) à long rayon d'action.
Moteurs: Quatre turbopropulseurs Rolls-Royce AE2100J d'une puissance de 4500 ch (3356 kW) chacun.
Performances (estimations): Vitesse max. 590 km/h; plafond opérationnel 6100 m.
Masses: Equipé 25 500 kg; max. au décollage à partir d'un plan d'eau 43 000 kg, à partir d'une piste en dur 45 000 kg.
Equipage et passagers: Deux pilotes, un ingénieur de bord, un navigateur, un radio, un opérateur radar, deux observateurs; (SAR) 5 passagers (plongeurs et médecin) + 3 sièges et 12 brancards; ou 36 passagers.
Etat du développement: Le premier des deux prototypes de ce programme dérivé de l'US-1 d'origine a pris l'air le 18 décembre 2003. La Marine japonaise envisage de se procurer 14 appareils à partir de 2006. Dix exemplaires de l'hydravion amphibie US-1, utilisé jusqu'ici pour les missions de recherche et de sauvetage en mer, sont encore en service sur les 19 machines construites.
Remarques: L'hydravion amphibie US-1A Kaï doit prendre la relève de l'US-1, en service depuis de nombreuses années. Même si le Kaï en est dérivé, il s'agit en fait d'un avion nouveau sur bien des points essentiels. Les turbopropulseurs T64 de General Electric ont été remplacés par des moteurs Rolls-Royce, sensiblement plus puissants, actionnant des hélices à six pales en matériaux composites. Les performances s'en trouvent beaucoup améliorées dans tous les domaines de vol. La longueur du décollage à partir d'un plan d'eau se trouve par exemple raccourcie de 50 %. Pour atteindre ces performances, un réacteur Rolls-Royce CTS800-4K souffle sur certaines parties des ailes afin de réduire les tourbillons. La gestion des groupes propulseurs est assumée par un système FADEC. Les ailes sont maintenant en matériaux composites pour l'essentiel. Le fuselage est pressurisé par endroits. Le poste de pilotage avec ses écrans plats et toute l'avionique sont également nouveaux. Enfin, l'US-1A dispose maintenant d'un nouveau radar de recherche Ocean Master fabriqué par Thales.

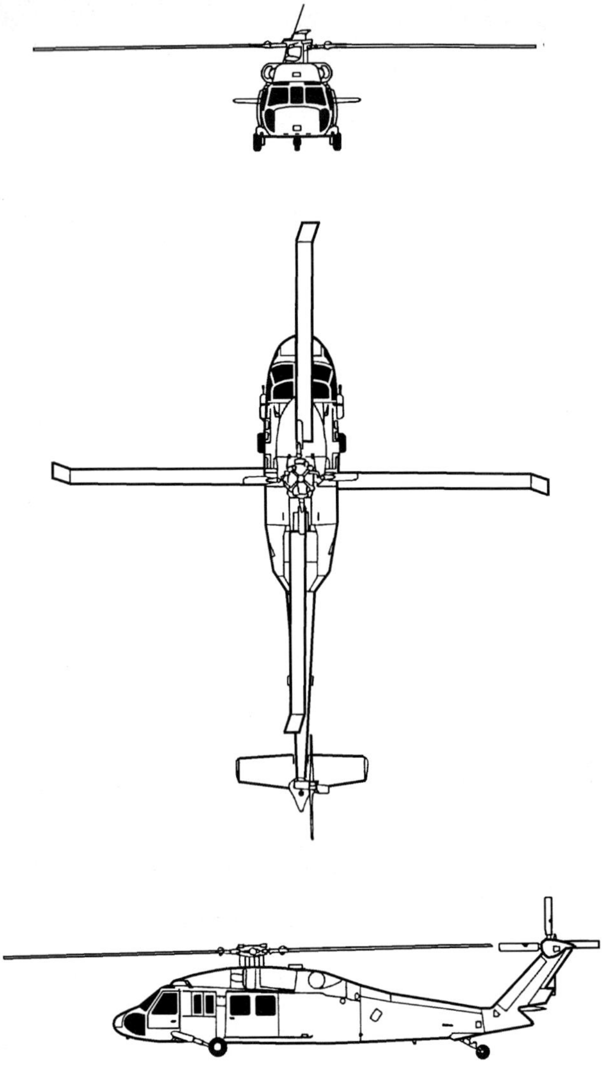

Dimensions
Diamètre du rotor: 16,36 m
Longueur du fuselage: 15,26 m
Hauteur y compris le mât du rotor: 3,76 m

SIKORSKY UH-60M BLACKHAWK

Origine: USA.
Constructeur: Sikorsky Aircraft, Stratford, Connecticut, USA.
Catégorie: Hélicoptère de transport tactique.
Moteurs: Deux turbines General Electric T700-GE-701D d'une puissance de 2215 ch (1651 kW) chacune.
Performances (données provisoires): Vitesse max. à la masse de 7620 kg 281 km/h; vitesse ascensionnelle verticale 5,04 m/sec; plafond opérationnel 5837 m; plafond en vol stationnaire sans effet de sol 3390 m; distance franchissable avec 30 minutes de réserves 637 km, avec deux réservoirs additionnels de 870 l 1667 km.
Masses: A vide 5670 kg; max. au décollage 9980 kg, max. avec charges extérieures 10433 kg.
Equipage, passagers et charge utile: Trois hommes d'équipage et onze soldats complètement équipés. En mission de transport, jusqu'à 4100 kg sous élingue.
Etat du développement: La toute nouvelle variante de la déjà très riche famille S-70/H-70, l'UH-60M a volé pour la première fois le 17 septembre 2003. L'US Army souhaite s'en procurer 300 exemplaires; en outre, 1200 modèles de la version plus ancienne UH-60A/L devraient être modifiés au nouveau standard. Les premiers exemplaires doivent être livrés en 2004. Pour l'heure, l'UH-60L reste en production. Quelque 2200 Blackhawks ont été livrés jusqu'ici à des organisations militaires ou paramilitaires, mais aussi à des privés, dans 26 pays. Commandes nouvelles ou renouvelées les plus récentes: Jordanie 8, Thaïlande 4, US Army 22 (+ 30 MH-60G), Turquie 6.
Remarques: L'UH-60M représente un développement important de l'UH-60L. Différentes améliorations permettent d'augmenter la durée de vie des moteurs; leurs performances ont été de surcroît améliorées de 4 %. Parmi les autres spécificités de l'UH-60M, citons la plus grande capacité en carburant, les pales de rotor plus larges et le poste de pilotage à écrans numériques. L'avionique comprend aussi un GPS ainsi qu'un nouveau pilote automatique. Il a fallu bien entendu renforcer la cellule. A l'avenir, il est possible que l'hélicoptère soit équipé de commandes électriques (Fly-by-Wire). Même, de nouveaux turbopropulseurs de la classe des 3000 ch sont prévus. Les transformations prévues pour amener les versions UH-60A/L au standard M impliquent la fabrication de nouveaux et nombreux éléments de la cellule.

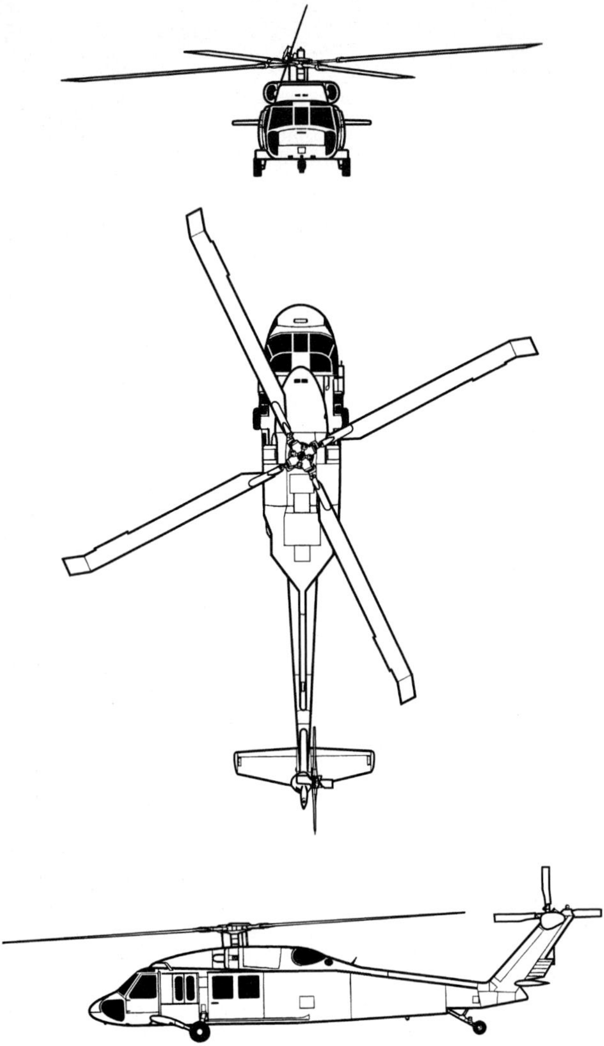

Dimensions
Diamètre du rotor: 16,36 m
Longueur du fuselage: 15,26 m
Hauteur y compris le mât du rotor: 3,76 m

SIKORSKY MH-60S NIGHTHAWK

Origine: USA.
Constructeur: Sikorsky Aircraft, Stratford, Connecticut, USA.
Catégorie: Hélicoptère polyvalent embarqué et ravitailleur maritime.
Moteurs: Deux turbines General Electric T700-GE-701C d'une puissance de 1947 ch (1448 kW) chacune.
Performances: Vitesse max. 295 km/h à 610 m d'altitude; vitesse de croisière max. 268 km/h à 1225 m; plafond opérationnel 5837 m; plafond en vol stationnaire sans effet de sol 3390 m; distance franchissable avec 30 minutes de réserves 600 km, avec deux réservoirs additionnels de 870 l 1630 km.
Masses: A vide 5225 kg; max. au décollage 9975 kg, avec des charges sous élingue jusqu'à 10 433 kg.
Equipage, passagers et charge utile: Trois hommes d'équipage et 13 personnes. Comme transporteur de fret jusqu'à 1814 kg en interne ou jusqu'à 4100 kg sous élingue.
Etat du développement: Le prototype du Nighthawk, désigné à l'époque CH-60S, a décollé pour la première fois le 6 octobre 1997; le premier modèle de série a suivi le 27 janvier 2000. L'US Navy a commandé ferme 130 exemplaires sur les 237 qu'elle espère obtenir. A cela s'ajoutent 14 UH-60L de l'US Army qui seront transformés en MH-60S. La première escadrille à en être équipée était la HC-5, opérationnelle au printemps 2002. Une trentaine d'exemplaires ont été livrés jusqu'ici.
Remarques: Cette version est une combinaison de l'UH-60L et du SH-60 pour les missions de la Marine. Le fuselage et le train d'atterrissage appartiennent au premier nommé tandis que tous les éléments dynamiques, y compris le mécanisme de repli des pales de rotor ont été repris du SH-60. Il dispose en plus d'un poste de pilotage EFIS à écrans numériques. Outre son engagement dans le transport de fret entre bâtiments de l'US Navy, il est prévu d'utiliser le MH-60S pour les missions SAR (Search and Rescue) et de ravitaillement dans les zones de combat. Pour les engagements à longue distance, quatre réservoirs additionnels peuvent être suspendus à des supports (designés ESSS) fixés de part et d'autre du fuselage. A partir de 2005, la Marine se procurera un nouveau développement du MH-60S (premier vol 20 juillet 2003) destiné à remplacer l'hélicoptère chasseur de mines MH-53E.

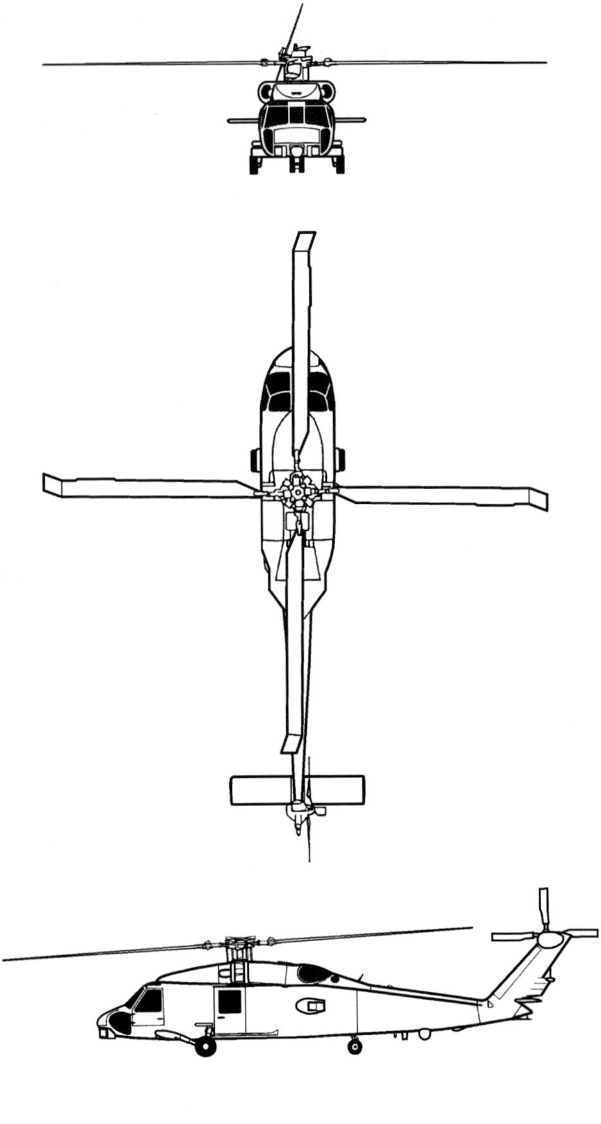

Dimensions
Diamètre du rotor: 16,36 m
Longueur du fuselage: 15,26 m
Hauteur y compris le mât du rotor: 3,79 m

SIKORSKY SH-60R STRIKEHAWK

Origine: USA.
Constructeur: Sikorsky Aircraft, Stratford, Connecticut, USA.
Catégorie: Hélicoptère embarqué polyvalent et de lutte anti-sous-marine.
Moteurs: Deux turbines General Electric T700-GE-401C d'une puissance de 1900 ch (1417 kW) chacune.
Performances: Vitesse max. 272 km/h au niveau de la mer; vitesse de croisière max. 249 km/h à 1525 m d'altitude; temps d'attente de 3 h 50 min à 92 km de distance de la base resp. 45 minutes à 483 km du point d'appui.
Masses: A vide 6191 kg; max. au décollage 10 700 kg.
Armement: Deux torpilles Mk.46 ou deux missiles air-mer antinavires Penguin ainsi que des missiles antichars AGM-114 Hellfire et une mitrailleuse de 7,72 mm.
Etat du développement: Un modèle du MH-60R, modifié à partir d'un SH-60B a volé pour la première fois le 19 juillet 2001, le premier exemplaire complètement équipé le 4 avril 2002. L'US Navy veut mettre en service 243 nouveaux Strikehawks à partir de 2006; six sont d'ores et déjà commandés. Toutes versions confondues, plus de 500 exemplaires du SH/HH-60 ont été livrés à neuf marines ou garde-côtes. Commandes récentes et/ou renouvelées: Japon 7 SH-60K, Turquie 3 S-60B.
Remarques: Si la structure de base du MH-60R correspond en gros à celle du modèle dont il est dérivé, cette version représente une construction nouvelle dans de nombreux domaines. Elle dispose en particulier d'un poste de pilotage EFIS, d'un radar multifonctions APS-147, d'un sonar AWS22 et d'un équipement acoustique ultra-moderne. Le détecteur FLIR et l'équipement de contre-mesures électroniques sont aussi complètement nouveaux. De nouveaux moteurs de la classe des 3000 ch (2240 kW), qui doivent ultérieurement équiper cet hélicoptère, amélioreront les performances et abaisseront les coûts d'exploitation. L'équipement du MH-60R permet de faire réaliser par une seule variante plusieurs missions confiées à des versions différentes SH-60B/SH-60F/HH-60H. Le SH-60K de la Marine japonaise est une version améliorée du SH-60J avec une mise à niveau correspondant à celle du MH-60R.

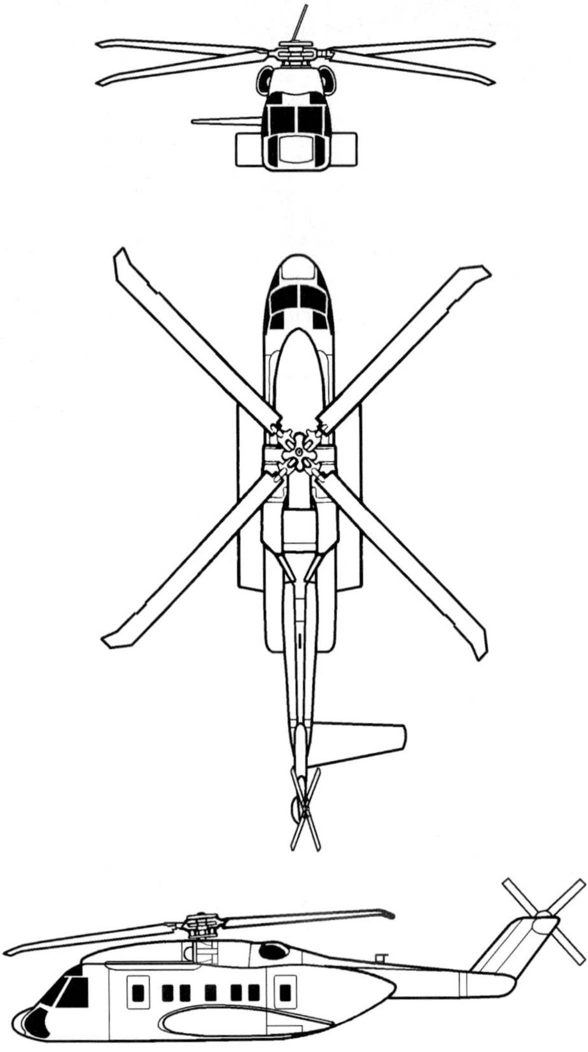

Dimensions
Diamètre du rotor: 17,17 m
Longueur du fuselage: 17,32 m
Hauteur y compris tête de rotor: 4,62 m

SIKORSKY S-92 HELIBUS

Origine: USA.
Constructeur: Sikorsky Aircraft, Stratford, Connecticut, USA.
Catégorie: Hélicoptère de transport polyvalent.
Moteurs: Deux turbines General Electric CT7-8 d'une puissance de 2400 ch (1790 kW) chacune.
Performances: Vitesse max. 305 km/h; vitesse de croisière max. 280 km/h; vitesse de croisière normale 254 km/h; plafond pratique 4570 m; plafond en vol stationnaire avec effet de sol 3261 m, sans effet de sol 1942 m; distance franchissable avec 19 passagers sans réserves 996 km, distance franchissable max. 1272 km.
Masses: A vide 7212 kg; max. au décollage avec charge utile interne 11 862 kg, avec charge utile externe 12 837 kg.
Equipage, passagers et charge utile: Deux pilotes et entre 19 et 22 passagers; charge utile externe max. 4535 kg.
Etat du développement: Le premier de quatre modèles d'évaluation S-92A a effectué son premier vol le 23 décembre 1998. Les premières livraisons à la clientèle commencent début 2004. A fin 2003, les commandes fermes ou prévues se montaient à 23 exemplaires.
Remarques: Si la plupart des composants dynamiques (rotor principal, rotor de queue et tête de rotor) ont été repris du S-70, le fuselage en revanche est tout à fait nouveau. La cabine spacieuse (longueur 5,67 m, largeur 2,00 m, hauteur 1,83 m) doit offrir le confort d'un avion de ligne, en particulier dans les domaines du bruit et des vibrations. Le train d'atterrissage est rétractable. Pour faciliter le chargement et le déchargement, une rampe a été aménagée à l'arrière du fuselage. Outre son électronique complète et classique, le S-92 dispose aussi d'un système particulier de contrôle de vol numérique (AFCS) qui pilote l'hélicoptère de manière automatique, y compris en vol stationnaire. L'avionique est confiée à un Collins Pro Line 21. Grâce à différents kits, le S-92 doit pouvoir être engagé dans une infinité de missions, en particulier les transports offshore, les activités SAR et ASW ainsi que pour des vols VIP et navette. Candidat au choix du futur hélicoptère de la présidence américaine, il est prévu qu'il soit équipé dans cette version du très puissant moteur CT7-8C d'une puissance de 3070 ch (2300 kW).

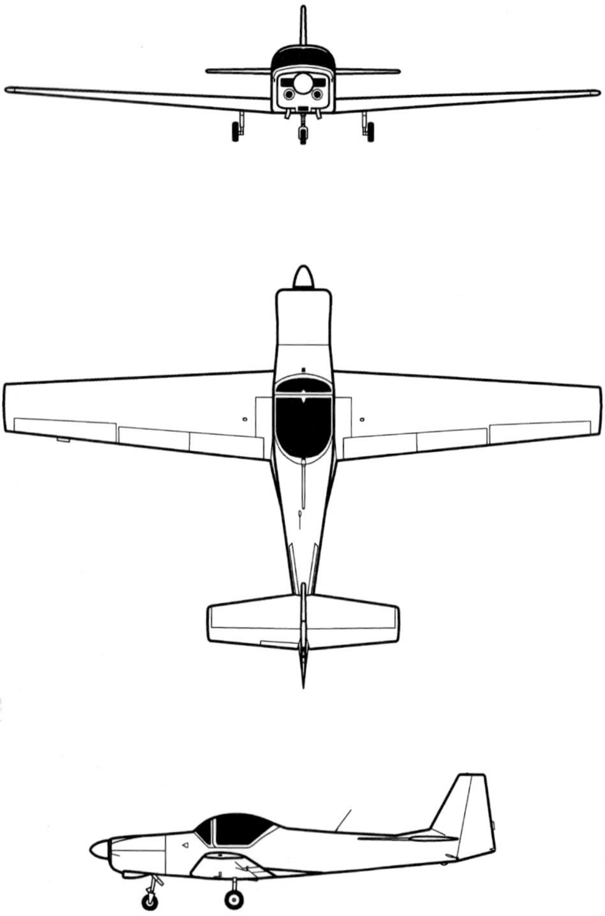

Dimensions
Envergure: 10,60 m
Longueur: 7,55 m
Hauteur: 2,36 m
Surface alaire: 12,62 m^2

SLINGSBY T67M260 FIREFLY

Origine: Grande-Bretagne.
Constructeur: Slingsby Engineering Ltd., Kirkbymoorside, North Yorkshire, Grande-Bretagne.
Catégorie: Avion d'écolage de base civil et militaire.
Moteurs: Un moteur à piston six-cylindres boxer Textron Lycoming AEIO-540D-4A5 d'une puissance de 260 ch (195 kW).
Performances: Vitesse max. 281 km/h au niveau de la mer; vitesse de croisière à 75 % de puissance à 2590 m 277 km/h; vitesse ascensionnelle initiale de 8,1 m/sec; autonomie max. 3,5 h.
Masses: A vide 708 kg; max. au décollage 1134 kg.
Equipage: Un élève pilote et son instructeur dans des sièges côte à côte.
Etat du développement: Le modèle d'origine du T67 a volé pour la première fois le 15 mai 1981, la version militaire le 5 décembre 1982, suivie de plusieurs autres versions. Au milieu des années 1990, environ 220 exemplaires avaient été construits, dont 113 pour l'USAF, sous la désignation T-3A. Après une interruption de plusieurs années de la production, le modèle T67M260 a fait son apparition sur le marché en 2002. Les armées de l'air de Bahrein (3) et de Jordanie (16) ont acheté cette version de l'avion école.
Remarques: A partir du motoplaneur français Fournier RF-68, Slingsby a développé un avion école entièrement en plastique. Plusieurs variantes ont été construites. La version la plus récente T67M260 est sensiblement plus puissante et optimisée surtout pour la formation des pilotes militaires. Actuellement, Slingsby est engagé, avec un nouveau développement, dans le concours lancé par la RAF pour le futur système MFTS d'écolage de base et d'entraînement. Ce modèle disposerait d'un moteur plus puissant qui améliorerait de manière très significative les performances en vol du Firefly. Le tableau de bord recevrait des instruments EFIS.

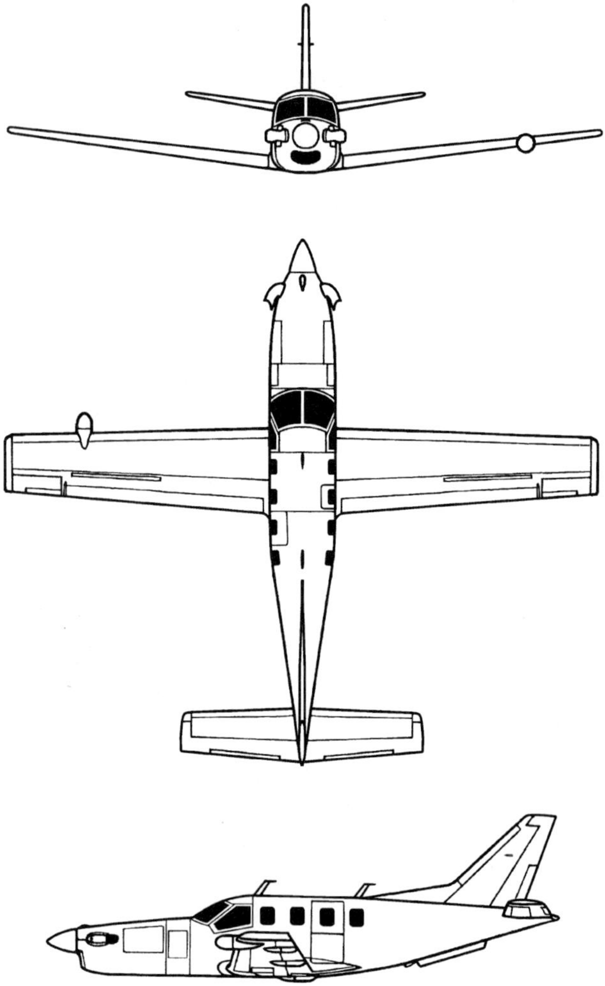

Dimensions
Envergure: 12,68 m
Longueur: 10,64 m
Hauteur: 4,35 m
Surface alaire: 18,00 m²

SOCATA TBM 700

Origine: France.
Constructeur: Socata, Groupe Aérospatiale, usines de Tarbes et de Suresnes, France.
Catégorie: Avion léger polyvalent.
Moteur: Un turbopropulseur Pratt & Whitney Canada PT6A-64 d'une puissance de 700 ch (522 kW).
Performances: Vitesse max. 556 km/h à 7925 m d'altitude; vitesse de croisière normale 523 km/h à 9145 m; vitesse de croisière longue distance 452 km/h à 9145 m; vitesse ascensionnelle initiale 11,7 m/sec; plafond opérationnel 9145 m; distance franchissable avec six passagers 1900 km, en convoyage, réservoirs pleins, 2871 km.
Masses: A vide 1860 kg; max. au décollage 2985 kg.
Equipage, passagers et charge utile: Un ou deux pilotes et jusqu'à six passagers. La version « Club » dispose de quatre sièges passagers seulement avec un couloir central. La charge utile max. est de 725 kg (fret).
Etat du développement: Le prototype du TBM 700 a volé pour la première fois le 14 juillet 1988. Le premier exemplaire de série a pris l'air le 24 août 1990. Quelque 240 TBM 700 ont été livrés jusqu'ici, dont 28 à la France (20 à l'Armée de l'air, 8 à l'Armée de terre).
Remarques: Le TBM 700 est un développement commun de la société Socata (filiale d'Aérospatiale) et de Mooney Aircraft (USA). Avion de tourisme pressurisé, le TBM 700 reprend en grande partie le fuselage du Mooney M301, lui aussi pressurisé. En revanche Socata a conçu des ailes nouvelles ainsi que les empennages. Socata propose aussi diverses variantes militaires, par exemple comme avion de liaison, pour le transport de fret, pour des missions de contre-mesures électroniques, ou comme remorqueur de cible. Une version spéciale, transport de fret, TB700B est aussi proposée avec une porte de chargement plus grande et un aménagement intérieur rapidement interchangeable. Les premiers exemplaires ont commencé à être livrés à fin 2001. Depuis 2003, une nouvelle variante, le TBM700C2, est disponible; elle comporte un coffre à bagages plus grand et une masse max. au décollage plus élevée (3355 kg), grâce à des renforcements dans la structure et au train d'atterrissage. L'aménagement intérieur est aussi en partie nouveau.

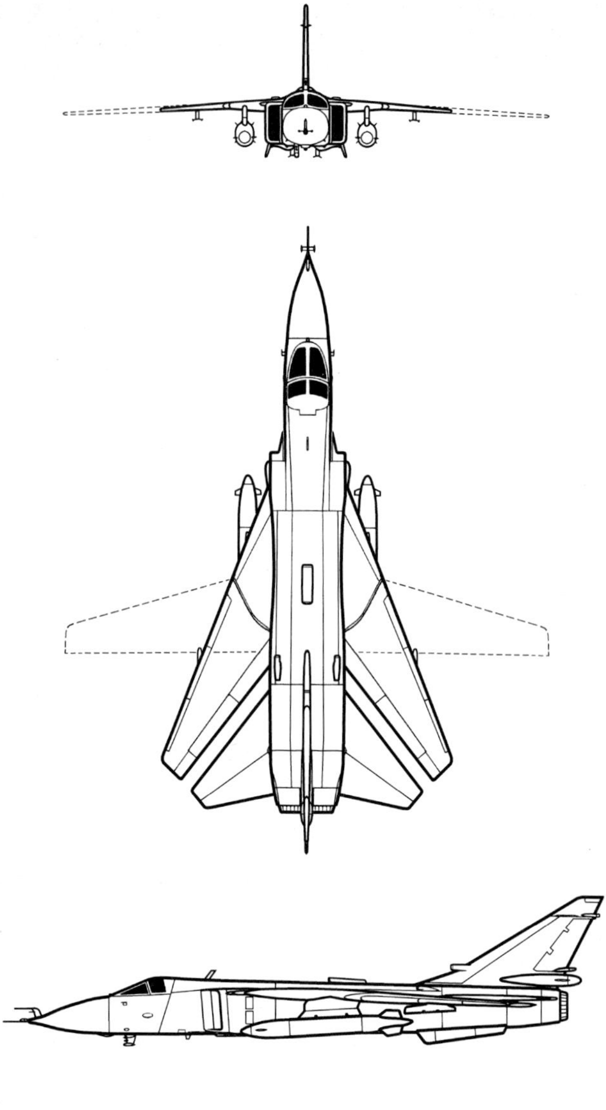

Dimensions

Envergure: 10,36 m (680) jusqu'à 17,63 m (160)
Longueur y compris la sonde: 24,53 m
Hauteur: 4,97 m
Surface alaire: 42,00 m^2

SUKHOÏ SU-24 (Mod)

Origine: Russie.
Constructeur: AVPK Sukhoï, Moscou, Russie.
Catégorie: Avion de combat polyvalent biplace, avion de reconnaissance et de brouillage électronique.
Moteurs: Deux réacteurs NPO Saturn (Lyulka) AL-21F-3A d'une poussée de 7800 kp (76, 5 kN) chacun sans réchauffe et 11 200 kp (110 kN) avec réchauffe.
Performances (SU-24M): Vitesse max. sans charges extérieures 2317 km/h à 11 000 m d'altitude (Mach 2,18); 1320 km/h à 1500 m (Mach 1,15); plafond opérationnel 17 500 m; rayon d'action tactique (profil de vol haut-bas-haut) avec deux réservoirs additionnels de 1250 l et un armement de 3000 kg 1050 km; avec une charge utile de 2500 kg (profil de vol bas-bas-haut) 950 km.
Masses: Equipé 19 000 kg; normalement chargé 36 000 kg; max. au décollage 39 700 kg.
Armement: Un canon rotatif six-tubes de 30 mm et jusqu'à 8000 kg de charges extérieures (dont différents missiles air-sol) réparties sous quatre points d'ancrage sous le fuselage et quatre autres sous chacune des ailes.
Etat du développement: Entre 1974 et le milieu des années 1990, quelque 800 Fencer ont été livrés à l'Armée de l'air et une soixantaine à la Marine de l'ex-Union soviétique. D'autres exemplaires de la version d'exportation Su-24 MK sont allés notamment à l'Algérie (35), l'Irak (env. 24), l'Iran (env. 30), la Libye (20) et la Syrie (20). Deux appareils modernisés volent depuis 1999. La Russie veut faire transformer sur ce modèle 400 appareils à partir de 2004.
Remarques: Suite aux retards enregistrés pour des raisons financières dans la fourniture du Sukhoï Su-27IB/-32, un programme de modernisation de son prédécesseur, le Su-24 (dont les ailes sont à géométrie variable) a été entrepris. Les principales améliorations comprennent un nouvel ordinateur central, associé en particulier à un système de navigation doté aussi d'un GPS. Dans le poste de pilotage, figurent un écran tête haute (HUD) et de nouveaux écrans radar. Le système de communication a aussi été retravaillé. Enfin, la possibilité existe maintenant d'emporter des réservoirs supplémentaires sous les ailes pour des missions de plus longue durée. Grâce à ces diverses mesures, des armes modernes, comme les bombes guidées, peuvent être lancées à partir du Su-24 modifié.

Dimensions (Su-30MK)
Envergure: 14,70 m
Longueur: 21,93 m
Hauteur: 6,35 m
Surface alaire: 63,20 m^2

SUKHOÏ SU-30MKK/MKI

Origine: Russie.
Constructeur: Sukhoï Design Bureau/KnAAPO, usines de Komsomolsk et d'Irkutsk, Moscou, Russie.
Catégorie: Avion de combat polyvalent biplace.
Moteurs: Deux réacteurs à double flux Saturn (Lyulka) AL-31F d'une poussée de 8100 kp (79,43 kN) chacun sans réchauffe et 12 500 kp (122,60 kN) avec réchauffe.
Performances (Su-30MK): Vitesse max. Mach 2, 1350 km/h au niveau de la mer (Mach 1,1); vitesse ascensionnelle initiale 330 m/sec; plafond opérationnel 17 300 m; rayon d'action à basse altitude 1270 km, à haute altitude 3000 km, avec un ravitaillement en vol 5200 km.
Masses (Su-30MK): Norm. au décollage 26 090 kg; max. 33 000 kg.
Armement: Un canon rotatif six-tube de 30 mm et des armes de toute sorte (jusqu'à 8000 kg) suspendues à douze points d'ancrage sous le fuselage et sous les ailes.
Etat du développement: La version polyvalente Su-30M vole depuis le 30 décembre 1989; elle a été suivie par le Su-30MKK en 1993 et le Su-30MKI le 26 novembre 2000. La Chine a commandé une septantaine de Su-30MKK plus des options. Cette version a d'autres clients: l'Inde 50 (18 Su-30K, 32 Su-30MKI + 140 MKI construits sous licence), la Malaisie 18 Su-30MKM, le Vietnam 4 Su-30MKK (+ options).
Remarques: La version biplace Su-30M est prévue surtout pour des missions de chasseur-bombardier. Pour correspondre à cette priorité, le radar tout temps a laissé place à un nouveau système électronique de combat et à un système de navigation Loran. La partie arrière du fuselage a été particulièrement retravaillée et renforcée. Le Su-30M dispose du même empennage canard que le Su-27M. Une version exportation, baptisée Su-30MK, est aussi équipée de canard et, en option (Su-27MKI), de tuyères orientables (pilotage vectoriel). Une autre différence avec le Su-30M réside dans l'électronique de combat. En 2002, une version nouvelle désignée Su-30 KN a été présentée; elle dispose d'un poste de pilotage numérique, d'un nouvel ordinateur de gestion des missions et d'un système évolué de gestion de l'armement. L'Armée de l'air russe devrait en disposer sous peu de six exemplaires. Un prototype tiré de la version initiale Sukhoï Su-27SK a commencé les essais en 2003; il reprend certaines des caractéristiques du SU-30MK.

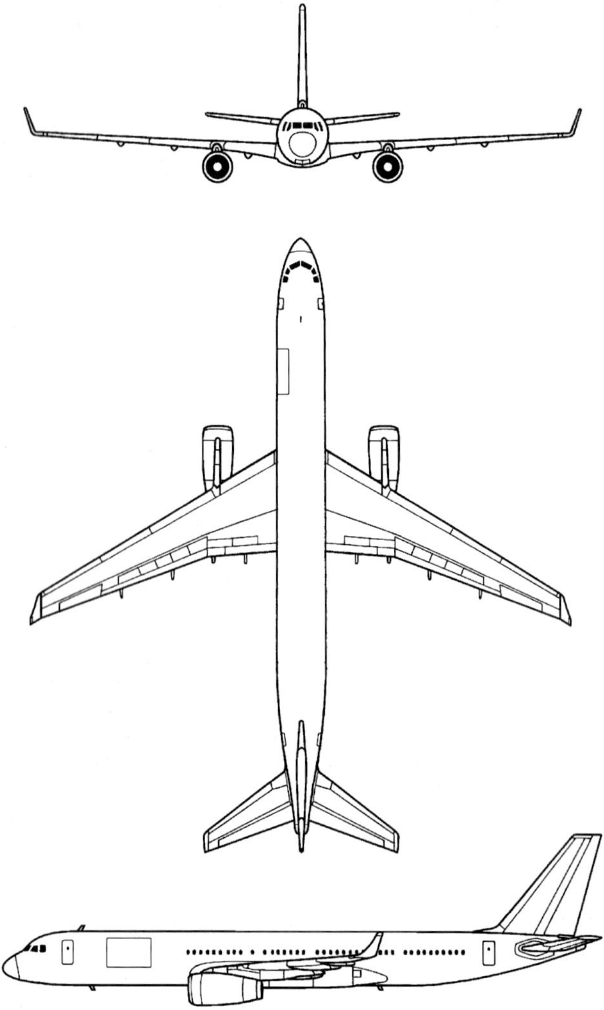

Dimensions
Envergure: 42,00 m
Longueur: 48,00 m
Hauteur: 13,90 m
Surface alaire: 184,1 m^2

TUPOLEV TU-204/TU-214

Origine: Russie.
Constructeur: Tupolev Joint Stock Comp., usines d'Ulyanovsk (Tu-204) et de Kazan, Tartastan (Tu-214), Moscou, Russie.
Catégorie: Avion de transport moyen courrier (Tu-204) à long courrier (Tu-214).
Moteurs: Deux réacteurs à double flux (Tu-204-100) Perm (Soloviev) PS-90 d'une puissance de 16 000 kp (156,9 kN) ou (Tu-204-120) Rolls Royce RB.211-535E4 d'une puissance de 19 580 kp (193 kN) chacun.
Performances (Tu-204-100): Vitesse de croisière max. 850 km/h à 10 650 m d'altitude; plafond pratique 12 505 m; distance franchissable avec 196 passagers 3850 km, à charge utile max. 2500 km.
Masses: A vide 56 500 kg; max. au décollage 103 000 kg.
Equipage, passagers et charge utile: Deux pilotes et normalement en aménagement trois classes 170 passagers, max. en classe unique 214 passagers en rangées de six; charge utile max. en transport de fret 29 000 kg.
Etat du développement: Le premier prototype du Tu-204 a volé le 2 janvier 1989. En 1997, commençaient les livraisons aux compagnies clientes. Plus de 50 machines de différentes versions ont été commandées dont environ 35 avaient été livrées à fin 2003. Le premier vol du premier Tu-214 de série s'est déroulé au début 2001. La version la plus récente, Tu-204-300 (voir photo) vole depuis août 2003.
Remarques: Pour atteindre la masse à vide la plus basse possible, il a été fait appel en de nombreux endroits à des matériaux nouveaux, des plastiques pour la plupart. Le poste de pilotage est équipé de six grands écrans couleur pour l'instrumentation. Les autres innovations sont les commandes électriques, un profil d'aile supercritique et un système triplexé de navigation par inertie. Le Tu-204 est complété par la version Tu-214 qui, grâce à une masse au décollage plus élevée de 110 000 kg, peut franchir de plus grandes distances. Les deux avions ont une avionique russe. En option, le Tu-214 peut aussi être livré équipé de moteurs Rolls Royce et avec une avionique occidentale. Enfin, une version cargo Tu-204C est disponible ainsi qu'une variante plus courte de presque 6 m, le Tu-204-300.

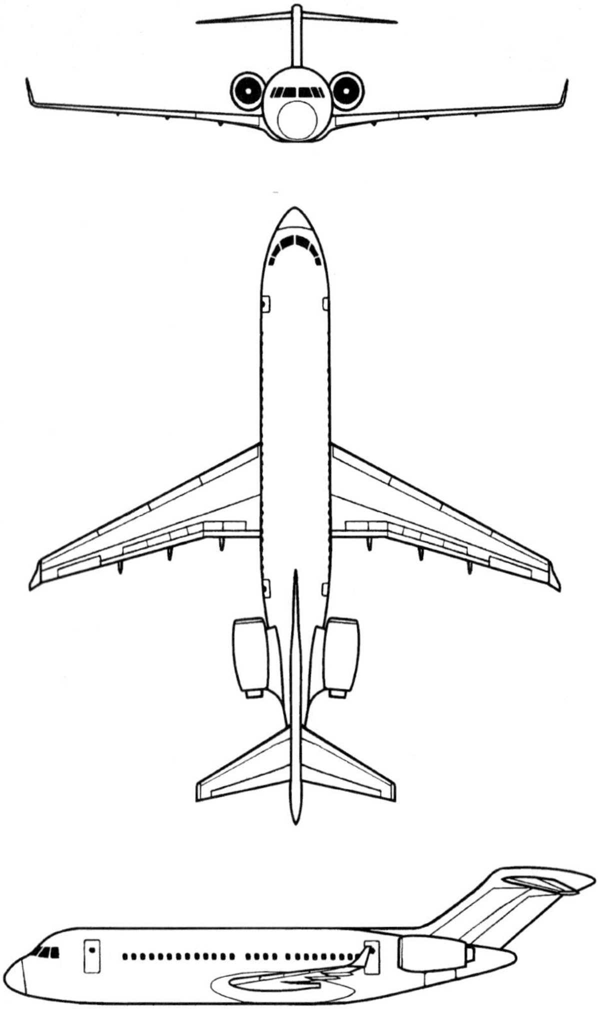

Dimensions

Envergure: (Tu-334-100/-120) 29,77 m
(Tu-334-100D/-200/-220) 32,61 m
Longueur: (Tu-334-100/-120) 31,26 m,
(Tu-334-100D/-200/-220) 35,16 m
Hauteur: 9,38 m
Surface alaire: (Tu-334-100/-120) 83,2 m^2

TUPOLEV TU-334-100

Origine: Russie.
Constructeur: Tupolev Joint Stock Comp., usines Aviant-Kiev et MiG-MAPO-Lukhovitsy, Moscou, Russie.
Catégorie: Avion de transport court à moyen courrier.
Moteurs: Deux réacteurs à double flux (-100) ZMDB/Zaporozeye/Lotarev D-436T1 d'une poussée de 7500 kp (73,5 kN) ou (-120D) BMW Rolls-Royce BR 715-55 d'une poussée de 8718 kp (88,90 kN) chacun.
Performances (données constructeur): Vitesse de croisière norm. 800 à 820 km/h; plafond pratique 11 100 m; distance franchissable selon les versions entre (Tu-334-100) 2000 km et (Tu-334-120D) 4170 km.
Masses (Tu-334-100): A vide 30 050 kg; max. au décollage 47 700 kg.
Equipage, passagers et charge utile (Tu-334-100): Deux ou trois hommes d'équipage et normalement 72 passagers en aménagement deux classes ou au max. 102 passagers en rangées de six et couloir central; charge utile 11 000 kg.
Etat du développement: Par manque d'argent, les essais en vol du Tu-334 n'ont commencé que le 8 février 1999 bien que le montage final du prototype ait été terminé en août 1995 déjà. Le deuxième prototype s'est envolé le 22 novembre 2003. Entre-temps, 35 exemplaires ont été commandés ferme par trois compagnies aériennes. Les livraisons doivent commencer encore en 2004.
Remarques: Le Tu-334 est prévu pour être le successeur du Tu-134 qui est encore en service en grand nombre. Après plusieurs années d'agonie, le programme paraît se mettre lentement en marche. Le fuselage dispose d'une section nettement plus grande que les avions comparables. Il est du reste largement repris du Tu-204 (voir pages 306/307). L'avionique correspond aux standards actuels. Le poste de pilotage est équipé d'écrans numériques de fabrication russe. De nouveaux matériaux sont incorporés à la construction en de nombreux endroits. Plusieurs variantes sont déjà programmées, dont un modèle mixte passagers/fret, un avion cargo ainsi qu'un Tu-334-200 rallongé de 3,90 m. Cette dernière version sera équipée de moteurs D-436T-2 d'une poussée de 8210 kg (80,5 kN) et d'ailes plus grandes. A une masse au décollage de 54 800 kg 126 passagers peuvent être embarqués.

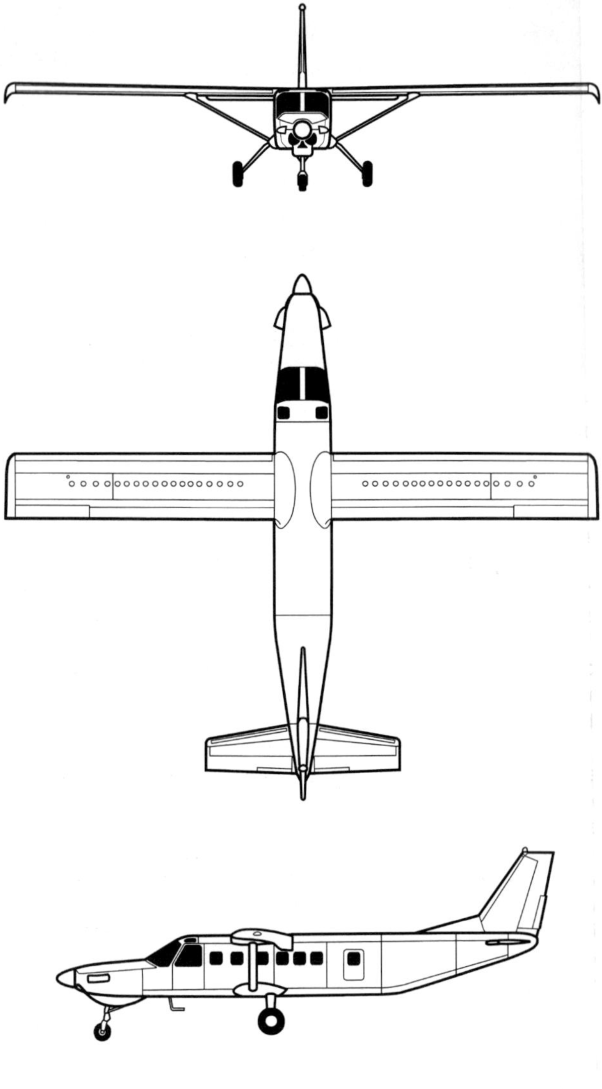

Dimensions
Envergure: 15,30 m
Longueur: 13,10 m
Hauteur: 4,55 m
Surface alaire: 24,80 m^2

VULCANAIR VF600W MISSION

Origine: Italie.
Constructeur: Vulcanair S.p.A., Casoria, Naples, Italie.
Catégorie: Avion de transport léger polyvalent.
Moteur: Un turbopropulseur Walter M-601F-11 d'une puissance de 777 ch (597 kW).
Performances: Vitesse de croisière max. 340 km/h; vitesse écon. 305 km/h à 6100 m; vitesse ascensionnelle initiale 4,5 m/sec; distance franchissable avec dix passagers à 3000 m d'altitude et 45 minutes de réserves 1690 km; distance franchissable max. à 6100 m 2200 km; autonomie max. 6,8 h.
Masses: A vide 2000 kg; max. au décollage 3925 kg.
Equipage, passagers et charge utile: Un pilote et jusqu'à dix passagers; charge utile max. 1600 kg.
Etat du développement: Le prototype a commencé les essais en vol le 4 décembre 2002. Ce fut une véritable surprise dans la mesure où l'existence de ce projet était presque inconnue. La certification est attendue pour mars 2004. Peu après, les premiers exemplaires de série doivent être livrés. Le carnet de commandes n'est pas connu pour l'heure.
Remarques: Le VF600W est à classer dans la catégorie des avions de travail monoturbopropulseurs construits de manière robuste et simple dont le modèle initial est le Cessna 208 (voir pages 132/133). Cet avion est dérivé du bimoteur SF-600 Canguro du même constructeur. Il est conçu pour un grand nombre de missions et l'accent a été mis sur des coûts très favorables à l'achat et en exploitation. Le prix de départ se situe autour de US$ 1 Mio. Selon les besoins, deux différentes avioniques peuvent être choisies, l'une simple et bon marché, l'autre très avancée. Le moteur du Mission actionne une hélice à cinq pales. Dans des versions ultérieures, d'autres moteurs de constructeurs différents pourraient l'équiper. Le fuselage, doté de larges portes latérales pour le fret, est rectangulaire et non pressurisé. Jusqu'à trois europalettes standard trouvent place dans le compartiment fret au plancher complètement plat. Une version dotée de flotteurs est programmée. Les avions de série auront une porte d'accès au cockpit ainsi qu'une porte de fret de plus grande dimension.

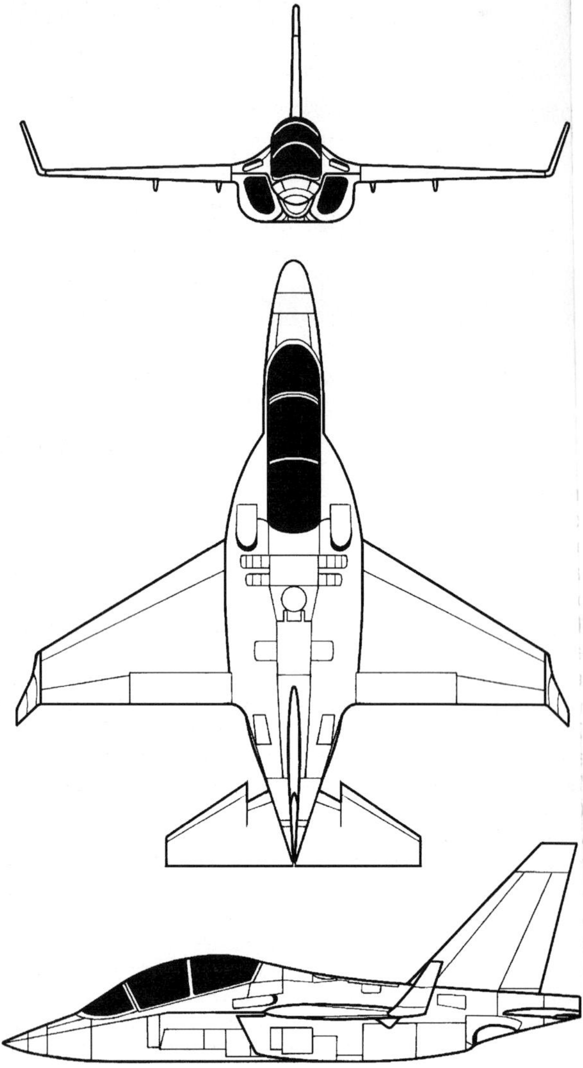

Dimensions
Envergure: 9,72 m
Longueur: 11,49 m
Hauteur: 4,76 m
Surface alaire: 23,50 m^2

YAKOVLEV YAK-130

Origine: Russie.
Constructeur: OKB Alexander S. Yakovlev, usines de Nijni Novgorod et Saratow, Russie.
Catégorie: Avion biplace d'entraînement avancé et avion léger d'attaque au sol.
Moteurs: Deux réacteurs à double flux Progress AI-222-25 d'une puissance de 2500 kp (24,50 kN) chacun.
Performances: Vitesse max. à l'altitude optimale 1050 km/h; au niveau de la mer 850 km/h+; vitesse ascensionnelle initiale 75 m/sec; plafond opérationnel 12 500 m; rayon d'action avec deux bombes de 500 kg (profil d'engagement haut-bas-bas-haut) 850 km; distance franchissable en convoyage 2000 km.
Masses: A vide 4600 kg; normale au décollage 5700 kg; max. au décollage 9000 kg.
Armement: Armes de toutes sortes jusqu'à un poids de 3000 kg.
Etat du développement: Un prototype n'a volé pour la première fois que le 25 avril 1996 à la suite de retards considérables. Le premier modèle de série a pris l'air à fin 2003. La première escadrille de l'Armée de l'air russe devrait être opérationnelle en 2005. Une dizaine d'exemplaires doivent être commandés dans un premier temps mais le besoin est estimé entre 150 et 200 appareils.
Remarques: Le Yak-130 est appelé à remplacer les avions d'entraînement aujourd'hui encore en service auprès de l'Armée de l'air russe, à savoir le L 29 Delfin et le L 39 Albatros. Comme il a été doté d'une très grande manœuvrabilité, le Yak-130 est capable d'effectuer toutes les principales évolutions et figures de vol de la génération actuelle des avions de combat russes, la famille du Su-27 et le MiG-29. Au début, le développement de cet appareil s'est fait en coopération avec le constructeur italien Aermacchi. Cette collaboration a été toutefois interrompue. En développant le M-346 (voir pages 14/15) Aermacchi a décidé entre-temps de suivre son propre chemin. La construction du Yak-130 est conventionnelle et particulièrement robuste. L'aile en delta au dessin compliqué et les entrées d'air ovales sont inhabituelles. La gestion des réacteurs est numérique (FADEC) tout comme le reste de l'avionique. Les commandes électriques (Fly-by-Wire) sont quadriplexées. Le poste de pilotage comprend notamment trois grands écrans LCD. Une version d'attaque au sol monoplace est en préparation; elle doit voler pour la première fois en 2005 ou 2006.

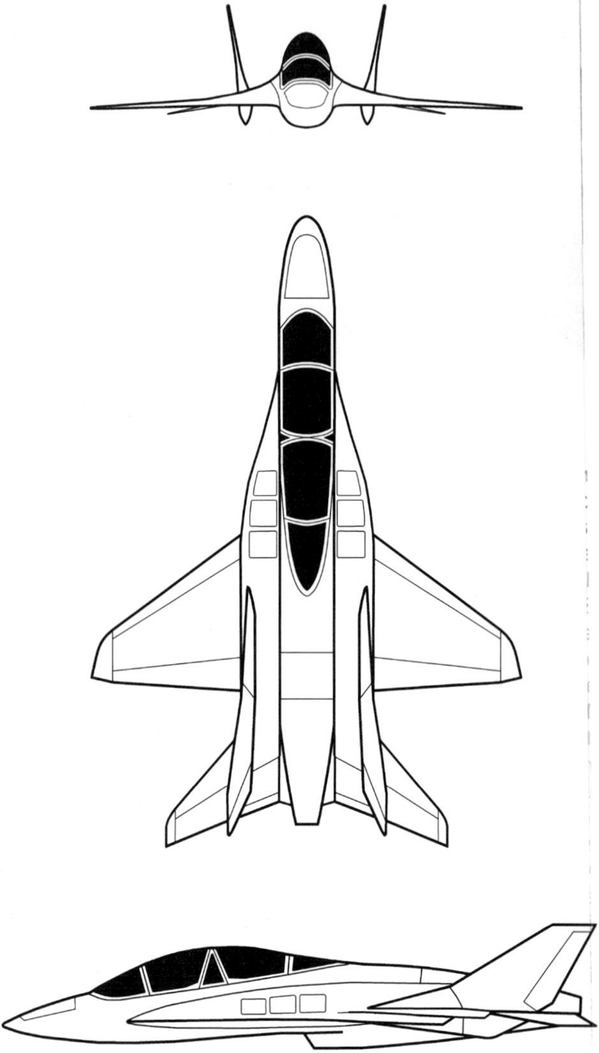

Dimensions
Envergure: 6,60 m
Longueur: 9,90 m
Hauteur: 2,50 m
Surface alaire: 11,90 m^2

ZAKLAD REMONMTOV EM-10 BIELK

Origine: Pologne.
Constructeur: Zaklad Remonmtov I rodukcji Sprezetu Lotniczego, Bielsko-Biala, Pologne.
Catégorie: Avion léger à réaction d'entraînement et de tourisme.
Moteur (prototype): Un réacteur General Electric J85 d'une poussée de 1380 kp (13,53 kN).
Performances (estimations): Vitesse max. (prototype) 930 km/h (Mach 0,9), (série) 1100 km/h; vitesse ascensionnelle initiale 75 m/sec; distance franchissable max. 2500 km.
Masses: A vide 1700 kg; max. au décollage 2500 kg.
Etat du développement: L'unique prototype construit jusqu'ici a fait son premier vol en juin 2003. Aucune commande n'a pour l'instant été rendue publique.
Remarques: L'EM-10 représente une nouvelle catégorie d'avions légers à réaction. Il est prévu d'une part comme avion d'entraînement pour le marché militaire (version A) mais d'autre part il y a aussi la possibilité de voir le Bielk servir d'avion léger de tourisme (version B). Mais cet avion serait aussi très bien adapté à la voltige. La cellule est très légère grâce à l'utilisation de matériaux composites. Les commandes de vol sont pour l'instant conventionnelles; l'intégration de commandes électriques (Fly-by-Wire) est envisagée. Même comme avion d'entraînement militaire, aucun armement n'est prévu. Mais en tant qu'appareil destiné à la formation des pilotes militaires, il est en mesure d'exécuter la plupart des manœuvres importantes des avions de combat modernes. Cette version disposera probablement d'une avionique plus riche que la variante civile. En cas de construction en série, tant les modèles civils que militaires seront équipés d'un moteur plus moderne et plus performant que l'actuel J85.

LES AVIONS DE DEMAIN (suite des pages 6

AIRBUS A380-80

Origine: Consortium européen.
Constructeur: Airbus Industrie, Blagnac, France.
Catégorie: Avion de transport long courrier.
Moteurs: Quatre réacteurs à double flux Rolls Royce Trent 900 ou Engine Alliance (General Electric-Pratt & Withney) GP7200 de la classe des 31 000 kp (302 kN) chacun.
Performances: Vitesse de croisière Mach 0.88; vitesse de croisière longue distance Mach 0.85; plafond pratique 13 100 m; distance franchissable 15 100 km.
Masses: Equipé 275 000 kg; max. au décollage 548 000 kg.
Equipage, passagers et charge utile: Deux pilotes et, en aménagement trois classes, 555 passagers. Charge utile 38 conteneurs LD3 ou 13 palettes, ou max.150 tonnes (version A380-800F).
Etat du développement: Le premier vol du prototype est prévu dans les premiers mois de 2005. Les premiers appareils de série pourraient être livrés au cours de l'année 2006. Début 2004, 129 commandes fermes d'une dizaine de compagnies aériennes avaient été enregistrées (dont 17 de la version cargo).
Remarques: A son entrée en service, toujours prévue au printemps 2006, l'Airbus A380 sera de loin le plus grand avion commercial pour le transport des passagers (555 dans la version de base, 656 dans la version allongée et plus de 800 en classe unique). Le fuselage, dont la section forme un huit aplati, est à double pont sur toute la longueur. La formule offre l'avantage de pouvoir utiliser sans trop de modifications les infrastructures aéroportuaires actuelles. A côté de la version de base, une variante plus lourde avec une distance franchissable plus grande (A380-800R) est prévue, de même que la version cargo -800F. Une version raccourcie (-700) et une autre allongée (-900) viendront rapidement compléter l'offre d'Airbus. Le constructeur européen prétend que les coûts opérationnels directs par siège seront inférieurs de 15 à 20 % à ceux du Boeing 747-400.

Dimensions
Envergure: 79,80 m
Longueur: 73 m
Hauteur: 24,10 m

BOEING 7E7 DREAMLINER

Origine: USA.
Constructeur: The Boeing Company, Commercial Airplane Group, Seattle, usine d'Everett, Washington, USA.
Catégorie: Avion de transport moyen à très long courrier.
Moteurs: Deux réacteurs à double flux (à très haut taux de dilution) de la classe des 27 000 à 32 000 kp, de General Electric, Pratt & Whitney ou Rolls-Royce (décision sur le choix des propulseurs à mi-2004).
Performances: Vitesse de croisière Mach 0.85; distance franchissable 14 500 km pour la version de base (15 700 km pour la version « stretch », 6500 km pour la version short range).
Masse: Max. au décollage 205 250 kg.
Equipage, passagers et charge utile: Deux pilotes et 200 passagers en trois classes, 300+ en classe unique; charge utile 5 conteneurs LD3 + 5 palettes après bagages.
Etat du développement: Le feu vert pour le lancement de la construction du 7E7 a été donné en décembre 2003. L'assemblage final devrait démarrer en 2006. Le premier vol est prévu l'année suivante tandis que la certification et la mise en service doivent intervenir en 2008. Aucun client potentiel ne s'est encore officiellement annoncé au cours du premier trimestre 2004.
Remarques: Pour atteindre les objectifs de rentabilité du 7E7 (réduction d'environ 20 % des coûts d'exploitation par rapport aux avions de sa taille de la génération actuelle) la construction du Dreamliner devra faire appel aux technologies les plus avancées, notamment sur le plan de la masse et de la propulsion de l'avion. Pour réduire le poids au maximum, Boeing veut que les 50 % de la structure soient en matériaux composites; l'autre moitié se répartit entre l'aluminium 20 %, le titane 15 %, l'acier 10 % et les 5 % restants entre divers matériaux. Trois versions sont prévues: le modèle de base et le modèle « stretch » sont optimisés pour les longues et très longues distances tandis que la variante short range est optimisée pour les distances moyennes. Le créneau visé est essentiellement celui occupé actuellement par l'Airbus A330-200.

Dimensions
Envergure: 59 m (48,70 short range)
Longueur: 56 m (61,60 stretch)

TABLE DES MATIÈRES / INDEX

Avions: civils militaires
Hélicoptères: civils militaires
Drones: avions hélicoptères